中国科学院科学出版基金资助出版

吸气式高超声速推进热力循环分析

鲍　文　秦　江　唐井峰　于达仁　著

科　学　出　版　社

北　京

内 容 简 介

本书从热力循环/热力过程分析的角度，提供一种航空发动机类型/工作循环的分析视角。主要从冷却技术、压缩技术两方面探讨了航空发动机动力循环演变规律，探讨更高飞行马赫数吸气式动力循环可能的发展方向；介绍化学回热循环、冷却循环和能量旁路循环三种新型的高超声速推进循环，论述三种循环在更高飞行马赫数下的性能优势；同时介绍涡轮/冲压组合动力循环和火箭/冲压组合动力循环的工作原理、变循环工作过程、发展现状和当今主要面临的关键技术。

本书内容新颖，适合于从事航空航天推进系统性能设计、分析、教学与生产的科技人员，特别适合从事高超声速推进技术、航空航天发动机技术的科研人员阅读，也可以作为大学航空宇航推进技术专业和工程热物理专业的高年级本科生和硕士研究生的教学参考书。

图书在版编目(CIP)数据

吸气式高超声速推进热力循环分析/鲍文等著. —北京：科学出版社，2013.7

ISBN 978-7-03-038110-1

Ⅰ.①吸… Ⅱ.①鲍… Ⅲ.①气动传热-推进系统-循环系统-研究 Ⅳ.①V43

中国版本图书馆 CIP 数据核字(2013)第 149542 号

责任编辑：刘宝莉 / 责任校对：赵桂芬
责任印制：张 倩 / 封面设计：陈 敬

科学出版社 出版
北京东黄城根北街 16 号
邮政编码：100717
http://www.sciencep.com

北京凌奇印刷有限责任公司 印刷
科学出版社发行 各地新华书店经销

*

2013 年 7 月第 一 版 开本：787×1092 1/16
2014 年 3 月第二次印刷 印张：14 3/4 彩插：2
字数：283 000

POD定价： 98.00元
(如有印装质量问题，我社负责调换)

序

吸气式高超声速推进是当前航空宇航科学与技术学科的研究热点和前沿研究领域，代表了当前航空宇航推进领域的技术制高点。纵观航空发动机的发展历程，热力循环或热力过程的变迁、革新，推动了航空发动机类型的演变，适应了人们对航空发动机性能要求越来越高、用途要求越来越广的需求。

该书以航空发动机热力循环的变迁为主线，从热力循环角度来看待航空发动机类型的演变过程，揭示了航空发动机在飞行速度提升过程中所面临的技术瓶颈，以及热力循环及热力过程的演变在航空发动机工作循环演变过程中所发挥的作用，进而深入挖掘了吸气式高超声速推进所面临的困境。该书从热力循环分析及能量综合利用角度，围绕解决马赫数为 6 以上吸气式高超声速飞行所面临的热障、各热力过程协调优化、各热力过程间能量梯级利用等技术瓶颈和难点，分别提出了相应的新型循环，并从热力循环分析的角度探讨了几种吸气式高超声速推进用热力循环的性能，从而为解决吸气式高超声速推进的科学和技术难题提供可能的解决途径。

目前，国内外介绍航空动力装置热力循环的著作还比较少，特别缺少介绍航空动力装置新型循环的著作，尤其在面向吸气式高超声速推进及组合推进方面更缺少热力循环研究的著作。该书主要介绍的几种面向吸气式高超声速推进的新型循环，代表了当前航空动力装置热力循环的先进水平，且是具有我国自主知识产权和特色的先进新型循环。

该书内容创新性强，是我国当前少有的几部吸气式高超声速推进方面的学术专著，可作为航空宇航科学与技术学科、动力工程及工程热物理学科本科生、硕士生和博士生现有教材的有机补充，也可作为航空航天吸气式推进研究工作的研究人员的专业书籍。

2013 年 5 月 20 日

前　言

热力循环在热力学和动力机械发展史上占有重要位置，就航空航天动力领域而言，20 世纪中叶燃气轮机与涡轮喷气发动机（Brayton 循环）的发展，为现代高速航空和宇航动力奠定了基础。热力循环或热力过程的变迁、革新，推动了航空发动机工作循环及类型的演变，适应了人们对航空发动机性能要求越来越高、用途要求越来越广的需求。超燃冲压发动机作为当前飞行速度最高的一种吸气式航空发动机，其热力过程的演变适应了更高飞行速度对航空发动机热力循环的要求，拓展了航空发动机的飞行马赫数，有力地推动了人类航天/航空事业的发展。

本书以航空发动机热力循环的变迁为主线，第 1 章在介绍航空发动机类型及基本简史、介绍航空发动机的基本循环及性能指标的基础上，着重介绍吸气式高超声速推进循环的热力循环过程；第 2 章从压缩、冷却两个热力过程演变的角度，探讨航空发动机飞行速度不断提升过程中，即从涡轮发动机—亚燃冲压发动机—超燃冲压发动机—带有能量旁路的冲压发动机这一航空发动机类型演变过程的规律，进而揭示压缩和冷却技术在航空发动机工作循环演变过程中所发挥的作用。

本书的第 3 章、第 4 章和第 5 章围绕解决马赫数为 6 以上吸气式高超声速飞行所面临的热障、各热力过程协调优化、各热力过程间能量梯级利用等技术瓶颈和难点，分别提出了相应的新型循环，并从热力循环分析的角度探讨几种吸气式高超声速推进用热力循环的性能。

第 3 章提出超燃冲压发动机化学回热循环，从化学回热角度分析冷却过程和超燃冲压发动机主循环之间的关系，从物理能/化学能梯级利用的角度来优化超燃冲压发动机整体工作循环，进而探讨化学回热过程对发动机性能的影响，为化学回热过程与发动机主循环协调优化指明方向。

第 4 章提出一种解决当前马赫数为 6 以上吸气式高超声速推进热障困境的新方法——冷却循环，针对冷却循环作为变工质、混合工质循环的特殊性，从循环热力性能分析和性能极限分析的角度探讨冷却循环的性能，进而来评估冷却循环对于提高吸气式高超声速推进的极限马赫数的潜力。

第 5 章提出一种解决当前马赫数为 8 以上吸气式高超声速推进性能瓶颈的新方法——超燃冲压发动机能量旁路循环。针对其特殊的循环结构，从热力学性能和推进性能的角度探讨了此循环的潜在优势，评估了不同的循环技术实现间的性能特征，介绍了其核心技术/部件的试验研究成果。

第 6 章和第 7 章分别介绍面向未来天地往返运输的两种吸气式高超声速推进组合循环发动机——涡轮冲压组合发动机（TBCC）和火箭冲压组合发动机（RBCC），在介绍 TBCC 和 RBCC 两种组合循环发动机循环工作原理基础上，重点介绍了组合循环发动机变循环过程及实现方法。简介 TBCC 和 RBCC 两种组合循环发动机国内外的发展现状，并探讨发展 TBCC 和 RBCC 两种组合循环发动机的关键技术。

作者要感谢国家杰出青年基金（No. 50925625）、国家自然科学基金委创新研究群体科学基金（No. 51121004）、国家自然科学基金面上项目（No. 51076035、No. 51276047）、国家自然科学基金青年基金（No. 51106037、No. 51006027）的资助。感谢博士生宗有海、张铎、章思龙、贾贞健、于彬和硕士生李楠、宋宇飞、姜渭宇、秦德胜、闫学慧等，他们与作者一起取得了上述成果，发展了相应的理论和方法。

由于作者水平有限，书中难免存在不足之处，敬请读者批评指正。

目　　录

第 1 章　吸气式高超声速推进的基本循环

热力循环在热力学和动力机械发展史上占有重要的位置，它是热机发展的理论基础和能源动力系统的核心，也是热力学学科开拓发展的一个重点与推动力。历史表明，每一次新的热力循环及其动力机械发展与应用都带动了能源利用的飞跃，因而大大推动了社会进步和生产力的发展[1]。对于航空航天动力领域而言，20 世纪中叶燃气轮机与喷气发动机（布雷顿（Brayton）循环）的发展，则为现代高速航空和宇航动力奠定了基础[2~4]。

热力循环或热力过程的变迁、革新，推动了航空发动机工作循环及类型的演变，适应了人们对航空发动机性能要求越来越高、用途要求越来越广的需求[5,6]。本章在介绍航空发动机类型及基本简史、介绍航空发动机的基本循环及性能指标的基础上，将着重介绍吸气式高超声速推进循环的工作循环。

1.1　吸气式航空发动机种类

航空发动机的诞生，开创了人类现代航空的新纪元。1903 年 12 月 17 日，美国莱特兄弟实现了人类历史上第一次有动力的飞行。为莱特兄弟所驾驶的飞机提供动力的是活塞式汽油发动机。从那以后，航空发动机不断地发展着，并促进了飞机的发展；另外，飞机的发展又促使发动机向更高的水平迈进，两者相得益彰，促进了整个航空事业的发展[7,8]。

经过一个多世纪的发展，航空发动机的大家族成员越来越多，图 1.1 给出了航空发动机的主要分类[9]。

图 1.1 中仅给出了一些常见的航空发动机类型，由于航空飞行任务的多样性，实际上航空发动机的类型还有很多种。这其中，冲压式发动机是当前航空发动机中飞行速度最快的。

在介绍吸气式高超声速推进循环之前，首先简单回顾一下其他主要类型航空发动机的发展历史。

1.1.1　活塞式航空发动机

1. 发展历程

莱特兄弟首次飞行之后的近半个世纪，活塞式发动机统治着整个航空发动机。

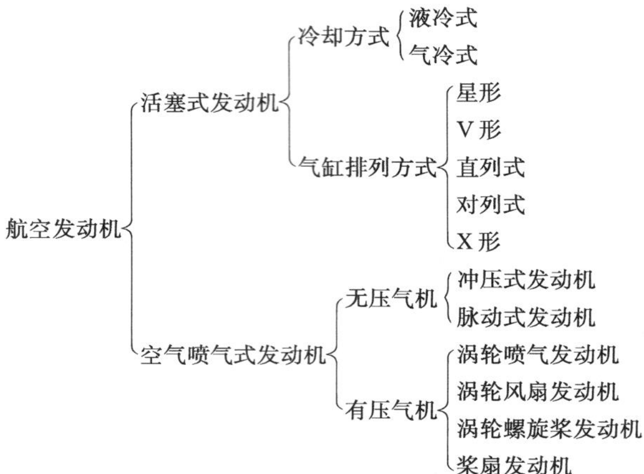

图 1.1　航空发动机主要分类

在第一次和第二次世界大战中，活塞式发动机均扮演了重要的角色。活塞式发动机具有耗油低、成本低、工作可靠等特点，在喷气式发动机发明之前的近半个世纪内，是唯一可用的航空飞行器动力。在莱特兄弟首次飞行后的 40 多年中，活塞式发动机的功率从 9kW 增加到 2237kW，增加了近 250 倍，并使飞机飞行速度超过 700km/h，飞行高度超过 10 000m。作为第一台飞上蓝天的航空发动机，活塞式发动机对航空技术的发展做出了巨大的历史性贡献，功不可没[10,11]。

2. 基本循环工作原理

航空活塞式发动机是依靠活塞在气缸中的往复运动使气体工质完成热力循环，将燃料的化学能转化为机械能的热力机械，它与一般汽车用的活塞式发动机在结构与循环原理上基本相同，都是由曲轴、连杆、活塞、气缸、进气阀、排气阀等组成。图 1.2 是一台对置的双缸活塞式发动机的示意图。

航空活塞式发动机中，曲轴每转两转，活塞在气缸中上下各移动两次，经过进气、压缩、膨胀与排气四个冲程，完成四个冲程，即发动机的一个热力循环。空气和燃油按一定比例形成混合气，在压缩冲程终了时点火并在定容条件下燃烧，高温、高压燃气膨胀，迫使活塞移动并通过连杆推动曲轴旋转做功。

3. 主要类型

由于航空活塞式发动机的活塞运行速度很高，气缸内产生的高温高压使得气缸壁的温度很高，为此，航空活塞式发动机必须进行冷却。冷却技术的发展推动了航空活塞式发动机的技术革新，由于冷却方式的不同，航空活塞式发动机先后发展了多种类型，主要分为液冷和空冷两大类。

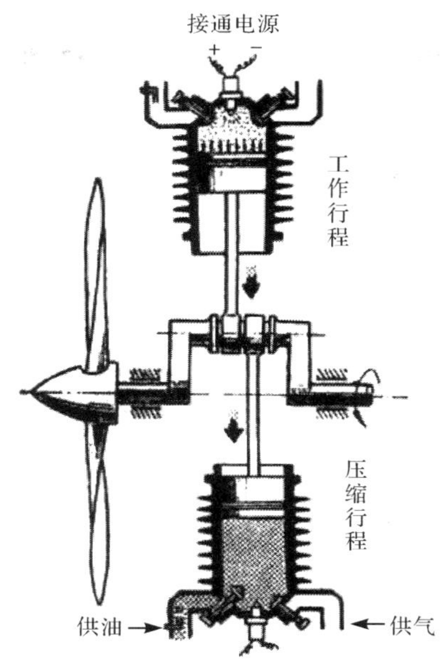

图1.2 对置双缸活塞式发动机示意图

对于航空活塞式发动机，要想增加功率和提高飞行速度，最简单的方法就是增加气缸的数目。根据气缸排列方式的不同，航空活塞式发动机又被分为多种类型，如图1.1所示。

4. 活塞式发动机的限制

由于活塞式发动机功率与飞机飞行速度的三次方成正比，随着飞行速度的提高，要求发动机功率大大增加，从而使其重量和体积都随之迅速增加；另外，在接近声速时，螺旋桨的效率会急剧下降，也限制了飞行速度的提高。要进一步提高飞行速度，尤其要达到或超过声速，必须采用新的动力装置[12]。

1.1.2 航空涡轮喷气式发动机

活塞式发动机之外另一大类航空发动机可统一称为空气喷气式发动机。空气喷气式发动机中，经过压缩的空气与燃料（通常为航空煤油）的混合物燃烧后产生高温、高压燃气，在发动机的尾喷管中膨胀，以高速喷出，从而产生反作用推力。流进发动机的空气可以是由专门的压气机使其受到压缩，也可以利用将高速流进发动机的空气（例如，当飞行器以很高的速度飞行时）滞止而产生高压来达到。因此，空气喷气式发动机可分为无压气机和有压气机两类，即主要为涡喷发动机（见图1.3和图1.4）和冲压发动机[13]。

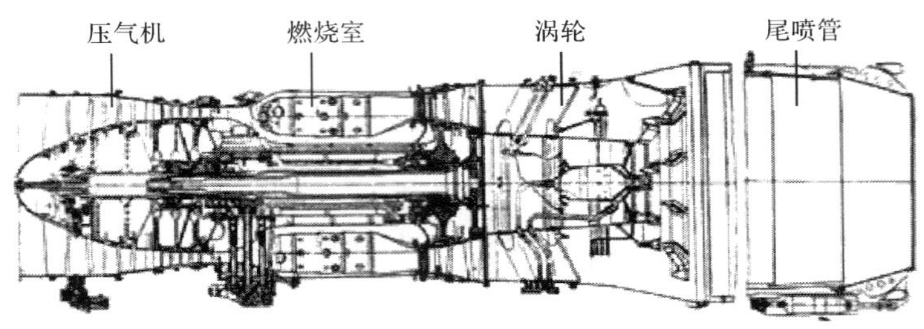

图 1.3　涡喷发动机结构示意图

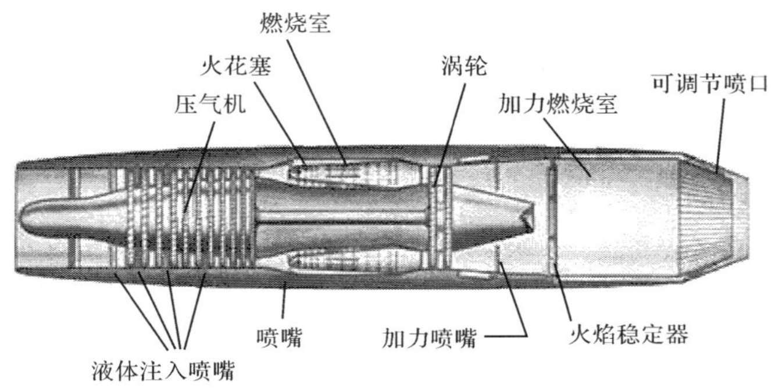

图 1.4　加力式涡喷发动机结构示意图

自 1929 年 9 月 27 日装有燃气涡轮发动机(简称燃气涡轮发动机)的飞机在德国首次试飞成功以来,航空涡轮喷气式发动机有了飞速的发展。航空涡轮喷气式发动机在 20 世纪 40 年代末至 50 年代末相继出现后,以其功率更大、重量更轻的特点,而逐渐取代了航空活塞式发动机[14,15]。

与活塞式发动机相比,燃气涡轮发动机在结构上非常简单,它只是将转动的压气机和涡轮连接在同一根轴上,两者之间装有热源(燃烧室),空气连续不断地被吸入压气机,并在其中压缩增压后,进入燃烧室中与喷油燃烧成为高温高压燃气,再进入涡轮中膨胀做功。显然,燃烧的膨胀功必然大于空气在压气机中被压缩需要的压缩功,使得有部分富余功可以被利用。可见,燃气涡轮发动机的膨胀功可以分为两部分:一部分膨胀功通过传动轴传给压气机,用以压缩吸入燃气涡轮发动机的空气;另一部分膨胀功则对外输出,作为飞机、船舶、车辆或发电机等的动力装置。

由于涡轮喷气式航空发动机本身既是热机又是推进器,直接产生推动飞机前进的动力,而不像在航空活塞式发动机中需要限制飞机飞行速度的螺旋桨作为推进器,因此涡轮喷气式航空发动机的做功能力远远大于活塞式发动机。所以,涡轮喷气式发动机的出现,才使得飞机的飞行速度超过声速成为可能。一直到今天，涡轮喷气式航空发动机仍然占据着航空发动机的绝对主导地位[16~18]。战斗机用涡轮喷气式发动机一直处于航空发动机技术的前沿，经过60多年的发展历史，大致经历了以下五次更新换代：

(1) 第一代是单转子亚声速喷气发动机。

(2) 第二代是超声速喷气发动机。

(3) 第三代是超声速涡轮风扇发动机(见图1.5)。

(4) 第四代是先进技术涡扇发动机。

(5) 第五代是推重比15～20的涡轮喷气发动机。

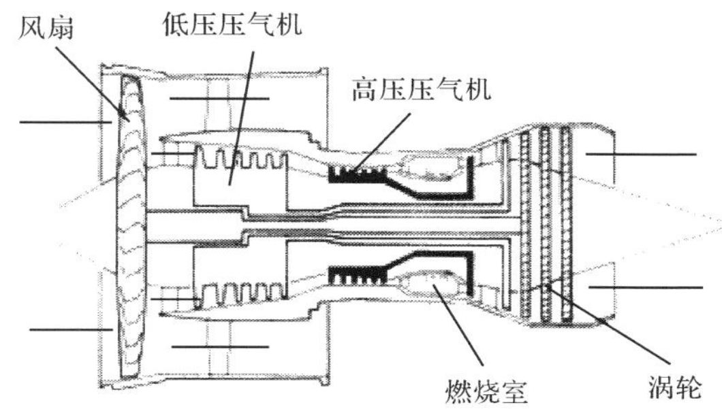

图1.5 涡扇发动机结构示意图

涡轮发动机往往选择更多的压气机耗功作为涡轮发动机的设计要求目标，这是由于此类型发动机的最大效率对应于最大压气机耗功。随着飞行速度的增加，来流总能量不断增加，压气机中能够注入的能量是不断降低的；同时超声速来流下的压气机性能也不断降低，再用压气机增压气流反而是不利的；且用于涡轮冷却的冷却空气的温度随着马赫数的增加在不断升高，使得涡轮及燃烧室冷却变得更加困难。这时应该取消压气机和涡轮，采用其他类型的航空发动机[19]。

1.1.3 冲压发动机

另一类空气喷气式发动机为无压气机的冲压发动机，主要分为亚燃冲压发动机和超燃冲压发动机[20]。1913年法国人瑞内·劳伦(Rene Lorin)发表文章，提出利用来流空气增压进行燃烧以获得推力。这是首次提出冲压发动机的概念[21]。冲压发动机没有压气机、涡轮等转动部件，只有进气道、燃烧室和尾喷管3个主要部件，结构简单、重量轻，适合于$Ma=3$以上的飞行。但在飞行速度为零时不能产生推力，在低速飞行时，由于进气道的增压作用小，燃烧室内的压力低，所以冲压发动机的性能较差。

图1.6为超声速飞行器使用的亚燃冲压发动机工作原理。亚燃冲压发动机采用超声速进气道，在进气道外端斜激波和内部正激波共同作用下气流由超声速

变为亚声速；这个高速气流在等截面的燃烧室通道中与燃料混合燃烧，形成高温高压的燃气。尾喷管一般采用超声速拉瓦尔喷管形式，来实现亚声速的燃气膨胀至超声速条件。亚燃冲压发动机存在一个几何喉道，亚声速燃烧气流经过几何喉道后转变成超声速气流，再由扩张型尾喷管加速排出。

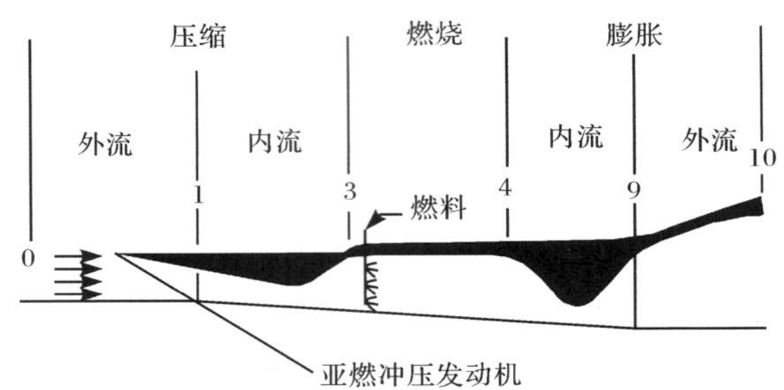

图 1.6　亚燃冲压发动机工作原理

虽然在亚声速飞行时，冲压发动机性能不如燃气涡轮发动机，但由于其结构简单，在某些低速飞行器（如靶机）上仍可能用其作为动力装置。亚燃冲压发动机在 $Ma=3\sim5$的范围内具有良好的性能，但是马赫数继续提高，进入高超声速（$Ma>5$）飞行范围，亚燃冲压性能迅速下降，遇到了严重的温度障碍，主要体现在燃烧室入口空气温度过高。一方面，受循环最高温度的限制，燃烧室入口气流温度过高将使得燃烧释热很难加入；另一方面，燃烧室入口温度过高也会使发动机性能恶化，压缩过程熵增非常剧烈[22]；同时，如此高的温度会使得燃烧释热的相当一部分消耗于燃烧产物的分解，由于超声速尾喷管中燃气停留时间很短，离解的产物来不及复合就离开了发动机，这将使得离解所消耗的热量回收部分很少，进一步降低了燃烧效率。这些因素使得高超声速飞行条件下亚燃冲压发动机性能严重恶化。

如果在高超声速飞行条件下，降低气流在进气道中的压缩程度，维持其出口的超声速流动条件，并实现超声速流动下的燃烧室过程，这样的流动/燃烧组织不但可以减小进气道和尾喷管中流动损失，还可以降低燃烧产物离解所带来的能量损失，进而提高发动机性能，而且还避免了滞止至亚声速所引起的过高的静压和静温。这对发动机结构、材料和质量都能带来好处，使得航空发动机马赫数进一步增大成为可能。基于这些考虑，超燃冲压发动机成为高超声速推进应用的最佳选择。

超燃冲压发动机总体结构与亚燃冲压发动机类似，也没有压气机和涡轮等旋转部件，由进气道、隔离段、燃烧室和尾喷管等部件构成。与亚燃冲压发动机不同的是，超燃冲压发动机没有几何喉道，取而代之的是热力喉道。在进气道和燃烧室之间，超燃冲压发动机增加了一个隔离段，有助于减弱进气道和燃烧室之间的耦合,增加进气道的稳定工作裕度[23]。

超燃冲压发动机具有大射程、自加速、高马赫数巡航等特点,是在大气层内高超声速飞行的最佳动力,可作为单级入轨空天飞机、高超声速导弹、天地往返运输器的发动机。它是近年来得到国内外广泛重视的热门研究课题,有望成为最有前途的航空航天动力系统[24]。

1.2　吸气式航空发动机的基本知识

虽然吸气式航空发动机种类较多,但是各种类型的航空发动机在性能参数表征和基本热力循环方面有相似性,因此,本节将重点介绍吸气式航空发动机的性能指标和基本热力学过程,以供后续章节的深入分析。

1.2.1　吸气式航空发动机的性能参数

对于吸气式推进研究,现已有很多性能参数来描述航空发动机的整体性能。这些参数对于吸气式高超声速推进而言也是适合的。

1) 比推力

空气质量流率比推力简称比推力,定义如下:

$$\frac{\text{未安装推力}}{\text{入口空气质量流率}}=\frac{F}{\dot{m}_0} \tag{1.1}$$

式(1.1)表明,在其他参数维持不变的前提下,发动机未安装推力正比于入口空气流量。那么,一旦给定飞行所需的比推力,所需要的进口空气流量就可依据此式进行估算。

2) 耗油率

单位推力燃油消耗率简称耗油率,定义如下:

$$\frac{\text{燃油质量流率}}{\text{未安装推力}}=S=\frac{\dot{m}_{\mathrm{f}}}{F} \tag{1.2}$$

式(1.2)表明,在其他参数维持不变的前提下,燃油质量流率正比于发动机未安装推力。

3) 比冲

燃油重量流率比推力简称比冲,定义如下:

$$\frac{\text{未安装推力}}{\text{燃油重量流率}}=I_{\mathrm{sp}}=\frac{F}{g_0\dot{m}_{\mathrm{f}}} \tag{1.3}$$

式中:g_0 为标准海平面重力加速度。

如果不考虑 g_0,比冲的数值可看作耗油率的倒数;但这两个参数却代表不同的含义,耗油率用来衡量发动机的经济性,而比冲用来度量发动机的推力。实际应用中，比推力、耗油率和比冲可用来描述发动机推力、燃油消耗量以及空气流量的需求；三者作为发动机总体性能参数，与发动机结构、尺寸等参数独立。

4）油气比

燃油质量流率与空气质量流率的比简称油气比，定义如下：

$$\frac{\text{燃油质量流率}}{\text{入口空气质量流率}}=f=\frac{\dot{m}_{\mathrm{f}}}{\dot{m}_0} \tag{1.4}$$

油气比一方面表征了燃烧室燃烧条件，另一方面在计算发动机其他性能参数时也会用到。实际应用中常考虑碳氢燃料恰好和空气发生化学反应，此时对应着油气化学当量比。对于用于高超声速推进的碳氢燃料，其与空气发生完全燃烧的化学反应方程如下：

$$\mathrm{C}_x\mathrm{H}_y+\left(x+\frac{y}{4}\right)\left(\mathrm{O}_2+\frac{79}{21}\mathrm{N}_2\right)\longrightarrow x\mathrm{CO}_2+\frac{y}{2}\mathrm{H}_2\mathrm{O}+\frac{79}{21}\left(x+\frac{y}{4}\right)\mathrm{N}_2 \tag{1.5}$$

这里假设燃烧产物只有二氧化碳和水，油气比的表达式为

$$f=\frac{36x+3y}{103(4x+y)}$$

5）发动机总效率

吸气式航空发动机作为热机，将储存在燃料里的化学能转变为发动机系统的机械能，这就引出了一个重要参数——总效率，以表征发动机的能量利用率。在推力与飞行器的飞行方向平行的假设前提下，发动机产生的推进功率可表达为

$$\text{推进功率}=Fv_0 \tag{1.6}$$

要确定燃料在化学反应中所产生的能量是比较困难的。应用中往往假设燃烧过程为等压燃烧，燃烧室和外界没有热量和功的交换，化学反应产生的能量可定义为与燃烧产物温度相同条件下燃料与空气燃烧反应所释放的能量。基于这些假设，化学反应速率可表示为

$$\text{化学反应速率}=\dot{m}_{\mathrm{f}}h_{\mathrm{pr}} \tag{1.7}$$

式中，h_{pr}为燃料的低位热值，J/kg。

因此，由式(1.6)和式(1.7)发动机总效率可表示为

$$\text{总效率}=\eta_0=\frac{\text{推进功率}}{\text{化学反应速率}}=\frac{Fv_0}{\dot{m}_{\mathrm{f}}h_{\mathrm{pr}}} \tag{1.8}$$

6）热效率和推进效率

从发动机内能量转换的过程来看，燃油化学能的释放转化为发动机的机械能，其进一步转化为发动机的推进功率。因此，发动机总效率可以分解为热效率和推进效率两个基本要素：

$$\eta_0=\underbrace{\frac{\text{发动机机械功率}}{\text{化学反应速率}}}_{\text{热效率}\eta_{\mathrm{th}}}\times\underbrace{\frac{\text{推进功率}}{\text{发动机机械功率}}}_{\text{推进效率}\eta_{\mathrm{p}}} \tag{1.9}$$

假设尾喷管处于临界膨胀状态，则有下式成立：

$$\eta_0=\eta_{\mathrm{th}}\eta_{\mathrm{p}}=\frac{(1+f)\dfrac{v_{\mathrm{e}}^2}{2}-\dfrac{v_0^2}{2}}{fh_{\mathrm{pr}}}\frac{Fv_0}{\dot{m}_0\left[(1+f)\dfrac{v_{\mathrm{e}}^2}{2}-\dfrac{v_0^2}{2}\right]} \tag{1.10}$$

由于发动机未安装推力仅与进出口冲量有关，则式(1.10)中推进效率可写为

$$\eta_{\mathrm{p}}=2\times\frac{(1+f)\dfrac{v_{\mathrm{e}}}{v_0}-1}{(1+f)\left(\dfrac{v_{\mathrm{e}}^2}{v_0}\right)^2-1} \tag{1.11}$$

式(1.11)表明，推进效率随着发动机出口速度和自由流速之比的降低而增大；减少速度比可促使发动机机械功更多地作用在空气流上。事实上，如果油气比很大，由于增加的燃油入射动量可能会导致推进效率略大于 1，但实际上即使是化学当量比燃烧，油气比也小于 1。因此可将式(1.11)中油气比一项忽略掉，得到

$$\eta_{\mathrm{p}}=\frac{2}{\dfrac{v_{\mathrm{e}}}{v_0}+1} \tag{1.12}$$

式(1.12)是推进效率最简洁的表达形式。由于发动机出口速度必须大于进口速度以产生正推力，因此推进效率不可能大于 1。

7) 各性能参数间的关系

综合上述介绍的发动机性能参数间的数值关系，可得到表 1.1 所示的吸气式发动机各性能参数之间的关系。

表 1.1　吸气式发动机各性能参数之间的关系

$\dfrac{F}{\dot{m}_0}=$	$\dfrac{F}{\dot{m}_0}$	$\dfrac{f}{S}$	g_0fI_{sp}	$\dfrac{fh_{\mathrm{pr}}}{v_0}\eta_0$
$S=$	$\dfrac{f}{F/\dot{m}_0}$	S	$\dfrac{1}{g_0I_{\mathrm{sp}}}$	$\dfrac{v_0}{h_{\mathrm{pr}}\eta_0}$
$I_{\mathrm{sp}}=$	$\dfrac{1}{g_0f}\dfrac{1}{g_0S}$	I_{sp}	$\dfrac{h_{\mathrm{pr}}}{g_0v_0}\eta_0$	—
$\eta=$	$\dfrac{v_0}{fh_{\mathrm{pr}}}\dfrac{F}{\dot{m}_0}$	$\dfrac{v_0}{h_{\mathrm{pr}}S}$	$\dfrac{g_0v_0}{h_{\mathrm{pr}}}I_{\mathrm{sp}}$	η_0

从表 1.1 中可以看出，发动机各性能参数之间有很大的关联性，可以相互转换。

1.2.2　吸气式航空发动机的热力学过程

虽然涡轮喷气式发动机和冲压发动机在发动机结构形式上有很大的差异，但是涡喷发动机、涡扇发动机、亚燃冲压发动机和超燃冲压发动机的基本热力循环却是相同的，都为开式布雷顿循环。因此，下面将介绍布雷顿循环的基本热力过

程，布雷顿循环由四个热力过程组成，图 1.7 为循环过程的温-熵图，各状态点的描述见表 1.2。

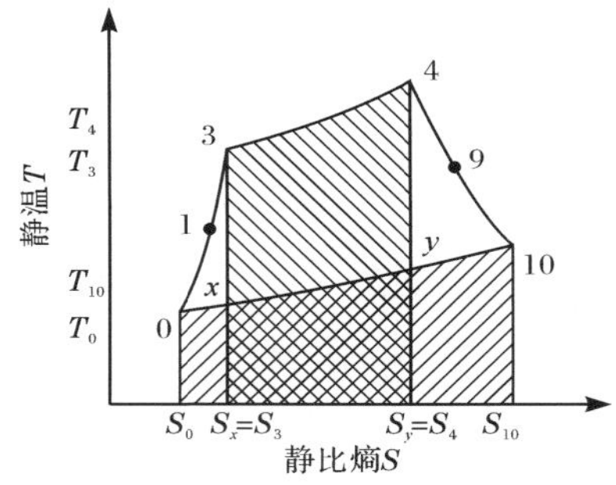

图 1.7　吸气式航空发动机布雷顿循环温-熵图

表 1.2　吸气式发动机参考位置

参考位置	发动机位置
0	自由来流状况，外压缩开始
1	外压缩结束，内压缩开始
3	内压缩结束，进气道出口，燃烧室入口
4	燃烧室出口，喷管入口，内膨胀开始
9	喷管出口，内膨胀结束，外膨胀开始
10	外膨胀结束

点 0～点 3：绝热压缩过程，从自由流静温 T_0 绝热压缩到燃烧室入口静温 T_3。由于表面摩擦和激波引起的不可逆损失使熵从自由流值 S_0 增加到燃烧室入口值 S_3。当不存在损失时，压缩过程为等熵的。

点 3～点 4：等压加热过程，无摩擦地加入热量，气流温度由燃烧室入口静温 T_3 变化为燃烧室出口静温 T_4。在不考虑质量加入的条件下，空气速度维持为常数。通过积分吉布斯方程可直接确定过程熵变。

点 4～点 10：绝热膨胀过程，气流从燃烧室出口静压 p_4 绝热膨胀到自由流静压 p_{10}。由于表面摩擦和激波引起的不可逆损失使熵从燃烧室出口值 S_4 增加到绝热膨胀过程的终点值 S_{10}。当不存在损失时，绝热膨胀过程为等熵膨胀过程。

点 10～点 0：等压放热过程，经过一个设想的等压、无摩擦过程，热力循环形成封闭。从发动机排出的空气中抛弃足够热量，气流回到初始温熵状态。由于这个过程与燃烧室内等压加热过程相似，空气的速度为常数。从能量观点来看，抛弃的热量等于燃烧室中加入的热量减去循环有用功。

从热力学的观点，吸气式航空发动机工作时，获取了流入与流出发动机的动

能差。从点 3 到点 4，对每单位质量的空气而言，加入到循环中的热量为

$$加入热量 = \int_{3}^{4} T\mathrm{d}S \tag{1.13}$$

从点 10 到点 0 每单位质量空气从循环中带走的热量为

$$带走热量 = \int_{0}^{10} T\mathrm{d}S \tag{1.14}$$

参考图 1.7 的温-熵曲线，假定热量的加入与排出和周围环境的相互作用是可逆的。每单位质量空气循环功为

$$\begin{aligned} 循环功 &= 加入热量 - 带走热量 \\ &= \frac{v_{10}^2}{2} - \frac{v_0^2}{2} = \int_{3}^{4} T\mathrm{d}S - \int_{0}^{10} T\mathrm{d}S \end{aligned} \tag{1.15}$$

因此，循环热效率为

$$\eta_{\mathrm{th}} = \frac{循环功}{加入热量} = \frac{\dfrac{v_{10}^2}{2} - \dfrac{v_0^2}{2}}{\displaystyle\int_{3}^{4} T\mathrm{d}S} = 1 - \frac{\displaystyle\int_{0}^{10} T\mathrm{d}S}{\displaystyle\int_{3}^{4} T\mathrm{d}S} \tag{1.16}$$

假定在绝热压缩和膨胀过程中，熵变是由能量交换引起的，依据吉布斯方程可将式(1.16)转化为

$$循环功 = \int_{3}^{4} T\mathrm{d}S - \int_{0}^{10} T\mathrm{d}S = (h_4 - h_3) - (h_{10} - h_0) \tag{1.17}$$

$$\eta_{\mathrm{th}} = 1 - \frac{h_{10} - h_0}{h_4 - h_3} \tag{1.18}$$

式(1.16)和式(1.18)中加入的热量可用燃料自身携带的化学能来代替，那么每单位质量空气所加入的热量为

$$\frac{\eta_{\mathrm{b}} \dot{m}_{\mathrm{f}} h_{\mathrm{pr}}}{\dot{m}} = \eta_{\mathrm{b}} f h_{\mathrm{pr}} = \int_{3}^{4} T\mathrm{d}S = h_4 - h_3 \tag{1.19}$$

本节介绍的布雷顿循环基本热力过程和推导得到的循环性能参数，对涡轮喷气式发动机、亚燃冲压发动机和超燃冲压发动机的热力分析都是适用的。

1.3　吸气式高超声速推进的基本热力循环

超燃冲压发动机作为吸气式高超声速推进装置的代表，首先作为热机，其将燃料中的化学能转化为机械功，满足布雷顿循环的基本原理；其次作为推进器，其将机械功转化为推进功，满足冲压发动机的工作原理。本节利用经典的热力学分析方法，来认识以超燃冲压发动机为动力的吸气式高超声速推进循环的热力性能特征。

1.3.1　超燃冲压发动机的工作过程

图 1.8 是应用于高超声速推进的超燃冲压发动机结构示意图。超燃冲压发动机主要包括超声速进气道、隔离段、变截面燃烧室和渐扩式尾喷管。进气道一般是混压式超声速进气道；隔离段的作用是用来降低燃烧过程对进气道波系组织的影响；超声速气流在燃烧室内与燃料混合燃烧后产生的高温燃气，经过尾喷管膨胀加速后排出，产生推力。

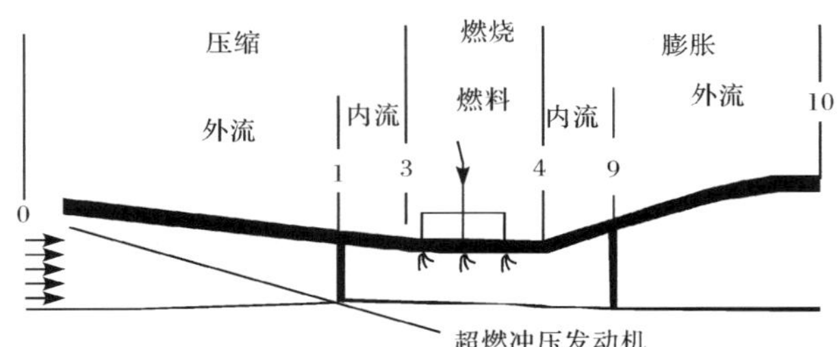

图 1.8　超燃冲压发动机结构示意图

超燃冲压发动机的工作原理也可从图 1.7 所示布雷顿循环 *T-S* 图看出，点 0 是未受扰动的来流状态；超燃冲压发动机经历点 0～点 3 的压缩过程，到达点 3 时气流仍为超声速；点 3～点 4 对应超声速燃烧过程，其进口气流马赫数大于 1，极限加热条件下由于热堵塞会实现 $Ma_4=1$；点 4～点 10 对应尾喷管的膨胀过程。

1.3.2　超燃冲压发动机的热力循环特征

高速、高温是超燃冲压发动机内流的典型特征。这种流动特征严格地约束了发动机的部件特性，这种约束在发动机热力循环中也表现出显著特征，主要体现在如下几个方面。

1) 进气压缩的需求：压缩程度与压缩损失间的折中

高速来流在进气道中必须经过足够的压缩，以提供热力循环所需的压比和热力性能。表 1.3 给出了不同来流下进气道压缩前、后的特性参数，其中来流温度 $T_1=250\text{K}$、压力 $p_1=0.47\times10^5\text{Pa}$，下标 1、2 对应于压缩前、后的状态点，进气道内气流压缩过程等效为四道等激波角压缩过程，激波压缩角 $\beta=16.5°$。

表 1.3　进气道压缩前后的气流参数

Ma_1	Ma_2	$T_2/10^3$	p_{t2}/p_{t1}
6	1.35	1.41	0.31
8	1.58	2.16	0.14
10	1.74	3.07	0.07

高速气流在进气道中压缩的另一技术需求是满足燃烧室的稳定燃烧组织要求:燃烧室入口处的马赫数往往被限制在一定的范围之内。这为进气道中压缩过程提出了明确要求:

(1) 压缩程度的需求:随着来流马赫数的提高,进气道中所需要进行的压缩程度是不断增强的。为了满足燃烧室入口的马赫数限制,例如 $Ma_2<2$,$Ma_1=6$ 的来流经过进气道激波压缩后,可满足出口速度的要求;对比之下,$Ma_1>8$ 的来流条件下虽然可以获取更大的压缩比,但压缩末端的气流却不能满足速度限制条件,这就需要进行更大幅度的压缩来减速。

(2) 压缩损失的需求:进气道中的激波损失非常剧烈。对于 $Ma_1=6$ 的来流而言,激波压缩过程总压变化 $p_{t2}/p_{t1}=0.37$;对于来流 $Ma_1=10$ 而言,总压变化已接近 10^{-2} 的数量级,如此低的总压变化对于发动机的整体性能不利。

综合分析压缩程度(或压比)、压缩损失(或总压比)、循环热效率以及压缩过程出口的气流速度,这些变量之间存在着耦合关系。对于确定的来流速度,减小进气道的压缩程度可以降低压缩过程的损失,这对于改善压缩性能、增加燃烧室的允许加热量有利;与此同时,压缩程度的降低必将引起循环效率的降低,并且压缩过程出口气流速度也不能满足速度限制要求。

因此,综合考虑循环热效率和压缩过程的技术实现难度,需要折中考虑压缩程度与压缩损失,以保证部件性能和整体热效率的合理性。

2) 燃烧组织的需求:加热过程进口温度和马赫数限制

在燃烧室进口马赫数提高时,循环的热效率也随之提高。但燃烧室进口温度不能无限上升,这是因为温度过高会导致空气的过分离解,离解损失会将收益消耗掉。因此,燃烧室进口空气温度是受限的,最大允许温度的确定依赖于经验的判断。

燃烧室进口空气温度和很多因素有关,如马赫数和高度、进气道的总压损失、燃料种类、油气比、燃烧室和尾喷管的几何尺寸等。由于设计状态下油气比通常取恰当化学反应当量比,最大允许的压缩终了温度(即加热过程进口最大允许温度)处于 1440～1670K 的范围内,取其平均值 $T_3=1560\text{K}$ 作为限制温度是合理的。

考虑到进气道内气流压缩过程是绝热过程,燃烧入口气流温度 T_3 的限制对应着 Ma_3 的限制。例如,假定飞行来流静温 $T_0=222\text{K}$,考虑 $T_3=1560\text{K}$ 的限制,对于 $Ma_0=10$,Ma_3 的限制为 $Ma_3>3.09$;对于 $Ma_0=15$,Ma_3 的限制为 $Ma_3>5.23$。

3) 尾喷管膨胀的需求

超燃冲压发动机中没有旋转部件,膨胀过程是压差驱动下气流的自身作用过程。因此,尾喷管膨胀过程的效率很高。但考虑到发动机设计与加工约束,高速气流在尾喷管中不可避免地存在附面层损失、激波(或膨胀波)损失,这些都是造成膨胀过程效率降低的主要因素。

此外，超声速燃烧过程中产生的热量会引起气流的离解，消耗一部分可用的能量。对于传统的低速内流过程，这部分能量基本在尾喷管的膨胀中重新释放为气流的热能。但对于超燃冲压发动机，尾喷管内膨胀流动会将气流快速地吹离发动机，进而导致这部分能量未全面地释放和有效利用。因此，如何降低尾喷管内的各种损失是超燃冲压发动机膨胀过程性能的主要考虑因素。

1.3.3 超燃冲压发动机的热力循环分析

评估超燃冲压发动机热力循环性能的重要方法是基于热力学第一定律的热力循环分析。这个循环性能评估方法是与经典热力学相似的，分析得到的结果非常直观。

超燃冲压发动机的工作介质必须经历一系列平衡过程后返回到最初状态。结合超燃冲压发动机工作过程特点，下面将详细描述布雷顿循环的四个过程（图1.7 的循环温-熵图）。

1）压缩过程（点 0～点 3）

如果压缩过程是理想的，即等熵过程，则从点 0 至点 3 的熵不变；实际上由于有激波和壁面摩擦的存在，熵必然增加。可用压缩过程的效率表示其完善程度，压缩过程效率的定义为

$$\eta_c=\frac{h_3-h_{1'}}{h_3-h_0}\leqslant 1.0 \tag{1.20}$$

式中，h_3、h_0 分别表示压缩过程终点和起点的静焓；$h_{1'}$ 表示相同压比对应的起始点 $1'$ 的静焓。

依据压缩过程效率的定义，可得到

$$\eta_c=\frac{h_3-h_{1'}}{h_3-h_0}=\frac{\psi-\dfrac{T_{1'}}{T_0}}{\psi-1} \tag{1.21}$$

式中，$\psi=T_3/T_1$ 为压缩过程的静温比。

通过计算和分析可得

$$\begin{cases}\dfrac{T_{1'}}{T_0}=\psi(1-\eta_c)+\eta_c\geqslant 0\\ S_3-S_0=S_{1'}-S_0=c_{p_c}\ln\dfrac{T_{1'}}{T_0}\geqslant 0\\ \dfrac{p_3}{p_0}=\left(\psi\dfrac{T_0}{T_{1'}}\right)^{c_{p_c}/R_c}\geqslant 1.0\end{cases} \tag{1.22}$$

2）加热过程（点 3～点 4）

假设加热过程为等压过程，根据动量守恒，加热过程的气流速度不变。由能量守恒关系，可得燃烧过程注入热量为

$$q_1 = h_4 - h_3 = c_{p_b}(T_4 - T_3) = \eta_b f H_u \tag{1.23}$$

进一步分析可得

$$\frac{T_4}{T_3} = 1 + \frac{\eta_b f H_u}{c_{p_b} T_3} = 1 + \frac{c_{p_0}}{c_{p_b}} \frac{\eta_b f H_u}{\psi c_{p_0} T_0} \geqslant 1.0 \tag{1.24}$$

式中，η_b为燃烧效率；c_{p_b}为加热过程平均比定压热容。

对于等压加热过程，过程熵增可表示为

$$S_4 - S_3 = c_{p_b} \ln \frac{T_4}{T_3} \tag{1.25}$$

3）绝热膨胀过程（点 4～点 10）

如果膨胀过程是理想的，点 4～点 10 的熵不变。实际膨胀流动过程会有总压损失，可用膨胀过程效率来考虑这种损失。膨胀过程的参数关系可表示为

$$\begin{cases} \dfrac{T_{4'}}{T_3} = \left(\dfrac{p_{4'}}{p_4}\right)^{R_e/c_{p_e}} = \left(\dfrac{p_0}{p_3}\right)^{R_e/c_{p_e}} \leqslant 1 \\ \dfrac{T_{10}}{T_4} = 1 - \eta_e \left\{ 1 - \left[1 - \eta_c \left(1 - \dfrac{1}{\psi} \right) \right]^{\frac{c_{p_c}}{R_c} \frac{R_e}{c_{p_e}}} \right\} \leqslant 1 \\ S_{10} - S_4 = c_{p_e} \ln\left(\dfrac{T_{10}}{T_4} \dfrac{T_4}{T_{4'}} \right) \end{cases} \tag{1.26}$$

式中，η_e为膨胀效率；c_{p_e}为膨胀过程平均比定压热容。

4）放热过程（点 10～点 4）

与加热过程分析相类似，放热过程为等压过程。由能量守恒关系可得

$$q_2 = c_{p_r}(T_{10} - T_0) = c_{p_r} T_0 \ln\left(\frac{T_{10}}{T_4} \frac{T_4}{T_{4'}} \right) \tag{1.27}$$

式中，c_{p_r}为放热过程平均比定压热容。

放热过程的熵增为

$$S_{10} - S_0 = c_{p_r} \ln\left(\psi \frac{T_{10}}{T_4} \frac{T_4}{T_3} \right) \geqslant 0 \tag{1.28}$$

5）排气速度

由循环有效功$\frac{1}{2}(v_{10}^2 - v_0^2) = q_1 - q_2$，可计算出排气速度 v_{10}。

6）循环热效率

联立燃烧室加热过程和放热过程的静焓变化，可推导出循环热效率为

$$\eta_{th} = 1 - \frac{c_{p_r}}{c_{p_0}} \left[\left(\psi \frac{c_{p_0} T_0}{\eta_b f H_u} + \frac{c_{p_0}}{c_{p_b}} \right) \frac{T_{10}}{T_4} - \frac{c_{p_0} T_0}{\eta_b f H_u} \right] \tag{1.29}$$

7）结果举例

为了进一步说明超燃冲压发动机热力循环性能的特点，下面结合一个算例来进行说明。其中，假定给定如下参数：

$v_0 = 2427\text{m/s}$；$T_0 = 222\text{K}$；$T_3 = 1556\text{K}$；

$\eta_c = \eta_b = \eta_e = 0.9$；

$c_{p_0} = 1.00\text{kJ/(kg·K)}$；

$c_{p_c} = 1.09\text{kJ/(kg·K)}$；

$c_{p_b} = 1.51\text{kJ/(kg·K)}$；

$c_{p_e} = 1.51\text{kJ/(kg·K)}$；

$H_u = 120\,000\text{kJ/kg}$（氢燃料）；$f = 0.0293$（恰当化学反应油气比）。

计算结果为

$\eta_{th} = 0.508$；$\eta_p = 0.886$；$\eta_0 = 0.450$；

$I_{sp} = 2227\text{s}$；$F_{sp} = 640\text{(N·s)/kg}$。

从计算结果可以看出超燃冲压发动机具有较高的热力循环效率和推进效率。

1.3.4 超燃冲压发动机的气动热力性能分析

1.3.3 节针对超燃冲压发动机的热力循环分析中，是相对理想的分析过程，没有考虑到燃料的质量、动量的添加、燃烧室的几何形状和非完全膨胀等因素的影响，然而这些因素对发动机推力却有着重要的影响。同时，热力循环分析中常用的部件效率，例如压缩效率 η_c，这些参数是无法直接测量的。基于这些原因，为了更真实地反映超燃冲压发动机的热力性能，本节将采用气动热力性能分析方法来评估超燃冲压发动机的性能。

1. 发动机推力性能指标

推力是超燃冲压发动机的重要性能指标，由于其无法直接准确测量，描述和估算推力的方法一直被广泛关注。依据飞行和地面试验条件的不同，所得到的超燃冲压发动机推力和阻力具有显著差异。这里从飞行器/发动机的受力分析出发，来讨论不同推力定义间的关系。

1）轴对称型超燃冲压发动机的推力定义

轴对称型超燃冲压发动机往往和飞行器分离并借助吊舱进行支撑，图 1.9 给出了轴对称型超燃冲压发动机推力评估中采用的控制体积。

由控制体的受力分析可得到发动机安装推力为

$$T = \dot{m}_{10} v_{10} - \dot{m}_0 v_0 + (p_{10} - p_0) A_{10} + \int_b^c (p - p_0) \mathrm{d}A_x + \int_c^d (p - p_0) \mathrm{d}A_x - f \tag{1.30}$$

为了保持一致，式(1.30)中减去了自由流静压。由于封闭体积下的等压力积分为零，这种处理对推力的计算没有影响。轴向摩擦力 f 包括整个控制体积表面

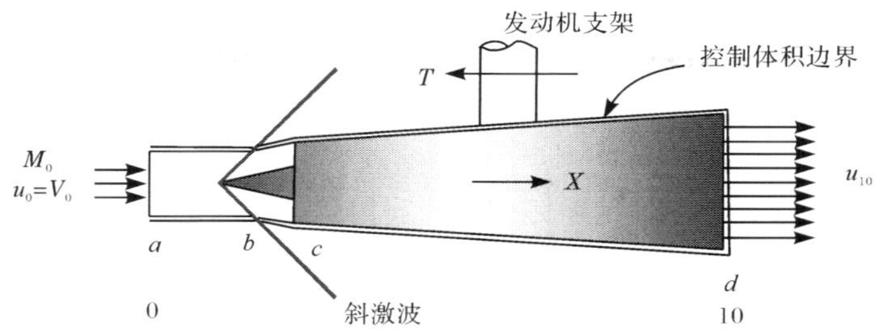

图 1.9 轴对称型超燃冲压发动机推力评估中采用的控制体积划分示意图

的压力分布，在气体/气体界面的剪切应力通常忽略。引入未安装推力 F、附加阻力 D_{add}和外部阻力 D_{ext}，由式(1.30)可得

$$\begin{cases} T = F - D_{\text{add}} - D_{\text{ext}} - f \\ F = \dot{m}_{10} v_{10} - \dot{m}_0 v_0 + (p_{10} - p_0) A_{10} \\ D_{\text{add}} = -\int_b^c (p - p_0) \mathrm{d}A_x \\ D_{\text{ext}} = -\int_c^d (p - p_0) \mathrm{d}A_x \end{cases} \tag{1.31}$$

当进气道工作在设计马赫数时，附加阻力 D_{add}为 0。当自由流马赫数小于设计值时，附加阻力 D_{add}一般为正。对于高超声速流动，由于前缘激波使得飞行器周围压力的升高，其对飞行器表面的表压积分并不为 0，并且向外的法方向为 x 的负方向，因此外部阻力 D_{ext}一般为正。

2) 乘波体构型超燃冲压发动机的推力定义

乘波体构型的飞行器/超燃冲压发动机对应于常见的飞行或自由射流实验条件下发动机安装条件。乘波体构型的飞行器/超燃冲压发动机的推力评估中采用的控制体积划分如图 1.10 所示。

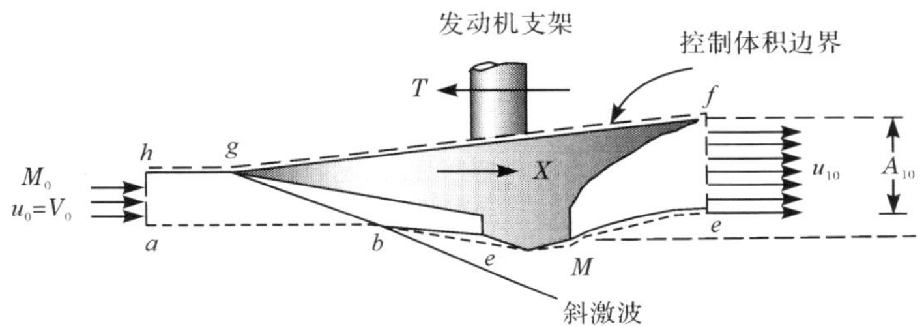

图 1.10 一体化飞行器/超燃冲压发动机推力评估中采用的控制体积

安装推力是指飞行器/发动机壁面在飞行速度方向所受的合力，它等于控制体表面压力积分减去表面的阻力。动量守恒下控制体受力分析得到发动机安装

推力为

$$T = \dot{m}_{10}v_{10} - \dot{m}_0 v_0 + (p_{10} - p_0)A_{10} + \int_b^c (p - p_0)\mathrm{d}A_x + \int_c^d (p - p_0)\mathrm{d}A_x + \int_d^e (p - p_0)\mathrm{d}A_x + \int_g^h (p - p_0)\mathrm{d}A_x - f \tag{1.32}$$

引入未安装推力 F、附加阻力 D_{add} 和外部阻力 D_{ext}，由式(1.32)可得

$$\begin{cases} T = F - D_{\text{add}} - D_{\text{ext}} - f \\ F = \dot{m}_{10}v_{10} - \dot{m}_0 v_0 + (p_{10} - p_0)A_{10} \\ D_{\text{add}} = -\int_b^c (p - p_0)\mathrm{d}A_x - \int_d^e (p - p_0)\mathrm{d}A_x \\ D_{\text{ext}} = -\int_c^d (p - p_0)\mathrm{d}A_x - \int_g^h (p - p_0)\mathrm{d}A_x \end{cases} \tag{1.33}$$

对比式(1.31)和式(1.33)可发现，乘波体构型的飞行器/超燃冲压发动机的推力定义，相对于轴对称型超燃冲压发动机增加了 $-\int_d^e (p - p_0)\mathrm{d}A_x$ 项，这是半壁喷管中气流膨胀的羽流产生的，称为羽流阻力；外部阻力中细分为 $-\int_c^d (p - p_0)\mathrm{d}A_x$ 和 $-\int_g^h (p - p_0)\mathrm{d}A_x$，这是考虑到飞行器外壁面流动的非对称性而得到的。

3）附加阻力和外部阻力的分析

和亚声速飞行不同，超声速飞行器/超燃冲压发动机的安装推力和未安装推力除要考虑摩擦力外，附加阻力和外部阻力的综合考虑是非常棘手的。依据不同的飞行条件和发动机结构，附加阻力和外部阻力具有显著差异。图 1.11 的飞行器/发动机进行一体化设计实例中，发动机的外部阻力基本为 0。

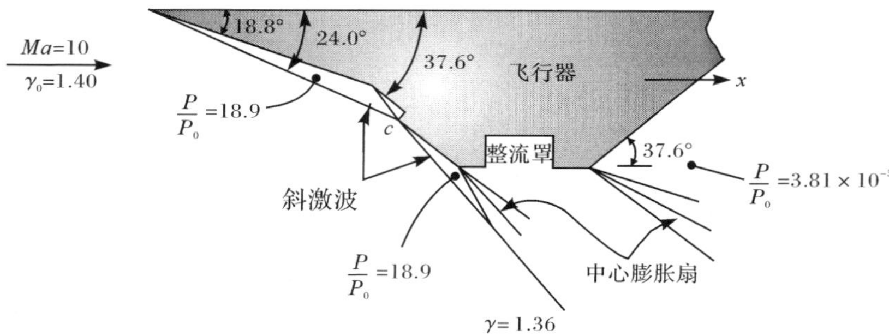

图 1.11　一体化飞行器/超燃冲压发动机的设计实例

由于发动机的外壁面和飞行速度方向一致，飞行器外壁除摩擦力外，静压积

分对发动机推力没有贡献，即 $D_{ext}=-\int_c^d(p-p_0)\mathrm{d}A_x-\int_g^h(p-p_0)\mathrm{d}A_x=0$。因此，设计者需要尽可能地把附加阻力和飞行器的结构构型分离开。

作为飞行器的设计者而言，需要尽可能地避免附加阻力。可通过降低来流在进气道的偏转角度，采用整流罩来归拢来流，或采用变几何进气道使前缘激波集中于整流罩前端等多项措施，来保证前缘附加阻力维持在较低的水平，以致其相对于发动机未安装推力可忽略。

4) 超声速飞行器/超燃冲压发动机推力定义间的关系

综合上述分析，不同飞行和地面试验条件下的发动机阻力具有显著差异，对应的发动机推力也具有不同的量级和变化关系。从飞行器/发动机运行的角度，表 1.4 归纳了各项定义间的关系。

表 1.4 超燃冲压发动机推力定义间的关系

定义	备注
安装推力 T	安装推力 T 是为飞行器提供加速和巡航作用的推力，是发动机飞行整体性能评价的指标，安装推力和其他受力间存在着关系：$T=F-D_{add}-D_{ext}-f$，这个关系对于任何的飞行器/发动机的结构、安装方式和飞行条件均成立
附加阻力 D_{add}	附加阻力 D_{add}是进气道溢流和尾喷管羽流所引起的附加阻力，其数值是飞行条件的函数 $D_{add}=f(Ma,H,\alpha)$。通过合理的飞行轨迹设计和飞行器运行策略，可改变附加阻力 D_{add}的数值
外部阻力 D_{ext}	这是飞行器外部壁面处静压的贡献，其数值由飞行器结构设计和飞行控制水平所决定
摩擦力 f	高超声速飞行中，摩擦力的普遍存在是必须考虑的因素
推力增益 ΔF	推力增益 ΔF 是稳定燃烧下未安装推力 F 与冷流(未燃烧)下未安装推力 F' 的差值，反映了超声速燃烧对推力的贡献。这是由于发动机推力增益 ΔF 和内阻变化都比较大，实际提供给飞行器的推力却较小，这是超声速燃烧组织的特殊性
未安装推力 F	未安装推力 F 是超燃冲压发动机内流动/燃烧作用的产物，是发动机推进能力的评价指标

2. 发动机部件气动热力分析

在进行气动热力计算之前，先给出气流推力函数的定义。假定一维流管，根据动量方程可写出气流作用于截面 1～截面 2(截面划分见图 1.8)管道的轴向力为

$$F=(Wv+Ap)_2-(Wv+Ap)_1=I_2-I_1 \tag{1.34}$$

式中，$I=Wv+Ap$ 为任意截面的冲量。

气流推力函数的定义为

$$Sa \equiv \frac{1}{W} = v\left(1+\frac{RT}{v^2}\right) \tag{1.35}$$

由式(1.34)和式(1.35)可得

$$\frac{F}{W_1} = \frac{W_2}{W_1}Sa_2 - Sa_1 \tag{1.36}$$

进而得到发动机单位推力为

$$\begin{aligned} F_{\mathrm{sp}} &= \frac{F}{W_0} = \frac{W_9}{W_0}Sa_9 - Sa_0 - p_0A_0\left(\frac{A_9}{A_0}-1\right) \\ &= (1+f)Sa_9 - Sa_0 - p_0A_0\left(\frac{A_9}{A_0}-1\right) \end{aligned} \tag{1.37}$$

下面来讨论发动机的气动热力过程及性能模型，分析中给定 v_0 和 A_0 的值。

首先对于进气道(截面 0～截面 3)气动热力过程而言，截面 0 处有如下关系式成立：

$$Sa_0 = v_0\left(1+\frac{RT_0}{v_0^2}\right) \tag{1.38}$$

考虑到 $T_3=\psi T_0$，且 ψ 为考虑燃烧室进口静温约束下的独立选取变量。由能量守恒关系，可得

$$v_3 = \sqrt{v_0^2 - 2c_pT_0(\psi-1)} \tag{1.39}$$

截面 3 处，有类似的关系式成立：

$$Sa_3 = v_3\left(1+\frac{RT_3}{v_3^2}\right) \tag{1.40}$$

引入进气道压缩效率 η_{c}，可得

$$\frac{p_3}{p_0} = \left[\frac{\psi}{\psi(1-\eta_{\mathrm{c}})+\eta_{\mathrm{c}}}\right]^{c_{p_{\mathrm{c}}}/R_{\mathrm{c}}} \tag{1.41}$$

此外依据流量守恒关系，还存在如下关系：

$$\frac{A_3}{A_0} = \psi\frac{p_0v_0}{p_3v_3} \tag{1.42}$$

其次对于燃烧室(截面 3～截面 4)而言，简单考虑为等压燃烧过程；其他加热规律只是会让燃烧室出口速度的表述公式复杂些，不会带来本质改变。假定燃烧室管道对气流的阻力为 D_{b}，则动量方程为

$$\begin{aligned} \frac{A_3p_3 - D_{\mathrm{b}} - A_4p_4}{W_3v_3} &= \frac{1}{W_3v_3}\left[(W_3+W_{\mathrm{f}})v_4 - W_3v_3 - W_{\mathrm{f}}v_{\mathrm{fx}}\right] \\ &= (1+f)\frac{v_4}{v_3} - 1 - f\frac{v_{\mathrm{fx}}}{v_3} \end{aligned} \tag{1.43}$$

式中，v_{fx} 为燃油喷射速度的轴向分速度。

考虑燃烧室黏性的作用，式(1.43)又可表达为

$$\frac{A_3 p_3 - D_b - A_4 p_4}{W_3 v_3} = \frac{A_3 p_3 - D_b - A_4 p_4}{A_3 \rho_3 v_3^2} = \frac{1}{2}\frac{\mu A_w}{A_3} \tag{1.44}$$

式中，$\mu A_w = \dfrac{A_3 p_3 - D_b - A_4 p_4}{\rho_3 v_3^2/2}$称为燃烧室有效阻力系数。

将燃烧室有效阻力系数 μA_w代入式(1.44)可得

$$v_4 = \frac{v_3}{1+f}\left(1 + f\frac{v_{fx}}{v_3} - \frac{1}{2}\frac{\mu A_w}{A_3}\right) \tag{1.45}$$

由能量守恒方程可得到燃烧室出口温度为

$$T_4 = \frac{T_3}{1+f}\left\{1 + \frac{1}{c_{p_b} T_3}\left[\eta_b f H_u + f h_f + f c_{p_b} T_0 + \left(1 + f\frac{v_{ff}^2}{v_3^2}\right)\frac{v_3^2}{2}\right]\right\} - \frac{v_4^2}{2c_{p_b}} \tag{1.46}$$

式中，T_0为计算静焓的基准温度；h_f为燃料进入燃烧室时带入的静焓，其数值远小于 H_u，故可忽略不计；v_{ff}为燃料喷射速度。

由流量守恒方程，同样可得

$$\frac{A_4}{A_3} = (1+f)\frac{T_4}{T_3}\frac{v_3}{v_4} \tag{1.47}$$

最后，来讨论尾喷管内膨胀过程(截面4～截面9)。考虑膨胀效率后的过程终点温度可推导为

$$\frac{T_9}{T_4} = 1 - \eta_e\left\{1 - \left[1 - \eta_c\left(1 - \frac{1}{\psi}\right)\right]^{\frac{c_{p_c}}{R_c}\frac{R_e}{c_{p_e}}}\right\} \tag{1.48}$$

膨胀过程的终点速度，可由能量守恒关系推导为

$$v_9 = \sqrt{v_4^2 + 2c_{p_e}(T_4 - T_9)} \tag{1.49}$$

膨胀过程的面积比 A_9/A_0，同样可由质量守恒关系得到

$$\frac{A_9}{A_0} = (1+f)\frac{p_0}{p_9}\frac{T_9}{T_0}\frac{v_0}{v_9} \tag{1.50}$$

最终再来看看基于气动热力参数的超燃冲压发动机性能参数方程，单位推力可进一步写为

$$F_{sp} = (1+f)Sa_9 - Sa_0 - \frac{RT_0}{v_0}\left(\frac{A_9}{A_0} - 1\right) \tag{1.51}$$

超燃冲压发动机总效率可写为

$$\eta_0 = \eta_{th}\eta_p = \frac{(1+f)\frac{v_9^2}{2} - \frac{v_0^2}{2}}{fH_u}\,\frac{F_{sp} v_0}{(1+f)\frac{v_9^2}{2} - \frac{v_0^2}{2}} \tag{1.52}$$

为了进一步反映超燃冲压发动机气动热力性能水平和揭示超燃冲压发动机热力性能特点，下面将给出一个具体的算例来进行说明。

以下参数为已知参数：

ψ= 7.0，v_0= 2427m/s，T_0= 222K；

$\eta_c=\eta_b=\eta_e$=0.9，R=289.3J/(kmol·K)，p_9/p_0=1.0；

c_{p_c}=1.09kJ/(kg·K)，c_{p_b}=1.51kJ/(kg·K)，c_{p_0}=1.51kJ/(kg·K)；

k_c=1.362，k_b=1.238，k_e=1.238；

h_f=0.0，T_0=298K(基准静温)；

c_{fx}/c_3=0.5，c_{ff}/c_3=0.5，$\mu A_w/A_3$=0.1；

f=0.0294(氢燃料恰当化学当量比)，H_u=119 954kJ/kg。

表1.5为基于热力方程计算得到的结果。

表1.5　等压加热规律下超燃冲压发动机气动热力计算结果

变量名	计算值	变量名	计算值
Sa_0	2498(N·s)/kg	T_3	1554K
v_3	1791m/s	Sa_3	2042(N·s)/kg
p_3/p_0	260	A_3/A_0	0.0372
v_4	1678m/s	T_4	3667K
A_4/A_3	2.59	p_4/p_0	260
Sa_4	2310(N·s)/kg	T_9	1504K
v_9	3057m/s	Sa_9	3199(N·s)/kg
A_9/A_0	5.64	F_{sp}	674(N·s)/kg
η_o	0.472	η_{th}	0.50
η_p	0.950	I_{sp}	2337

分析表1.5的计算结果，可得到以下有意义的结论：

(1) 静温比ψ的影响。发动机总效率对静温比ψ的影响并不敏感。

(2) 加热量的影响。无量纲加热量$\eta_b f H_u/(c_{p_0}T_0)$对总效率影响甚微，可以忽略。

(3) 等压加热和等面积加热的影响。超声速燃烧室中，等面积加热下马赫数逐渐下降，其加热极限是$Ma=1$。如果不出现热阻塞，即保证加热终点的$Ma>1.0$，则等压加热和等面积加热时的发动机性能差别很小。

(4) 燃料质量加入的影响。即使不计液态氢燃料喷入的速度，只考虑其化学当量比下质量加入的影响，总效率可提高8.5%左右。这主要是由于推进效率中考虑质量的附加，推进效率可能大于1.0。如果考虑燃料的喷射速度，η_0将增加更多。对于液态氢燃料，其喷射速度可达1524m/s。

(5) 非膨胀完全的影响。超燃冲压发动机设计状态通常是工作于不完全膨胀。若膨胀过程的效率η_e=0.9，在不完全膨胀范围内(p_9/p_0=1.05～2.0)，总效率的变化非常平坦，而面积比 A_9/A_0 的变化非常剧烈。因此，选择不完全膨胀状态是有利的，η_0 下降不多，而 A_0 小得多，重量和成本下降。但在低马赫数飞行时可能出现过度膨胀而引起性能损失。

(6) 自由射流的影响。当其他条件不变，马赫数增加时，推进效率增加，总效率增加。但随着马赫数的增加，需要面积比对应变化。当 $Ma<10$ 时，面积比 A_3/A_0、A_4/A_0 和 A_9/A_0 随着马赫数的增加而变化迅速，要求几何可变；当 $Ma>10$ 时，这三个面积比随马赫数的变化就比较平缓了，这是高超声速冲压发动机所特有的“Ma 独立原理”，即在足够高的马赫数下，许多无量纲的气动量近似为常数，这意味着超燃冲压发动机很少或不需要几何可变。

(7) 燃烧室阻力的影响。摩擦因数 μ 本身并不大，对于光滑平板紊流时只有 0.001～0.005，但由于燃烧室中有喷嘴和机械混合设备，以及相对于进气道捕获面积，燃烧室进口和出口的面积很小，使燃烧室有效阻力系数较大，即使取中等值 $\mu A_w/A_3=0.1$，也会引起总效率下降 6%左右。

参考文献

[1] 林汝谋，金红光. 热力循环——工程热力学的一个永恒研究方向. 燃气轮机技术，2002，15(4)：1－8.

[2] 刘大响，金捷. 21 世纪世界航空动力技术发展趋势与展望. 中国工程科学，2004，6(9)：1－8.

[3] Seidel J A，Sehra A K，Colantonio R O. NASA aeropropulsion research：Looking forward//Proceedings of International Symposium on Airbreathing Engines. Reston，VA，USA，2001：ISABE-2001-1013.

[4] 胡晓昱. 国外航空涡轮发动机技术发展现状与趋势. 中国航空学会航空百年学术论坛动力分论坛论文集(2). 北京：中国航空学会动力专业分会，2003.

[5] Benzakein M J. Propulsion strategy for the 21st century：A vision into the future// Proceedings of International Symposium on Airbreathing Engines. Reston，VA，USA，2001：ISABE-2001-1005.

[6] Dilip R B，Joseph Z. Progress in aeroengine technology (1939－2003). Journal of Aircraft，2004，41(1)：43－50.

[7] Mari C. Trends in the technological development of aeroengines：An overview//Proceedings of International Symposium on Airbreathing Engines. Reston，VA，USA，2001：ISABE-2001-1012.

[8] 张宝诚. 航空发动机的现状和发展. 沈阳航空工业学院学报，2008，25(3)：6－10.

[9] 刘大响，陈光. 航空发动机——飞机的心脏. 北京：航空工业出版社，2003.

[10] 李汝辉，吴一黄. 活塞式航空动力装置. 北京：北京航空航天大学出版社，2008.

[11] 方昌德. 世界航空发动机手册. 北京：航空工业出版社，1996.

[12] 方昌德. 航空发动机的发展研究. 北京：航空工业出版社，2009.

[13] 陈光. 航空发动机发展综述. 航空制造技术，2000，6：24—34.
[14] 刘大响，程荣辉. 世界航空动力技术的现状及发展动向. 北京航空航天大学学报，2002，28(5)：490—496.
[15] 方昌德. 军用涡喷/涡扇发动机和通用推进技术展望. 迈向 21 世纪的航空科学技术文集. 北京：航空总公司六二八所，1994.
[16] Koop W. The integrated high performance turbine engine technology (IHPTET) program//The 3th International Symposium on Air Breathing Engines. Chattanooga, TN, USA, 1997：ISABE-1997-7175.
[17] 赵淑芬，刘大响. 我国航空发动机技术发展探讨. 科学决策，2001，(1)：42—45.
[18] 梁春华. 未来的航空涡扇发动机技术. 航空发动机，2005，(4)：54—58.
[19] 刘大响，彭友梅. 新概念航空发动机展望. 现代军事，2003，12：12—15.
[20] 刘兴洲. 冲压发动机的发展和应用. 中国航天，1993，(3)：34—37.
[21] 张炜，朱慧，方丁酉，等. 冲压发动机发展现状及其关键技术. 固体火箭技术，1998，(3)：26—32.
[22] Moses P L, Bouchard K A, Vause R, et al. An airbreathing launch vehicle design with turbine-based low-speed propulsion and dual mode scramjet high-speed propulsion//The 9th International Space Planes and Hypersonic Systems and Technologies Conference. Norfolk, VA, USA, 1999：AIAA-1999-4948.
[23] 刘小勇. 超燃冲压发动机技术. 飞航导弹，2003，(3)：38—42.
[24] 占云. 超燃冲压发动机的第一个 40 年. 飞航导弹，2002，(9)：32—40.

第 2 章　吸气式高超声速推进的热力循环结构发展

回顾航空发动机的发展历史，发动机的飞行速度需求不断提高：亚声速—超声速—高超声速—更高速度（未知），发动机基本构型也经历了：涡轮发动机—亚燃冲压发动机—超燃冲压发动机—带有能量旁路的冲压发动机。各类航空发动机的运行范围如图 2.1 所示。

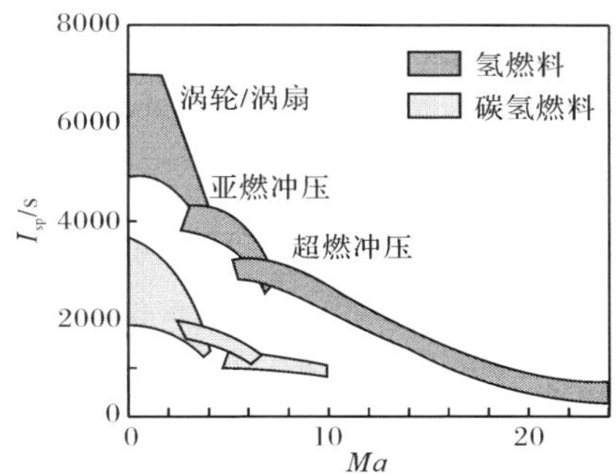

图 2.1　各类航空发动机运行范围

为了满足飞行需要，不同类型的航空发动机被提出，各自以其独特的原理、结构并结合当前的工艺技术，在不同的速度区间内以其占优的性能在航空发动机发展史上占据了一席之地。不同类型发动机的基本信息见表 2.1。从压缩方式的视角来看，压缩方式的改变伴随着航空发动机飞行速度提升的每一个发展历程；同时，“热障”也一直伴随着航空发动机速度提升的每一个发展历程，速度越高“热障”问题越突出，相应地在需要冷却的航空发动机高温部件发生变化的同时，航空发动机冷却的方式也随之不断变化。

作为当前飞行速度最快的吸气式航空发动机，超燃冲压发动机压缩技术和冷却技术是当前发展高超声速推进的核心技术难点。本章首先从吸气式航空推进循环历史发展的角度，分析航空发动机飞行速度提升过程中压缩技术的发展规律，以及航空发动机热防护困难和冷却技术的作用。从而揭示压缩技术和冷却技术在航空动力循环发展过程中所起的作用，追溯吸气式高超声速推进循环的发展历程，并为更高速航空动力循环的发展指明可能的发展方向。

表 2.1 不同类型航空发动机的基本信息

发动机类型	主要运行速度区间	结构示意图	循环温-熵示意图	主要特点
涡轮发动机	Ma=0.5～4	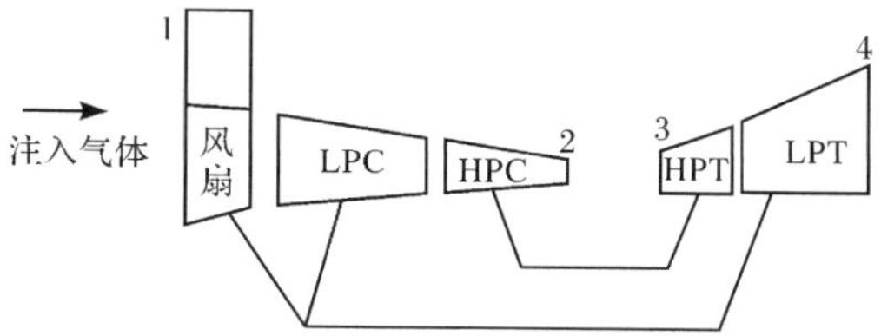 注入气体 1 风扇 LPC HPC 2 3 HPT LPT 4	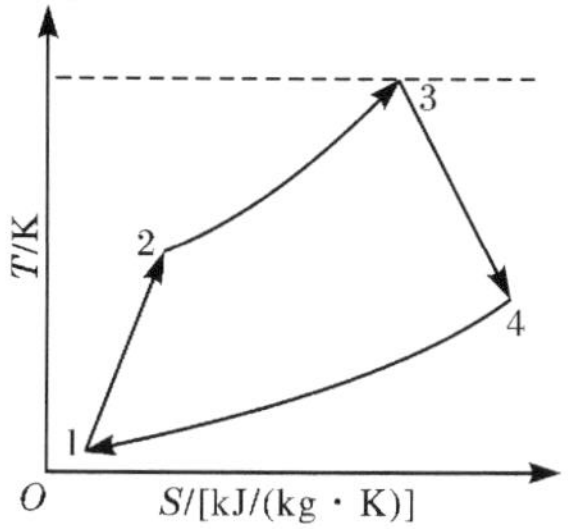 T/K O S/[kJ/(kg·K)] 1 2 3 4	带有旋转机械；压气机压缩中注入能量，涡轮膨胀中提取能量；空气冷却，冷却空气取自压气机后端，冷却部件为涡轮
亚燃/超燃冲压发动机	Ma=3～10	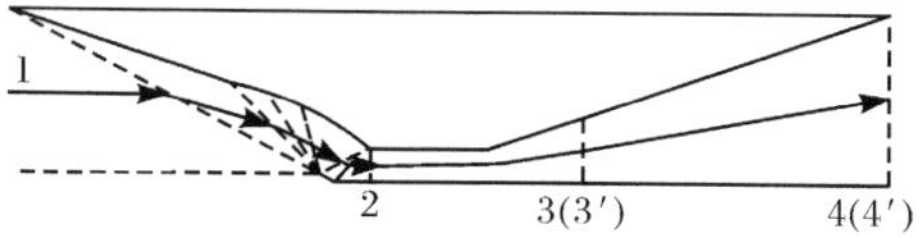 1 2 3(3′) 4(4′)	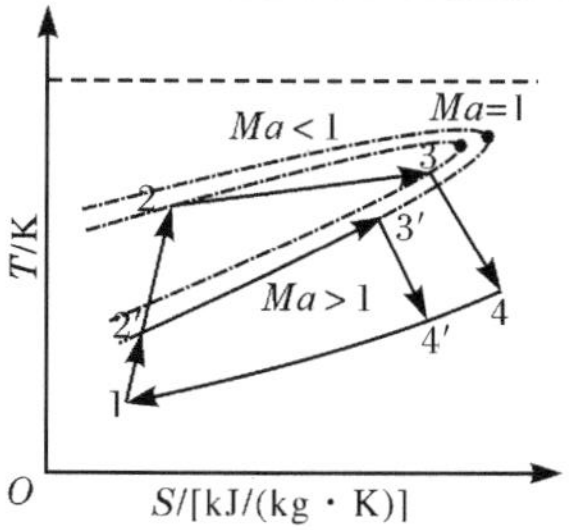 T/K O S/[kJ/(kg·K)] Ma<1 Ma=1 Ma>1 1 2 2′ 3 3′ 4 4′	不带有旋转机械；压缩和膨胀过程是绝热过程；空气或燃料冷却，冷却部件主要为燃烧室
带有能量旁路的冲压发动机	Ma>8	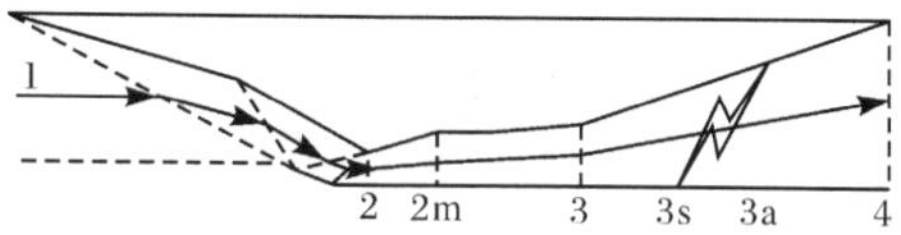 1 2 2m 3 3s 3a 4	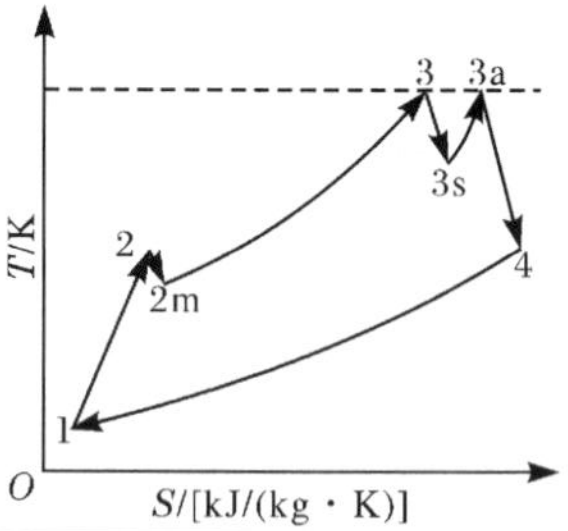 T/K O S/[kJ/(kg·K)] 1 2 2m 3 3s 3a 4	不带有旋转机械；压缩中提取能量，膨胀中注入能量；燃料冷却，冷却部件主要为燃烧室

2.1　从压缩方式演变看待航空发动机发展

表 2.1 的统计分析结果表明，不同马赫数下的推进系统的压缩方式存在着显著的差异。由于循环的压缩过程是和热力性能紧密关联的，航空发动机飞行速度提升过程中压缩技术的发展规律，一定从某个特殊角度展示了航空发动机推进循环的发展特征。下面将从推进系统压缩过程认识入手，分析各推进系统的压缩特征和热力性能，探讨吸气式推进系统热力循环结构中压缩方式的变化规律。

2.1.1　更高马赫数推进下热力循环的压缩需求

为满足超燃冲压发动机燃烧室中燃料/空气充分混合和稳定燃烧的要求，燃烧室入口处的马赫数往往被限制在一定的范围之内；为满足材料耐温和热防护需求，燃烧室入口处的温度也不能太高。这为进气道中气流压缩过程提出了明确要求：高速来流在进气道中必须经过足够的压缩，并满足其出口的参数要求。表 2.2 给出了不同来流下进气道压缩前、后的特性参数，其中进气道为四道等激波角压缩，来流温度 $T_1=250\mathrm{K}$、压力 $p_1=0.47\times10^5\mathrm{Pa}$，下标 1、2 对应于压缩前、后。

表 2.2　进气道压缩前后的气流参数

激波压缩角 $\beta=16.5°$				激波压缩角 $\beta=15°$			
Ma_1	Ma_2	$T_2/10^3\mathrm{K}$	p_{t2}/p_{t1}	Ma_1	Ma_2	$T_2/10^3\mathrm{K}$	p_{t2}/p_{t1}
6	1.35	1.41	0.31	6	1.65	1.25	0.37
8	1.58	2.16	0.14	8	1.93	1.87	0.19
10	1.74	3.07	0.07	10	2.12	2.62	0.10
14	1.93	5.44	0.02	14	2.33	4.58	0.03

分析表 2.2 中的数据，可得以下结论：

(1) 随着来流马赫数的提高，进气道中所需要进行的压缩程度是不断增强的。在燃烧室入口 $Ma_2<2$ 的限制条件下，$Ma_1<8$ 的来流经过激波角 $\beta=15°$的进气道压缩后就可满足出口速度限制要求；而 $Ma_1>10$ 的来流却要经过 $\beta=16.5°$的激波压缩才能满足出口速度限制要求。

(2) 满足了燃烧室入口马赫数限制的压缩过程，损失非常剧烈。对于来流 $Ma_1=6$ 而言，激波压缩过程总压变化 $p_{t2}/p_{t1}=0.37$；对于来流 $Ma_1=10$ 而言，压缩前后总压变化已接近10^{-2}数量级；如此低的总压变化对于发动机整体性能不利。

(3) 来流 $Ma_1=10$ 条件下，经过进气道压缩后出口气流温度已经达到 $T_2=3070\mathrm{K}$。进一步提高来流速度，燃烧室入口气流温度会不断提高，越来越接近燃烧室中的最高加热温限，这就限制了燃烧室中允许加入的热量，以致发动机所能产生的单位推力衰减剧烈。

(4) 减小进气道的压缩程度（通过减小 β 来实现）能够减小压缩过程的损失，降低燃烧室入口处的气流温度，这对改善压缩性能、增加燃烧室的允许加热量有利；但同时压缩过程出口的气流马赫数却不满足限制要求；在如此高的燃烧室入口速度下，很难实现有限燃烧室长度内的燃料/空气充分混合、稳定燃烧以及可靠点火，这将严重地降低燃烧效率以及发动机工作的可靠性。

可见，当前技术、工艺水平决定了燃烧室入口速度限制和燃烧室最高温度限制的水平。面向更高速度来流，既要满足燃烧室入口处速度限制要求，又要保证燃烧室中有足够的能量注入量，这对于高超声速推进的发动机压缩过程，意味着燃烧室入口处气流的速度和温度均处于一定的范围，即气流的总能量（总焓）不能超过某一上限。当更高速的来流携带的总能量过高，接近甚至超越这一上限时，就需要在燃烧室前部除完成绝热的激波压缩外，还需要从高速来流的总能量中取出一部分来。然而取出的这部分能量源于飞行器/发动机的高速运动，并不是“免费的”[1]，这就要求以某种方式将这部分能量绕过燃烧室重新注入发动机，而不是从发动机系统排出。这一能量取出和注入过程实现了把来流工质的部分能量在并行于燃烧室的能量旁路中进行传递，这就是超燃冲压发动机能量旁路循环的基本思想。

结合表 2.1 中的超燃冲压发动机能量旁路循环的温-熵图，可以清晰地认识此发动机的工作原理。高速来流经过进气道的激波压缩（过程 1→2）后进入能量取出通道（过程 2→2m），一部分气流的能量（总焓）被取出；具有较低温度和速度的气流进入燃烧室中和燃料混合、燃烧（过程 2m→3）；随后在能量注入通道中将前端取出的能量返回给气流（过程 3s→3a），并在尾喷管中膨胀、加速（过程 3→3s 和 3a→4）。从结构上讲，带有能量旁路的冲压发动机在并行于发动机燃烧室处存在一个能量旁路，这使得带有能量旁路的冲压发动机的热力循环与冲压发动机的布雷顿循环过程间存在明显差异。

2.1.2 吸气式推进系统热力循环压缩特征的变化

航空发动机的运行速度不断向高马赫数扩展，同一类型发动机的设计参数不断完善（对应于发动机的性能不断被提高），发动机设计工艺水平不断提高（对应于发动机设计中的约束条件不断被突破或放宽），发动机基本构型不断演变（对应于不同类型的发动机被提出）。促进技术发展是发动机运行马赫数和运行性能的提高需求；与之匹配的是发动机设计参数的不断完善、设计工艺水平的不断提高，乃至发动机基本构型的不断演变。

在涡轮发动机中，发动机的最大总效率对应于压气机中最大的注入，因此往往选择最大的压气机注入功作为涡轮发动机的设计目标。然而，随着来流速度的提高，高速来流所携带总能量(总焓)不断增加；为了避免燃烧室出口气流温度超过涡轮的安全运行边界，压气机中可注入的能量随着发动机运行速度的提高而不断降低；同时超声速条件下压气机的运行性能不断降低。这些因素使得涡轮发动机的性能随着运行速度的提高而不断降低，以致不带有旋转机械部件的亚燃冲压发动机成为超声速运行下的最佳吸气式推进系统。随着运行速度需求的提高，实现亚燃冲压发动机燃烧室中的亚声速燃烧变得越来越困难，同时高速来流压缩到亚声速的过程损失也急剧增大。这些因素使得采用超声速燃烧的超燃冲压发动机成为高超声速应用下的最佳吸气式推进系统。随着运行速度需求的进一步提高，带有能量旁路的冲压发动机成为解决冲压发动机高超声速推进下所面临性能问题的有效途径。

涡轮发动机适应于低速度区，亚燃冲压发动机适应于超声速区，超燃冲压发动机适应于高超声速区，这是发动机发展的必然选择；那么，在这里需要思考两个问题：一是基于新型热力循环结构的带有能量旁路的冲压发动机，恰好为解决冲压发动机在高超声速应用下所面临的性能问题提供了途径。换一个角度，吸气式高超声速推进系统的热力循环是否必须和带有能量旁路的冲压发动机的热力循环相同/相似；二是带有能量旁路的冲压发动机的提出，是冲压发动机发展中的偶然产物，还是必然产物。这个问题的肯定或否定答案的给出，都需要站在航空发动机历史发展的角度，总结航空发动机的发展规律，进而去预测更高速度区间下发动机循环参数的完善方向或者循环基本构型的演变方向。以史为鉴，预测未来。

2.1.3　吸气式推进系统热力循环演变的内在动力

影响航空发动机性能的因素包括热力循环结构、循环参数、部件效率，以及技术工艺水平下的约束条件等。循环结构的演变是推动发动机性能发展的源动力，循环参数的改善是改进发动机性能的重要途径；部件效率的提高是发动机部件设计水平的目标，约束条件的突破是发动机技术工艺发展的方向。

为了把握吸气式推进系统热力循环构型演变的基本规律，就需要深入到发动机热力循环结构的基本层面，分析满足不同运行需求的发动机性能，总结航空发动机的发展规律；根据历史选择的必然性这一准则，去认识航空发动机热力循环结构的变迁脉络，进而探讨吸气式推进系统热力循环构型演变的内在动力。

1. 吸气式推进系统的热力性能

理想布雷顿循环是各种航空发动机热力循环的基本构型，其工作过程已在第 1 章中进行了介绍，主要包括等熵压缩(过程 1→2)、等压加热(过程 2→3)和等熵膨胀(过程 3→4)。

根据发动机的气动热力学理论,发动机的单位推力可表达为[2]

$$F_{sp}=v_4-v_1=\sqrt{2L_{id}+v_1^2}-v_1 \tag{2.1}$$

式中,F_{sp}为发动机单位推力;v_1、v_4 分别为发动机进、出口速度;L_{id}为理想热力循环功。

根据热力学知识,分析可得

$$L_{id}=c_pT_1(\pi^{\frac{\gamma-1}{\gamma}}-1)\left(\frac{\Delta}{\pi^{\frac{\gamma-1}{\gamma}}}-1\right) \tag{2.2}$$

式中,$\pi=p_{t2}/p_1$ 为压比;$\Delta=T_{t3}/T_1$ 为温比;c_p 为比定压热容;γ 为比热比;p、T、p_t 和 T_t 分别为气流静压、静温、总压和总温。

分析式(2.2),可得到如下结论:

(1) 压比 π 的影响。当 $\pi=1$ 时,循环热效率等于零,此情况在绝热压缩过程中是不会发生的,但可视之为极限情况;当 $\pi=\pi_{max}$时,进气道出口温度抵达最高温限,燃烧室加热量等于零,故 $L_{id}=0$;因此一定存在着最优值 $\pi_{op}=\Delta^{\frac{\gamma}{2(\gamma-1)}}$,此时 L_{id} 最大。

(2) 温比 Δ 的影响。增大温比有利于提高 L_{id},其物理意义非常明显:提高温比意味着在来流条件固定情况下燃烧室出口总温增加,燃烧加热量增加,故 L_{id}提高。

因此,温比 Δ 的增大对于提高 F_{sp}有利;压比 $\pi=\pi_{op}$时,F_{sp}最优。

2. 吸气式推进系统的压缩需求保障

在发动机设计中,时代条件下的材料应用、工艺和冷却技术水平决定了 Δ 的取值,进而确定发动机最优性能所对应的最佳压缩比 π_{op}。发动机来流经过进气道压缩后,$\pi=p_{t2}/p_1=(p_{t2}/p_{t1})(p_{t1}/p_1)$的数值取决于两个方面的因素:对应于来流条件的 $p_{t2}/p_1=f(Ma_1)$和对应于压缩过程的总压比 p_{t2}/p_{t1}。

当来流条件、工艺技术和材料应用水平确定时,为了实现最佳压缩比的目标,航空发动机的性能保障就可以用压缩过程的总压比 p_{t2}/p_{t1}来描述,即通过调整进气道的压缩程度或者改变压缩机理来影响 p_{t2}/p_{t1}的取值,从而获取发动机最佳的性能潜力。定性地讲,进气道压缩程度的调整或压缩机理的改变可采用如下思路:对于一定的 π_{op}取值,较大的 p_{t2}/p_{t1}取值适合于 π 较小的情形;较小的 p_{t2}/p_{t1}取值适合于 π 较大的情形。

压缩过程的总压比 p_{t2}/p_{t1}是和过程总压变化紧密关联的。依据吉布斯方程,过程总压变化与过程的熵增、过程传递/转化的能量之间的关系可表达为[3]

$$dS_{irr}=c_p d(\ln T)-Rd(\ln p)=c_p d(\ln T_t)-Rd(\ln p_t) \tag{2.3}$$

式中,dS_{irr}为过程熵增的微分;R 为摩尔气体常量。

分析式(2.3)，很容易得到如下结论：

(1) 过程绝热条件下，$dT_t=0$，$dS_{irr}=-Rd(\ln p_t)$，即过程的不可逆损失导致熵增，对应于总压降低。

(2) 理想/等熵条件下，$dS_{irr}=0$，$c_p d(\ln T_t)=Rd(\ln p_t)$，即外界注入能量能够提高总压；反之，向外界输出能量能够降低总压。

(3) 非理想/非等熵条件下，$dS_{irr}>0$，过程熵增和过程传递/转化的能量都是影响过程总压变化的主要因素；相对于理想/等熵条件，需要注入更多的能量以获取相同的总压升高量，需要提取较小的能量以获取相同的总压降低量。

综上所述，时代条件下的材料应用、工艺和冷却技术水平决定了最佳压比 π_{op} 的取值；当来流条件 $p_{t1}/p_1=f(Ma_1)$ 确定后，通过调整进气道的压缩程度或者改变进气道的压缩机理来影响 p_{t2}/p_{t1} 的取值，进而保证压缩过程的压比 π 趋近于 π_{op}；标志压缩过程损失的熵增和过程中传递/转化的能量是影响 p_{t2}/p_{t1} 的主要因素，合理协调这两个影响因素可以改变 p_{t2}/p_{t1} 的取值，进而实现所需要的压比，并保障发动机最佳的性能。

3. 吸气式推进系统热力循环的实现方法

图 2.2 给出了来流特性参数 p_{t1} 和 Ma_1 之间的关系。随着来流速度的提高，压比 p_{t1} 不断增加。在低马赫数区($Ma_1<6$)，p_{t1} 随 Ma_1 的增加趋势相对不很明显；在高马赫数区($Ma_1>6$)，p_{t1} 随 Ma_1 呈指数增加。

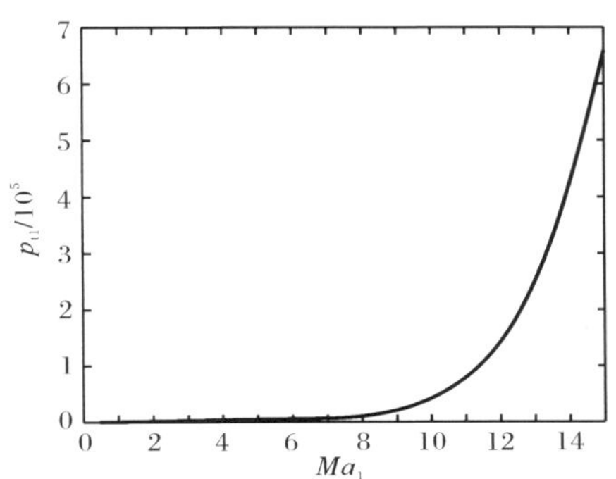

图 2.2　p_{t1} 和 Ma_1 之间的关系

1) 涡轮发动机的热力循环特征

涡轮发动机中受涡轮材料和冷却技术的限制，涡轮前温度往往限制在一定范围内。表 2.3 给出了几种典型的第三代涡轮发动机的指标参数，其中涡轮前温度 $T_{t3}=1600\sim1800$K。对应于这个温度范围，飞行高度 $H=0$km 下最佳压比 $\pi_{op}=20.1\sim21.4$；飞行高度 $H=10$km 下 $\pi_{op}=31.4\sim33.5$；飞行高度 $H=15$km 下

π_{op}=33.1～35.3。对比表 2.3 中发动机参数 π 的取值，除法国的 M53-P2 外，其他的都处于 π_{op} 取值范围内。

表 2.3 涡轮发动机的指标参数

国家	发动机型号	发动机应用	π	T_{t3}/K	$\max(v_1)$/(km/h)	$Ma_{1\max}$
美国	F100-PW-220	F-15	32	1643	—	2.5
	F110-GE-100	F-16	29.9～30.4	1643	—	2
	F404-F1D2	F117	26	1643	—	0.92
	F404-GE-402	F/A-18	26	1643	—	1.8
	F101-GE-102	B-1B	26.5	1643	—	1.25
	F110-GE-129	—	32	1728	—	—
俄罗斯	AL-31F	Su-27	23	1650	2430	—
	RD-133	MIG-29	21	1536	2450	—
	D-30F6	MIG-31	21	1660	3000	—
法国	M53-P2	Mirage 2000	9.8	1533	—	2.2
中国	太行	—	30	1747	—	—
	太行改进型	—	—	1800	—	—

图 2.3 给出了涡轮发动机工作范围内(Ma_1= 0.5 ～ 3)，来流压比 p_{t1}/p_1 和来流 Ma_1 之间的关系。

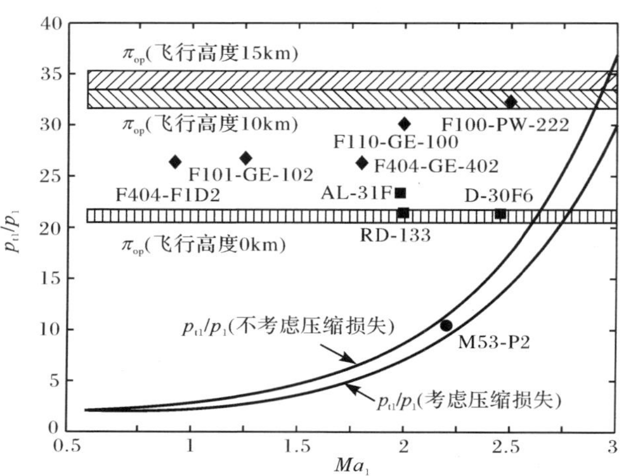

图 2.3 涡轮发动机中 p_{t1}/p_1 和 Ma_1 之间的关系

同时图 2.3 中也标出了不同高度(H= 0km、10km、15km)下最佳压比的取值范围，以及表 2.3 中发动机的指标参数。在涡轮发动机工作马赫数范围内，来流压比 p_{t1}/p_1 处于最佳压比 π_{op} 的取值范围外（法国的 M53-P2 除外）。为了获取涡轮发动机单位推力的性能潜力，就需要 $p_{t2}/p_{t1}>1$，以使得 π 趋近于 π_{op}。依据式(2.3)的结论，在压缩过程中注入能量可以实现过程总压的升高。

实际的涡轮发动机工作马赫数内，来流条件 p_{t1}/p_1 和工艺水平下的温比 Δ 要求压缩过程的总压比 $p_{t2}/p_{t1}>1$，以保证发动机的性能潜力。这种压缩要求在涡轮发动机中是通过压气机装置来实现：压缩气流的同时并向气流中注入能量；压气机所需要的能量来源于燃烧室后端的涡轮膨胀做功。

2）冲压发动机的热力循环特征

冲压发动机中燃烧室出口温度取决于很多因素，例如：发动机的结构、燃烧细节、燃烧过程中的传热和壁面冷却等；这个参数的确定往往采用精确计算与经验判断相结合的办法。这里借鉴文献[4]中的数据，燃烧室出口温度 $T_{t3}=2500\sim8500$K。对应于这个温度范围，飞行高度 $H=0$km 下最佳压比 $\pi_{op}=64.6\sim684.0$；飞行高度 $H=10$km 下 $\pi_{op}=105.6\sim1118.8$；飞行高度 $H=20$km 下 $\pi_{op}=111.9\sim1185.5$。

由于冲压发动机的军事用途，很难细节地给出当前已经服役的冲压发动机的进气道结构和压缩细节。这里选用在国外期刊中正式发表的冲压发动机进气道结构[5~13]，依据文献中的结构和工作条件，采用数值计算软件 Fluent 分析不同冲压发动机结构的压缩特性，部分特征参数值见表 2.4。

表 2.4　冲压发动机压缩过程的特征参数

序号	Ma_1	p_1/Pa	T_1/K	p_{t1}/p_1	$p_{t2}/p_{t1}/10^{-2}$	p_{t2}/p_1
1	4	9084.3	66.1	152.2	63.8	97.0
2	4	8960	170	152.2	73.6	112.1
3	4	8003.1	73.1	152.2	56.4	85.8
4	4	8003.1	76.0	152.2	58.2	88.6
5	4	8003.1	76.0	152.2	64.4	97.9
6	6.4	3968	203.5	2369.0	30.6	725.2
7	9.9	634.3	98.6	39905	8.97	3578.0
8	10.2	234.4	48.7	49488	7.6	3766.3
9	10.4	606.8	48.7	55446	8.4	4646.9
10	13.1	110.3	48.1	271818	3.3	8869.9
11	8	157	447	9844.3	6.5	637.9
12	10	1200	226	42900	10.4	4497.6

图 2.4 给出了冲压发动机工作范围内($Ma_1=3\sim15$)，来流压比 p_{t1}/p_1 对数值和 Ma_1 之间的关系；同时图中也标出了最佳压比的取值范围，以及表 2.4 中冲压发动机压缩过程的特性。可见，工作马赫数范围 $Ma_1<9$，压比取值处于最佳压比范围内；工作马赫数范围 $Ma_1>9$，压比处于最佳压比的取值范围外。

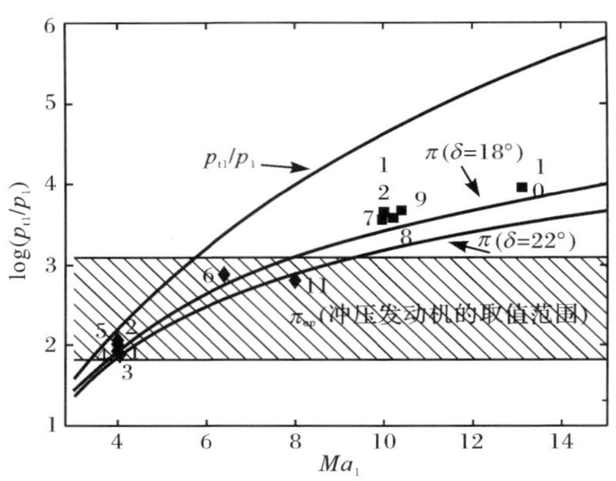

图 2.4　$\log(p_{t1}/p_1)$和 Ma_1 之间的关系

$Ma_1<9$ 的来流经过进气道压缩后，压比正好处于最佳压比内。这意味着冲压发动机仅仅通过激波压缩作用所获得压比 p_{t2}/p_1 可以满足发动机最优性能的需要，即压缩损失所导致的 p_{t2}/p_{t1}，并结合来流特性 p_{t1}/p_1，可以使 $Ma_1<9$ 的来流压比满足需求。在冲压发动机的压缩过程中不需要和外界进行能量的交换，这正好和激波压缩的绝热特性相吻合。

值得注意的是，进气道的激波压缩损失会引起发动机整体性能的降低；往往选用压缩过程总压比 p_{t2}/p_{t1} 来表征激波压缩损失的强弱(或进气道性能)。图 2.5 给出了工作范围 $Ma_1=3\sim15$ 内 p_{t2}/p_{t1} 和 Ma_1 之间的关系。从图中可知，这个速度范围内 Ma_1 的数值基本保持在较高的水平，这对于冲压发动机的进气道以及发动机的整体性能均是有利的。

3) 带有能量旁路冲压发动机的热力循环特征

随着来流马赫数的进一步提高，$Ma_1>9$ 来流的压比 p_{t1}/p_1 随 Ma_1 呈指数增加，如图 2.2 所示。高速气流经过激波压缩后，压比 π 处于最佳压比 π_{op} 的取值范围之上，如图 2.4 所示。为了满足最佳压比需求，就需要调节气流的压缩程度，或者改变气流的压缩机理，使得参数 π 回到最佳压比取值范围内，以保障发动机单位推力的性能潜力。这是更高工作马赫数下的进气压缩需求。

容易想出满足上述压缩需求的方法——加强进气道中的激波压缩程度，然而更强的激波作用会导致更多的压缩过程熵增以及更剧烈的总压损失，从而降低了总压比 p_{t2}/p_{t1} 的数值。这样，较大数值的 p_{t1}/p_1 与较小数值的 p_{t2}/p_{t1} 共同作用，

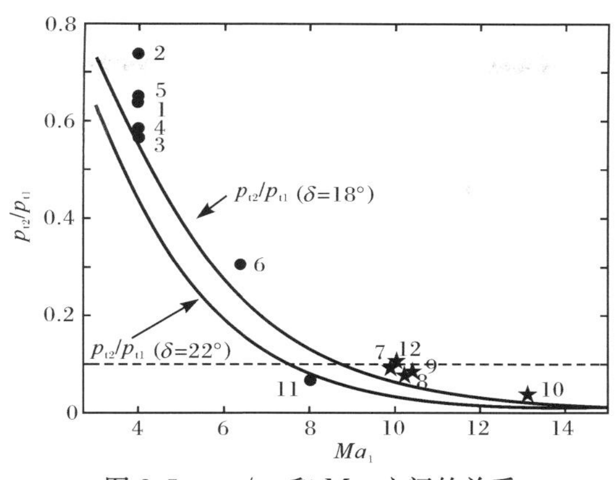

图 2.5　p_{t2}/p_{t1} 和 Ma_1 之间的关系

可使压比 π 处于最佳压比的取值范围内。然而从图 2.5 中可见，$Ma_1>9$ 下 p_{t2}/p_{t1} 已经处于10^{-1}的数量级；进一步的降低 p_{t2}/p_{t1} 意味着对应的激波压缩过程损失将处于难以接受的水平，这对于进气道性能和发动机整体性能的影响是致命的。因此，单纯的增强激波作用程度并不能满足 $Ma_1>9$ 下的进气压缩需求。

依据式(2.3)的结论所述，可以得到满足上述压缩需求的解决思路。改变过程总压比的因素包括过程的熵增和过程中传递/转化的能量。既然激波压缩过程的熵增（过程损失）已被要求不可以进一步增加，降低过程总压比的任务就需要由过程中传递/转化能量来主要承担。相比于涡轮发动机中注入能量以提高过程总压比的方式，在压缩过程中取出能量可以有效地降低过程总压比，这种作用方式下的总压变化主要由过程中取出能量所导致，同时过程的熵增仍被保留在可以接受的水平。可见，压缩过程中取出能量的方式既可以满足压比回归到最佳压比取值范围内的需求，以获取发动机最佳单位推力的性能潜力，也可以产生较低数值水平的过程总压比，保证压缩过程的熵增（过程损失）仍处于可接受的水平，以维持进气道性能和发动机整体性能。这种方式给出了 $Ma_1>9$ 下进气道压缩的基本思路。

带有能量旁路的冲压发动机在燃烧室前端同时存在着进气道和能量取出通道，高速来流依次经历激波压缩和能量取出的作用后再进入燃烧室。明显地，这种结构的发动机是上述进气压缩思路的具体实现方式。燃烧室前端取出的能量来源于高速气流（飞行器自身的高速运动），这就要求以某种方式将这部分能量绕过燃烧室返回给发动机，而不是从发动机系统排出。燃烧室前、后端的能量取出和注入过程把来流工质的部分能量从并行于燃烧室的能量旁路中进行传递，实现了发动机流道中能量再分配；有效地满足了 $Ma_1>9$ 下的进气压缩需求，并保证了发动机的部件性能和整体性能。

综上所述，为了保证发动机在更高马赫数下仍然能够提供足够的推力性能，就需要降低压缩过程中的总压变化。利用增强冲压发动机进气压缩程度的方式，会导致压缩过程的损失急剧增加，并不能有效地满足更高马赫数下的压缩需求。带有能量旁路的冲压发动机利用燃烧室前端取出能量的方式来降低总压比，并使得过程损失仍保留在可以接受的水平。带有能量旁路的冲压发动机的工作方式，既有利于获取发动机的最佳单位推力性能潜力，也可以维持发动机进气道和整体性能，有效地解决了更高马赫数下的来流压缩问题。

为了更清楚地阐明上面讨论的内容，下面就一些问题讨论如下。

(1) 对于冲压发动机和带有能量旁路的冲压发动机的应用马赫数范围的论述，这里选用 $Ma_1=9$ 作为这两个区间的分界点。实际上，这个分界点需要针对两种发动机进行详尽的性能计算和比较分析后才能给出。选用 $Ma_1=9$ 作为这两个区间的分界点，仅仅来源于图 2.4 中的直观指示：工作马赫数范围 $Ma_1<9$，压比处于最佳压比的取值范围内；工作马赫数范围 $Ma_1>9$，压比处于最佳压比的取值范围之外。在这里，假设冲压发动机的来流经过进气道的四道等激波角 β 的压缩过程后进入燃烧室。如图 2.4 所示，对于不同的激波角 β，当来流马赫数大于某个数值后，选用带有能量旁路的冲压发动机是更好的选择。

(2) 准确地定义各种航空发动机的应用马赫数范围，在实际中并不是合理的，这是因为往往存在着两种发动机的共同工作马赫数区间。如同 $Ma_1=1.5\sim3$ 是涡轮发动机和冲压发动机的共同工作区间一样，也必然存在着某个共同工作区间，在这里冲压发动机和带有能量旁路的冲压发动机会由于不同的应用需求而被研究和发展。但如同 $Ma_1<3$ 是涡轮发动机的主导工作区间一样，也必然存在着一个工作区间(例如，$Ma_1>9$ 或者更高的马赫数区间)，带有能量旁路的冲压发动机在这里具有明显的性能优势。本节选用不同的马赫数节点作为上述三种发动机工作区间的分界点，主要是来源于基本的定量分析。

2.1.4 吸气式推进系统热力循环的演变规律

上面进行了航空发动机热力循环性能的理论分析，并利用实际数据验证了分析的正确性。综上所述，可得到以下非常有意义的结论：

(1) 航空发动机热力循环的性能保障：时代条件下的材料应用、工艺和冷却技术水平决定了温比 $\Delta=T_{t3}/T_1$ 的取值，其对应了最优性能下的最佳压比 $\pi_{op}=\Delta^{\frac{\gamma}{2(\gamma-1)}}$；当来流条件 p_{t1}/p_1 确定后，需要调整参数 p_{t2}/p_{t1} 来保证压比 π 趋近于 π_{op}；这种调整可以通过改变压缩过程的熵增，或者利用传递/转化能量的方式来实现，以获取发动机最佳单位推力的性能潜力。不同发动机的性能保障方式如图2.6所示。

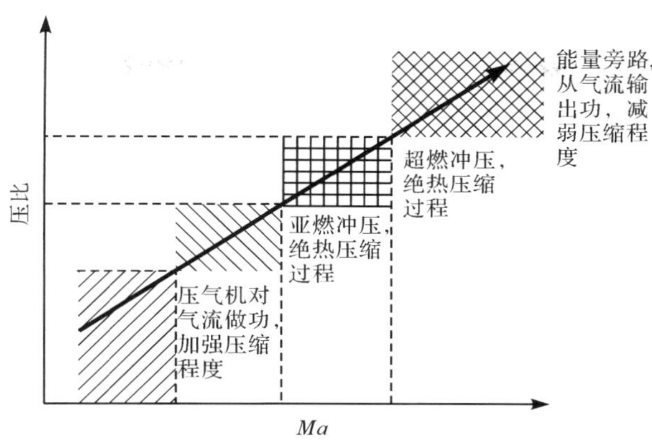

图 2.6　发动机中来流压缩方式

(2) 在工作范围 $Ma_1=0.5\sim3$ 内，参数 p_{t1}/p_1 和 π_{op} 的取值要求压缩过程中 $p_{t2}/p_{t1}>1$；这种压缩需求可通过注入能量以获取压缩过程总压升高的方式来保证。在涡轮发动机中，来流的进气压缩主要在压气机装置中实现：压缩气流的同时并向气流中注入能量；压气机所需要的能量来源于燃烧室后端的涡轮膨胀做功。

(3) 在工作范围 $Ma_1<9$ 内，冲压发动机进气道压缩损失所导致的总压比 p_{t2}/p_{t1} 恰好使得压比处于最佳压比取值范围内，满足了这个工作马赫数范围内的冲压发动机的压缩需求；压缩过程中不需要和外界进行能量的交换，这和激波压缩的绝热特性相吻合。同时压缩过程的总压比 p_{t2}/p_{t1} 保持在较高的水平。

(4) 在工作范围 $Ma_1>9$ 内，来流压缩需求表征为参数 $p_{t2}/p_{t1}<1$；这种压缩需求通过从来流中取出能量以获取过程总压降低的方式来实现。在这种作用方式下，总压变化主要由过程中取出能量所导致，同时过程的损失仍被保留在可以接受的水平。发动机燃烧室前端取出的能量绕过燃烧室后返回给发动机，实现了来流工质的部分能量在并行于燃烧室的能量旁路中进行传递。

(5) 航空发动机的性能保障条件总结如下：为保证不同工作马赫数范围内发动机的性能潜力，需要调整进气道的压缩程度，或者改变压缩机理，对应的发动机热力循环结构也发生了改变。这为更高马赫数下进气道压缩过程的改变以及热力循环结构的调整指明了方向。

综上所述，可得出下面的分析结论。随着发动机运行速度需求的提高，航空发动机的类型不断更替：涡轮发动机—冲压发动机—带有能量旁路的冲压发动机；从热力循环的角度来看，这个过程也是发动机热力循环结构不断演变的过程：在基本布雷顿循环的基础上，涡轮发动机中的能量是从后端涡轮向前端压气机传输，冲压发动机中压缩/膨胀是在绝热条件下进行的，带有能量旁路的冲压发动机中能量是从燃烧室前端传输到燃烧室后端。带有能量旁路的冲压发动机的产生,不是通过循环参数的"量变",而是在循环结构的"质变"上寻找解决思路。

航空发动机类型以及发动机热力循环结构的改变,保障了不同运行速度下的发动机性能潜力;换个角度,为了满足不同运行速度下的性能需求,航空发动机热力循环也必须沿着上述轨迹来演变,这是符合航空发动机发展规律的。

2.2 从冷却方式演变看待航空发动机发展

冷却技术是提高航空发动机循环温比,进而提高航空发动机循环性能的重要手段。提高循环温比是靠提高循环最高加热温度来实现的,而循环最高加热温度的提高受限于发动机所用材料的许用温度,即理论上循环最高加热温度不能超过材料的需用温度。然而,现代航空发动机设计的最高加热温度很高,已远超出了当前材料的温度极限[14]。除了提高材料的温度极限[15]和采用隔热层[16],冷却技术是提高循环最高加热温度的非常有效的一种方法。作为耐高温材料的有效补充,冷却技术在保证发动机安全工作的同时,可大幅提升航空发动机循环温比。因此,冷却技术是提升吸气式航空发动机性能的重要手段。

下面将从航空发动机可用冷却剂(冷源)的角度,来具体分析在航空发动机飞行速度不断提升过程中,冷却技术的变化及发展在航空发动机类型演变过程中所起的作用。

2.2.1 航空发动机有限冷源分析

航空、航天动力装置的一个很重要的特点是体积及重量受到很大的限制,因此与地面动力装置无限大的冷源相比,航空发动机的冷源十分有限。下面将在分析航空发动机热载荷与可用冷源水平基础上,来评估航空发动机各种可用有限冷源的能力大小。

1. 航空发动机热载荷与冷源组成

对于提升高速飞行的吸气式航空发动机的热管理性能,以及评价可用冷却剂能否满足航空发动机冷却需求,可以受益于对整个航空发动机所有热源和可用冷源的匹配特性分析。可用冷源包括可用于承载热量的来流空气、燃料和飞行器/发动机机体(材料的吸热能力和辐射热量的能力)。下面结合在航空发动机速度提升过程中,发动机所承受的热载荷及可用冷源的变化规律,来分析冷却技术在发动机类型演变过程中所起的作用。

无论是涡轮喷气发动机、亚燃冲压发动机，还是超燃冲压发动机，发动机高温部件的冷却所必须承担的热载荷均由如下三部分组成：来流总焓、压缩过程中注入的能量和燃烧释放的能量：

$$Q_h = Q_{in} + Q_{comp} + Q_{comb} \tag{2.4}$$

式中，Q_h、Q_{in}、Q_{comp}和 Q_{comb}分别表示总热载荷、来流总焓、压缩过程中注入的能量和燃烧释放的能量。

由于依靠飞行器/发动机机体材料所能承受的热载荷十分有限，故这种方式仅适合于短时飞行。因此，下面分析中主要考虑空气和燃料这两种冷源。冷却空气或燃料作为冷却剂，同时也是航空发动机这一热机的冷源，其可用热沉（冷却能力）可简单地表达如下：

$$Q_c = m_c\, \overline{c_p} \Delta T = m_c\, \overline{c_p} (T_{limit} - T_c) \tag{2.5}$$

式中，m_c 表示可用的冷却剂流量，也表征了冷源可用资源的多少；$\overline{c_p}$为冷却剂工作温度区间内的平均比热容，用来表征单位质量冷却剂单位温升下的吸热能力，显热之外的其他形式的吸热能力也被折算至平均比热容中；T_{limit}用来表征冷却剂理论上最高的换热温度，可认为是发动机热结构部件材料的许用温度；T_c 为冷却剂使用过程中的起始工作温度。

冷源是否充足将决定冷却技术能否满足航空发动机冷却需求。结合式(2.4)和式(2.5)可以看出，只有当可用冷源的冷却能力大于或等于需要承受的热载荷时，即 $Q_c \geqslant Q_h$，航空发动机才能实现充分的冷却。下面将围绕航空发动机飞行速度提升过程中，发动机所承受的热载荷、可用冷源冷却能力的变化规律，评估冷却技术在航空发动机类型演变过程中所发挥的作用。

2. 航空发动机可用冷源分析

由式(2.2)和式(2.5)可以看出，冷却剂可用流量、单位质量冷却剂吸热能力和可用吸热温度区间，共同决定了冷源的总体可用冷却能力。下面来分析一下航空发动机冷源的性质。首先，由于冷却空气取自压缩部件后部，冷却空气属于来流空气的一部分，故冷却空气流量是受限制的，冷却空气流量过大将使得发动机比冲下降；燃料作为推进剂和冷却剂，其这种双重身份就限制了冷却剂流量原则上不能超过燃烧用燃料流量，故燃料作为冷却剂，其流量也是受限的。其次，由于冷却剂可用最高温度受限于热结构部件材料的许用温度，因此冷却剂吸热温升区间也是受限的。再者，单位质量冷却剂的吸热能力也是有限的。综上所述，航空发动机可用冷源为有限冷源，即非无限大冷源。

下面看一下航空发动机可用冷源在飞行速度提升过程中的变化。如图 2.7 所示，随着马赫数的不断提高，来流空气总温不断升高，这使得空气作为冷源可用温区越来越小，空气作为冷源的冷却能力将越来越有限。由于燃料既是推进剂又是冷却剂的双重身份,冷却用燃料流量受限于当前工况下推进用燃料流量需求的限制,不应超过此时推进用燃料流量,否则多余的冷却用燃料流量只能被抛弃,必将造成航空发动机性能的下降。因此,燃料这一可用冷源的流量是受到限制的,由式(2.5)可知燃料这一冷源的冷却能力大小取决于单位质量燃料的热沉能力。故随着航空发动机飞行速度的不断提升,对单位质量燃料的热沉提出了更高的要求,即燃料的选择要兼顾其燃烧特性和热沉特性。

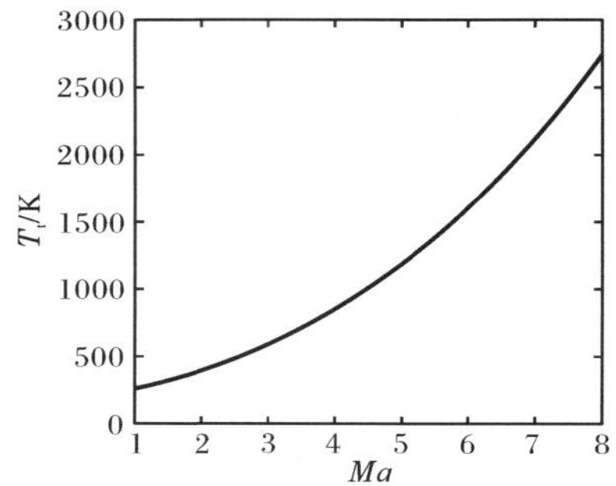

图 2.7 高超声速飞行来流空气总温随马赫数变化

下面给出几种航空发动机常用的燃料热沉、密度和燃烧热值的对比[17](见表 2.5)。

表 2.5 氢燃料和碳氢燃料部分性能参数对比

燃料	密度 /(kg/m³)	燃烧热值 /(MJ/kg)	能量密度 /(MJ/L)	总热沉(物理+化学,1000K)/(MJ/kg)	热沉/燃烧热值 /%
H_2	75.9	128.823	9.78	13.931	10.8
Kerosene	800	42.8	34.2	2.8	6.54
Norpar 12	750	43.654	32.74	3.95	9
MCH(C_7H_{14})	774	45.8	35.45	5.074	11
JP-7($C_{12.5}H_{26}$)	793	43.9	34.7	4.326	9.85

从表 2.5 可以看出氢燃料热沉远高于碳氢燃料热沉。然而,虽然液氢这类低温燃料可以提供足够的冷却,但是低温燃料密度很低,需要很大的燃料储箱体积,这将严重影响航空发动机的性能;同时低温燃料的使用还要考虑低温密封、保温、燃料储存和安全等问题。相比之下,液态碳氢燃料密度约为氢燃料密度的 10 倍;同时,从表 2.5 第 4 列给出的能量密度这一综合性能指标可以看出,碳氢燃料能量密度显著高于氢燃料能量密度,进一步说明了碳氢燃料相比于氢燃料在降低航空发动机体积方面的优势。

同时，由于再生冷却过程中燃料既是推进剂又是冷却剂的双重身份，因此燃料的选择既要兼顾燃料的燃烧特性，又要兼顾燃料的冷却能力。燃料不仅要具有高的燃烧热值，还必须具有高的热沉。因此，表 2.5 给出的热沉与燃烧热值的比值即为一个评价燃料性能的综合指标，可以看出吸热型碳氢燃料Norpar 12、MCH 和 JP-7 这一综合性能指标与氢燃料很接近，而航空煤油这一综合指标与氢燃料的差距较大。

综上所述，在能量密度方面碳氢燃料比氢燃料有优势，在热沉与燃烧热值这一综合指标方面碳氢燃料与氢燃料水平相当。因此，在碳氢燃料热沉能够满足航空发动机冷却需求的飞行速度范围内，碳氢燃料被优先选用。下面来具体分析一下，在航空发动机飞行速度不断提升过程中，冷源有限在航空发动机类型演变过程中所发挥的作用。

2.2.2　有限冷源对航空发动机极限马赫数的影响

随着航空发动机马赫数的不断提高，航空发动机所承受的热载荷也在不断增加，下面将评估航空发动机可用有限冷源能否适应热载荷的增加，以及有限冷源对航空发动机极限马赫数的影响。

对于低速航空发动机而言，一方面，由于来流马赫数低，来流空气引入的热载荷 Q_{in} 水平低；另一方面，由于低速航空发动机对应的循环最佳压比也低，故压缩部件引入的热载荷 Q_{comp} 水平也低。因此，空气作为冷源对于航空发动机而言其冷却能力相对充足。故高超声速来流以下航空发动机的冷却主要考虑采用空气作为冷却剂。

1. 空气冷却航空涡轮喷气发动机极限马赫数

首先来分析空气作为冷源其冷却能力随来流马赫数的变化，选取几种典型的第三代涡轮喷气发动机的指标参数，其最佳工作压比来自文献[18]。然后再分析几种典型压比下涡轮入口燃气总温随来流马赫数的变化，燃料选用典型航空煤油（含碳 86%、含氢 14%），假定燃烧反应在恰当化学反应条件下发生。

从图 2.8 可以看出，压气机出口气流总温随来流马赫数和增压比的增大而增加。这是因为来流总温随来流马赫数的增大而增加，同时增压比的增大使得压气机中注入的能量增加。由于冷却空气取自压气机后部，冷却空气的初始温度也在不断提高，由式(2.5)可知冷却空气可用换热温度区间逐渐减小。即单位质量冷却空气的冷却能力下降，这将使得可用冷源的资源变得更加有限，故需要增大冷却空气用量才能保证冷却效果。但是冷却空气用量的增加，又会严重影响发动机整体性能。出于涡轮喷气发动机整体性能的考虑，一般冷却空气的流量不大于来流总空气量的 10%，即发动机冷却可用的空气资源受限。

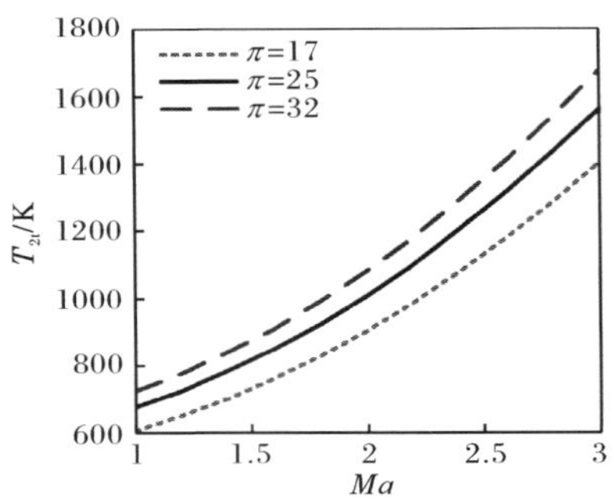

图 2.8　典型压比下涡轮喷气发动机压气机出口气流总温随来流马赫数变化

从图 2.9 可以看出，随着飞行速度的提高，涡轮前燃气总温逐渐上升，当来流 $Ma=3$ 时，在图示三种典型压比下，涡轮前燃气总温均已超过 1900K。如果继续提高飞行速度或压比，都会使得涡轮前燃气总温过高而难以承受。

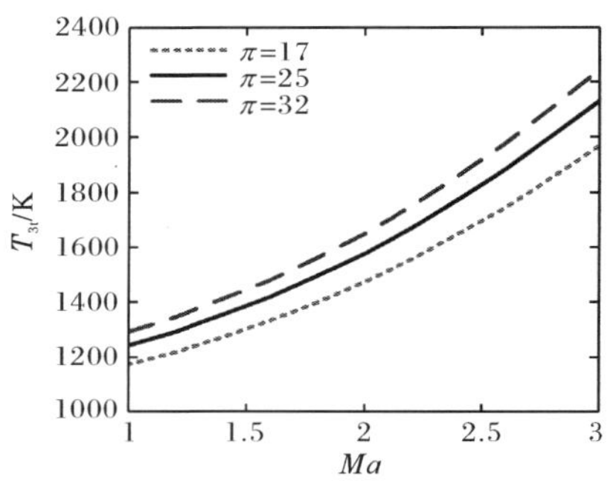

图 2.9　涡轮前总温随来流马赫数及压比变化规律

上述分析表明，随着来流马赫数的提高，来流贡献的热载荷不断增大，压气机部分能量注入也相应地增大，两者均将导致涡轮承受热载荷增大。同时，随着来流马赫数和增压比的增大，冷却空气的冷却能力下降，使得可用冷源的资源变得更加有限。因此，在一定马赫数下，就出现了冷却能力下降的有限冷源无法满足热载荷逐渐增大的涡轮喷气发动机冷却需求的情况。

综上所述，涡轮喷气发动机在向 $Ma>3$ 更高飞行速度和更大增压比发展的过程中，遇到了压缩过程注入能量过大而导致涡轮前燃气总温过高的热障问题。如果想要进一步提高航空发动机的飞行速度，解决 $Ma=3$ 以上的热障限制，就需要寻求其他的压缩方式，在增压比提高来保证发动机性能的同时，降低压缩过程热量注入，才能实现对发动机的充分冷却。

此外，也可通过提高冷却空气的冷却能力入手，来缓解涡轮喷气式航空发动机的冷却困境。基于此高温空气/燃油换热器的概念被提出[19]，即在压气机后部布置一个高温空气/燃油换热器，利用机载燃油的冷却能力来降低用于涡轮冷却的空气温度。该方法可用于解决飞行速度提升或压比增大过程中，冷却用空气冷却能力下降的问题，有望进一步提高涡轮喷气发动机的极限马赫数。

2. 空气冷却亚燃冲压发动机极限马赫数

当航空发动机飞行速度在 $Ma \geqslant 3$ 时，其类型由涡轮喷气发动机过渡为亚燃冲压发动机，压缩方式由机械压缩变为激波压缩，如 2.1.4 节所述，刚好适应了更高飞行速度下对更大增压比的需求。下面分析亚燃冲压发动机模式下，来流热载荷和可用冷源的变化规律。

冲压发动机模式下，压缩方式由机械压缩改为激波压缩，因为无需外界能量注入来完成增压过程，压缩过程为来流空气自身能量之间的转换，故激波压缩过程不会引入额外的热载荷，压缩前后空气总温相等。因此，图 2.7 所示来流总温随马赫数的变化，即为进气道出口空气总温随马赫数的变化规律。与图 2.8 压气机后空气总温随马赫数的变化做对比，发现压缩方式转变后，$Ma=3$ 的条件下压缩部件出口气流总温由接近 1700K 降为接近 600K。这样一来，对冲压发动机总体热载荷而言，压缩过程将不再引入热载荷。同时，从进气道后部取出的可用冷却空气的初始温度也会大幅降低，冷却空气的冷却能力大幅提高。压缩过程引入热载荷水平的大幅降低，以及冷源可用能力的提高，改善了空气作为冷源其冷却能力不足的情况，使得空气冷却方式可继续用于 $Ma>3$ 的飞行；即压缩方式的改变，拓展了来流空气作为冷却剂的使用马赫数范围。

从图 2.7 中还可以看出，$Ma=5$ 时，进气道后部取气总温已超过了 1200K，此时的高温空气已不适合继续用作冷却剂。一方面此时的空气温度已经接近或高于常见的发动机部件金属材料的许用温度；另一方面这一温度下冷却空气作为冷却剂的可用温区已十分有限。因此，由于来流空气自身热载荷过高，冷却空气温度已经高得无法再用作航空发动机工作循环的冷源，即空气无法再被用作冷却剂。以上分析表明，当达到 $Ma>5$ 的高超声速范围后，要想继续提高航空发动机马赫数，必须寻求其他的可用冷源和相应的冷却方式。

此外，进气道出口空气总温随来流马赫数增大而增加的同时，进气道出口空气静温也相应地在增大。在 $Ma>5$ 时，亚燃冲压发动机模式下，进气道出口空气静温已超过 1000K，即燃烧室入口空气温度将超过 1000K。然而，燃烧室入口空气温度过高将影响燃烧释热的注入。因此，受循环最高温度的限制，有必要降低燃烧室入口温度，才能保证发动机安全可靠工作。故在 $Ma>5$ 高超声速来流条件下，有必要改变压缩方式来保证燃烧室入口温度处于较低温度水平。这时要继续使冲压发动机正常工作，必须减小冲压比，保持燃烧室内为超声速流动，以降低进入燃烧室气体的温度[20]。

观察冲压发动机激波压缩过程前后压比变化，如下式：

$$\frac{p_2}{p_1}=\left(\frac{1+\frac{k-1}{2}Ma_1^2}{1+\frac{k-1}{2}Ma_2^2}\right)^{\frac{k}{k-1}} \tag{2.6}$$

从式(2.6)可以看出，要想减少冲压比，只能增大 Ma_2，即增大进入燃烧室的气流速度。为了进一步说明冲压发动机燃烧室入口马赫数变化带来的影响，图 2.10 给出了来流马赫数为 5，压缩方式分别对应于正激波压缩和斜激波压缩两种模式下，燃烧室入口静温的变化规律。

从图 2.10 中可以看出，在燃烧室入口马赫数由亚声速逐渐增大至超声速过程中，燃烧室入口静温逐渐降低。其中，燃烧室入口亚声速对应于正激波压缩模式；燃烧室入口超声速对应于斜激波压缩模式。基于以上分析，当 $Ma>5$ 以后，维持燃烧室入口处于超声速状态更有利于获得好的发动机性能。

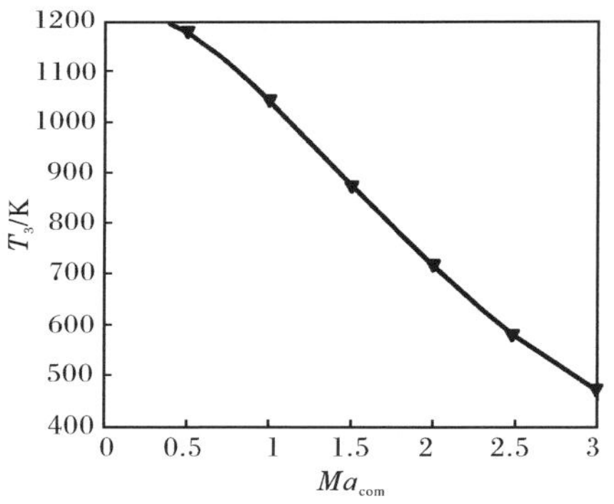

图 2.10　不同燃烧室入口马赫数下燃烧室入口气体静温变化($Ma=5$)

综上所述，航空推进系统在向 $Ma>5$ 飞行速度发展的过程中，由于高速来流带来的气动热载荷水平过高，空气作为冷源冷却能力迅速下降而无法满足航空发动机冷却需求，航空发动机遇到了空气冷源冷却能力不足的问题。来流空气作为冷源(冷却剂)的冷却方式，也达到了使用马赫数上限。必须寻找空气冷却之外的其他冷源和相应的冷却方式，来保证冲压发动机的可靠运行。同时，为了保证热量能够注入，以及为了能够保证发动机壁面处于安全可靠工作范围内，适应更高飞行速度的需求，必须维持空气进入燃烧室内的速度为超声速。因此，亚燃冲压发动机不适合用作 $Ma>5$ 的推进系统。

3. 燃料冷却超燃冲压发动机极限马赫数

前面的分析表明，随着来流马赫数的增加，航空发动机冷却对冷却剂的冷却能力的需求越来越大，且空气已不再适合用作冷却剂。高超声速飞行($Ma>5$)条件下，由于超燃冲压发动机内外均充斥着高温气体，燃料成为此时发动机上唯一可用的冷源。下面将评估有限的燃料热沉能否满足高超声速飞行条件下超燃冲压发动机的冷却需求。

在下面超燃冲压发动机燃料冷却能力需求分析中，超燃冲压发动机典型的飞行区间选取：$Ma=6\sim12$，采用等动压(47.88kPa)飞行。燃料分别选择吸热型碳氢燃料和氢燃料，其中吸热型碳氢燃料为被应用于SR-71和X-51A飞行试验的JP-7。两种燃料最大冷却能力具体数值见表2.5，所对应的最高使用温度均为1000K。分析计算所用超燃冲压发动机几何结构和燃烧室内热流数据取自文献[21]。

如图2.11所示，吸热型碳氢燃料JP-7理论上能够满足$Ma=8$条件下超燃冲压发动机的冷却需求[22]，即8为超燃冲压发动机的极限马赫数。其他一些研究也表明使用吸热型碳氢燃料的再生冷却超燃冲压发动机，极限马赫数为8[23]。

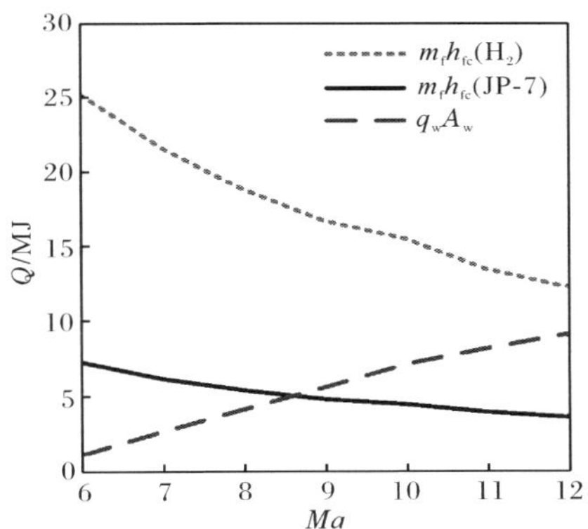

图2.11　发动机热载荷与可用燃料热沉随马赫数变化

表2.5给出的对碳氢燃料热沉的评估，是碳氢燃料理论上可能达到的最大热沉，实际过程中碳氢燃料热沉的利用水平还受到一些实际因素的限制。也有研究指出，碳氢燃料超燃冲压发动机极限马赫数是由于受到结焦的限制。如果碳氢燃料使用温度过高，将发生化学裂解形成胶状固体颗粒，即发生结焦。结焦沉积物的生成，将引发传热恶化、通道阻塞，甚至导致冷却失败，最终将使得发动机烧毁。因此，冷却通道内碳氢燃料的结焦是无论以任何代价都必须避免的，加热温度必须被控制在低于结焦温度的安全值以下，这样碳氢燃料最高加热温度将受到限制，碳氢燃料热沉的实际利用水平也相应地受到限制。因此，碳氢燃料超燃冲压发

动机的极限马赫数也受到来自结焦方面的限制，故综合考虑碳氢燃料理论热沉和结焦的限制，8 成为碳氢燃料超燃冲压发动机的极限马赫数[24]。要想实现大于 8 的马赫数的飞行，只能依靠研制单位热沉能力更高的燃料或发展提高燃料热沉的方法。

从图 2.11 还可以看出，由于氢燃料是低温燃料，其热沉能力远高于吸热型碳氢燃料，故氢燃料能够满足 $Ma>8$ 超燃冲压发动机冷却需求。因此，氢燃料的使用进一步拓展了超燃冲压发动机的极限马赫数，图 2.11 所示氢燃料超燃冲压发动机极限马赫数可达 12 以上。但也有文献研究表明，氢燃料超燃冲压发动机的极限马赫数为 10[25]，也就是说氢燃料超燃冲压发动机的极限马赫数也是受限的。

然而，图 2.11 中基于能量平衡得到的有关燃料冷却超燃冲压发动机极限马赫数的理论分析的结论是乐观的。因为燃料冷却通道实际是一种表面式换热器（内嵌式换热器），在分析超燃冲压发动机冷却需求时，并未考虑冷却通道这种换热器的内部性能。如果计及冷却通道结构额外的热、结构要求等热交换器性能，发动机冷却对燃料热沉的需求将增加，远超过采用简单能量平衡计算方法得到的结果。故燃料实际热沉需求要高于理论计算值，燃料热沉将更加不足，这样燃料冷却超燃冲压发动机极限马赫数有可能进一步降低[26]。

此外，超燃冲压发动机实际运行中可能要面对更大的冷却需求，对燃料热沉的需求更高。对于高超声速飞行而言，除发动机冷却之外，飞行器气动加热对燃料热沉的影响也不得不考虑。高马赫数下对机身（外部表面）的气动加热会对燃料储箱进行加热，燃料储箱内燃料温度随着飞行时间的增长而不断升高，这将最终降低燃料的热沉能力。尤其对为了保持材料和结构一体化的高超声速飞行器而言，飞行器气动表面也必须采用主动冷却，燃料热沉将更加不足，燃料冷却超燃冲压发动机可用马赫数有可能进一步降低。

综上所述，各类型吸气式航空发动机在飞行速度提升过程中，均遇到了冷源有限（冷却剂冷却能力不足）而无法满足更高马赫数飞行冷却需求的问题，相应的各类型吸气式航空发动机的极限马赫数也受到了限制。特别对于超燃冲压发动机而言，燃料这唯一可用冷源的冷却能力也受到了限制，要想进一步提高碳氢燃料和氢燃料超燃冲压发动机的极限马赫数，就得寻找其他提高燃料热沉的方法。

2.3 小　　结

本章分别从压缩技术、冷却技术发展的角度，探讨了压缩技术和冷却技术对航空发动机工作循环演变的影响。虽然压缩技术和冷却技术的革新，未必一定是航空发动机工作循环演变的原因，但至少是限制航空发动机工作循环演变的核心技术，是航空发动机工作循环演变的动因之一。同时，本章分析指出的压缩技术和冷却技术的发展趋势也为航空发动机工作循环的演变指出了可能的发展方向。

参考文献

[1] Kuranov A L, Sheikin E G. Magnetohydrodynamic control on hypersonic aircraft under "AJAX"concept. Journal of Spacecraft and Rockets,2003,40(2):174—182.

[2] 廉筱纯,吴虎. 航空发动机原理. 西安:西北工业大学出版社,2005.

[3] 聂加耶夫,费多洛夫. 航空燃气涡轮发动机原理. 姜树明译. 北京:国防工业出版社,1984.

[4] Seiner J M,Dash S M,Kenzakowski D C. Historical survey on enhanced mixing in scramjet engines. Journal of Propulsion and Power,2001,17(6):1273—1286.

[5] Rozario D,Zouaoui Z. Computational fluid dynamic analysis of scramjet inlet//The 45th AIAA Aerospace Sciences Meeting and Exhibit. Reno,NV,USA,2007:AIAA-2007-30.

[6] Emami S,Trexler C A,Auslender A H,et al. Experimental investigation of inlet-combustor isolators for a Dual-mode scramjet at a Mach number of 4. NASA Technical Paper 3502,1995.

[7] Rodi P E,Emami S,Trexler C A. Unsteady pressure behavior in a ramjet/scramjet inlet. Journal of Propulsion and Power,1996,12(3):486—493.

[8] Ding M,Li H,Fan X Q. Two-dimensional viscous simulation of a inlet-isolator flows at Mach number 4//The 37th AIAA/ASME/SAE/ASEE Joint Propulsion Conference. Salt Lake City,UT,USA,2001:AIAA-2001-3883.

[9] Rodriguez C G. Computational fluid dynamics analysis of the central institute of aviation motors/NASA scramjet. Journal of Propulsion and Power,2003,19(4):547—555.

[10] Voland R T,Auslender A H,Smart M K,et al. CIAM/NASA Mach 6.5 scramjet flight and ground test//The 9th International Space Planes and Hypersonic Systems and Technologies Conference. Norfolk,VA,USA,1999:AIAA-1999-4848.

[11] Ault D A,van Wie D M. Experimental and computational results for the external flowfield of a scramjet inlet. Journal of Propulsion and Power,1994,10(4):533—539.

[12] van Wie D M,Ault D A. Internal flow field characteristics of a scramjet inlet at Mach 10. Journal of Propulsion and Power,1996,12(1):158—164.

[13] Chung C H,Kim S C,de Witt K J,et al. Numerical analysis of hypersonic low-density scramjet inlet flow. Journal of Spacecraft and Rockets,1995,32(1):60—66.

[14] Schiele R,Wittig S. Gas turbine heat transfer:Past and future challenges. Journal of Propulsion and Power,2000,16(4):583—589.

[15] Cross C J,Lewis T J. Smart materials and structures for future aircraft engines//The 40th AIAA Aerospace Sciences Meeting and Exhibit. Reno,NV,USA,2002:AIAA-2002-0080.

[16] Padture N P,Gell M,Jordan E H. Thermal barrier coatings for gas-turbine engine applications. Science,2002,296(5566):280—284.

[17] Curran E T, Murthy S N B. Scramjet Propulsion. Washington DC: AIAA Education Series, 2000.

[18] Yu D R, Tang J F, Bao W. Evolution of compression processes in aero-wngine thermal cycles. Open Aerospace Engineering Journal, 2008, 1: 1—7.

[19] Bruening G B, Chang W S. Cooled cooling air systems for turbine thermal management//ASME Turbo Expo 1999. Indianapolis, Indiana, USA, 1999: ASME Paper 1999-GT-14.

[20] Moses P L, Bouchard K A, Vause R F, et al. An airbreathing launch vehicle design with turbine-based low-speed propulsion and dual mode scramjet high-speed propulsion//The 9th International Space Planes and Hypersonic Systems and Technologies Conference. Norfolk, VA, USA, 1999: AIAA-1999-4948.

[21] Paul A C, Bruno C. Future Spacecraft Propulsion Systems: Enabling Technologies for Space Exploration. Chichester: Praxis Publishing Limited, 2006.

[22] Lander H, Nixon A C. Endothermic fuels for hypersonic vehicles. Journal of Aircraft, 1971, 8(4): 200—207.

[23] Edwards T. Liquid fuels and propellants for aerospace propulsion: 1903—2003. Journal of Propulsion and Power, 2003, 19(6): 1089—1107.

[24] Boudreau A H. Hypersonic air-breathing propulsion efforts in the air force research laboratory//The 13th International Space Planes and Hypersonics Systems and Technologies Conference. Capua, Italy, 2005: AIAA-2005-3255.

[25] Kanda T, Masuya G, Wakamatsu Y, et al. Parametric study of airframe-integrated scramjet cooling requirement. Journal of Propulsion and Power, 1991, 7(3): 431—436.

[26] Pagel L L, Warmbold W R. Active cooling of a hydrogen-fueled scramjet engine. Journal of Aircraft, 1969, 6(5): 472—474.

第3章　超燃冲压发动机化学回热循环

高超声速飞行、高强度燃烧使得燃料为冷却剂的再生冷却成为超燃冲压发动机最佳的冷却方式。燃料在完成对超燃冲压发动机壁面冷却后将进入燃烧室进行超声速燃烧，燃料经冷却过程所吸收的热量也将回注入燃烧室用于产生推力。由于燃料回收了来自超燃冲压发动机壁面的散热，且这部分热量为发动机的废热。因此，燃料吸收经发动机壁面传出的散热又将废热回注的这一过程，实际为发动机废热回收利用过程，构建了超燃冲压发动机的回热过程。因此，采用燃料冷却的超燃冲压发动机，其工作过程实际为回热式超燃冲压发动机，其工作循环为回热循环。

特别对于吸热型碳氢燃料超燃冲压发动机冷却而言，由于回热过程中化学反应的发生，来自发动机主循环的部分热能被转化为化学能，因此燃料冷却过程构建了超燃冲压发动机化学回热通道，使得碳氢燃料冷却超燃冲压发动机工作过程实际为化学回热超燃冲压发动机[1]。

为了进一步分析燃料冷却对超燃冲压发动机性能的影响，揭示化学回热超燃冲压发动机的实际性能，本章将从回热/化学回热角度来分析燃料冷却过程和超燃冲压发动机主循环之间的关系，进而分析回热/化学回热过程对发动机性能参数的影响；此外，也有必要综合考虑化学回热通道和发动机循环主通道能量利用过程，分析化学回热超燃冲压发动机物理能/化学能梯级利用过程，为燃料冷却过程与超声速燃烧过程整体协调优化指明方向。

3.1　物理/化学回热超燃冲压发动机工作原理

下面从回热角度介绍化学回热超燃冲压发动机的工作过程，如图3.1所示。燃料经冷却通道在完成对发动机壁面冷却的同时，也带走了经发动机壁面传入的散热量，冷却结束后燃料携带这部分热量进入燃烧室进行燃烧，这部分散热量又被重新回注至燃烧室，最终用于产生推力。燃料冷却过程的存在，回收利用了发动机壁面传出的散热量这部分废热，实现了能量的再生[2]。

燃料冷却超燃冲压发动机废热回收利用的示意图如图 3.2 所示，图中实线方框部分是原有的超燃冲压发动机装置；而虚线圆圈部分代表燃料回收废热的过程，这一过程是在冷却通道中实现的。同时，燃料冷却过程的存在使得发动机工作循环可以在更高温度下运行。燃料冷却过程的存在，构建了高效的超燃冲压发动机回热循环，其中回热器即为冷却通道。

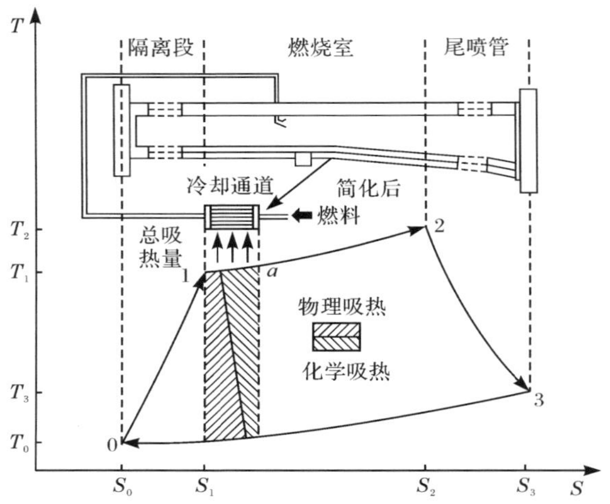

图 3.1　化学回热超燃冲压发动机工作示意图

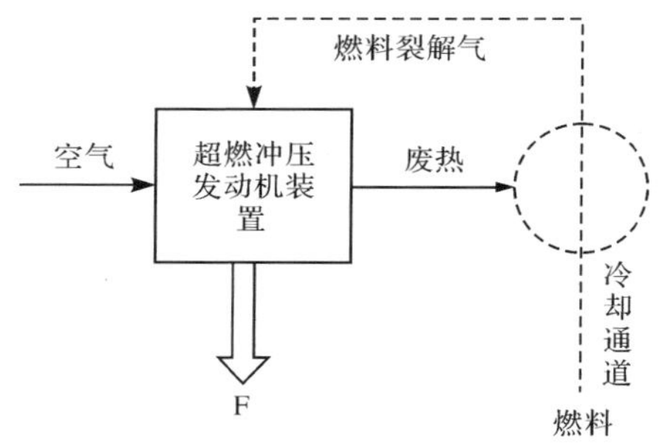

图 3.2　燃料冷却超燃冲压发动机废热回收利用示意图

回热技术一直是热能动力系统提高循环效率的一个有效手段。回热循环是基于温度对口、能量梯级利用原理提出的，典型应用之一就是有效回收余热、提高循环平均吸热温度的燃气轮机回热循环[3]。从航空发动机循环变迁的角度，回热技术被提出来用于提升航空发动机性能。2000 年，欧洲联盟启动了航空发动机(EEFAE)技术平台建设，其中提出的一个先进循环计划就是发展一种间冷回热式涡扇发动机，回热是通过在排气中设置一台回热器而构成的[4]。目前，间冷回热航空发动机概念的目标已经基本实现，装备这种航空发动机的飞机可以节省燃油达 17%，减轻飞机重量 6%。

回热式超燃冲压发动机与回热式地面燃气轮机虽然同为回热循环，但是两者却有一定的差别。地面燃气轮机回收的是尾气余热，而超燃冲压发动机回收的是发动机壁面散热。地面燃气轮机由于不受空间限制，设计了专门的回热器用于回收尾气余热；而超燃冲压发动机作为航空发动机的一种，回热过程的实现巧妙地充分利用了航空动力装置空间有限的特点，回热器即为发动机的冷却通道，避免了增加专门的回热器而带来的体积和质量惩罚。

由于超燃冲压发动机高马赫数飞行的特点，发动机壁面散热量占燃烧室总释热量比例很大，需要燃料冷却带走的热载荷水平为燃料燃烧热值的10%左右。这可从表2.2给出的燃料热沉与燃料低位热值之比看出，即回热过程所吸收的热量在数量上相当可观；从回热循环角度，燃料冷却超燃冲压发动机的回热度是很大的，构建了高效的回热式热力循环。

新一代能源动力系统的研究重点是将能量梯级利用的概念引入化学能释放和化学能向物理能转化的阶段，实现化学能与物理能的综合梯级利用，来实现动力系统更高热力循环效率的目标。化学回热循环是实现化学能与物理能综合梯级利用的一种新型的化学能释放方法，涉及化学能的梯级利用过程，突破了传统回热循环基于物理能梯级利用的概念。化学回热循环是化学反应过程与热力循环的有机集成，突破了传统能源动力系统的物理能“温度对口、梯级利用”的单一模式，能够改变燃料化学能通过简单燃烧方式实现其转化利用的传统方式，从而降低动力循环燃料燃烧过程能量释放侧的品位，减小动力循环燃烧过程的损失[5]。

化学回热循环作为一种有前途的动力系统，已被列入美国先进透平计划CAGT，正在研制和开发。目前化学回热循环研究较多的是以甲醇和甲烷为燃料的热力循环[6]，分别利用它们对应于不同温区的裂解特性，甲烷的化学反应过程多指与水蒸气[7]或CO_2[8]发生的重整反应。同时，也有运用燃料化学能释放新机理和太阳能与化石能源综合互补利用的思路[9]，还有运用化学回热蒸汽重整进行氢气的制取[10]。应用在地面燃机的化学回热循环已经被证明是极具潜力的循环方式，研究表明，采用化学回热循环技术后，燃气轮机装置效率可从35.7%提高到49.8%，装置功率从16.6MW提高到21.6MW。

在航空发动机热力循环发展史中，燃料冷却超燃冲压发动机回热循环也是目前比较先进的一种航空发动机循环。氢燃料超燃冲压发动机回热过程仅为热能向热能的转换，属于传统物理回热的研究范畴。相比之下，吸热型碳氢燃料冷却超燃冲压发动机实际为更为高效的化学回热循环，发动机的散热量被燃料吸收后一部分转化为燃料的热能；另一部分被用作化学反应的吸热量，热能被转化为化学能，实现了物理能向化学能的转变，整个发动机的能量品位利用得到大幅提升。因此，吸热型碳氢燃料冷却超燃冲压发动机回热过程由物理回热和化学回热两部分组成。因此，采用吸热型碳氢燃料的超燃冲压发动机其热力过程为化学回热循环，某种程度上可认为是当前航空发动机工作循环中最先进的工作循环。

3.2 碳氢燃料裂解气混合工质/变工质的基本热力性质

吸热型碳氢燃料在裂解过程中，随着燃料温度的升高裂解率不断增大，每一种裂解产物占总生成物的质量分数也随裂解率的不同而变化。随着裂解反应的进行，小分子气体含量越来越多，未裂解燃料含量越来越少，故燃料混合物的物质组成也在不断发生变化。这样，一旦燃料发生裂解反应后，化学回热过程的工质便是由裂解产物和未裂解燃料组成的混合工质；且随着燃料加热温度的不同，混合工质中各物质组成百分比也不同，即混合工质还是一种变工质。因此，碳氢燃料化学回热过程中的工质为一种混合工质、变工质。

3.2.1 碳氢燃料及裂解气的物质组成

下面分别针对碳氢燃料和裂解产物的组成进行介绍，并就碳氢燃料基本组成和裂解产物组成的特点进行介绍。

1. 碳氢燃料的物质组成

碳氢燃料是对以碳氢化合物为主要组分的燃料的总称。液态碳氢燃料具有常温易储存、能量密度高等优点，被广泛用于航空航天推进领域。由于液态碳氢燃料是石油提炼的产品之一，因此其组分非常复杂。以航空煤油为例，它由上千种组分构成，包括 C7～C16 等多种链烃、环烷烃以及芳香族化合物，并且其具体组分随产地、厂家和年份而异。为了方便进行碳氢燃料的性质研究，人们一般采用由少数几种典型的碳氢化合物组成的混合物来模拟真实的碳氢燃料的性质，这类混合物通常称为替代燃料。

替代燃料成分的选择一般分为物理替代和化学替代两种。物理替代燃料具有与真实燃料相似的密度、比热容、黏性和导热系数等物理特性，主要用来模拟燃料的受热、流动等物理过程；化学替代燃料具有与真实燃料相似的化学组成、点火延迟、绝热火焰温度、化学反应速率等化学特性，主要用来模拟燃料的点火、燃烧、裂解以及结焦等化学过程。一般替代燃料针对要研究的特定问题进行选取，满足该特定性质的模拟即可，很难达到面面俱到。

国外已有较多替代燃料的研究。Daniau 等[11]直接采用正十二烷代替美国 JP-7 航空煤油进行裂解和热传导的研究，Dagaut[12]针对法国 TRO 航空煤油发展了三组分替代模型，见表 3.1。

表3.1　Dagaut三组分替代燃料模型

组分	分子式	摩尔分数/%
正癸烷	$C_{10}H_{22}$	74
丙基环己烷	C_9H_{18}	11
正丙基苯	C_9H_{12}	15

国内航空煤油RP-3由53%烷烃、39%环烷烃、5%苯以及3%萘构成。根据色谱分析数据，RP-3航空煤油总的化学式大致为$C_{11}H_{22}$。国内范学军等[13]针对国产大庆RP-3航空煤油发展了三组分和十组分模型，用来进行RP-3航空煤油的热物理特性研究，见表3.2。国内外还有很多碳氢燃料替代燃料的相关研究，这里不再一一列举。

表3.2　RP-3三组分替代燃料模型

组分	分子式	摩尔分数/%
正癸烷	$C_{10}H_{22}$	49
1,3,5-三甲基环己烷	C_9H_{18}	44
正丙基苯	C_9H_{12}	7

这种替代燃料能很好地预测比热容等燃料物性，预测的临界温度和临界压力分别为660K和2.4MPa，试验测得的RP-3的临界温度和临界压力分别为640K和2.4MPa。

从表3.1和表3.2可以看出，正癸烷（$C_{10}H_{22}$）是航空煤油替代燃料的重要组分。因此，为了方便研究，有很多学者都以正癸烷这一纯物质为研究对象，进行碳氢燃料裂解机理和管内流动换热的数值模拟和试验研究。

2. 裂解气的物质组成

当碳氢燃料被加热至足够高的温度，裂解反应将发生。常用航空碳氢燃料一般在750K以上开始发生裂解反应，随着温度的升高，裂解反应逐渐深入，一般在1000K左右趋于完成。裂解产物组分一般包括了从C1到C9的多种烷烃和烯烃组分，其中主要的组分是标况下为气态的C1到C4的烷烃和烯烃，C5以上物质的含量相对较少。在目前的技术条件下，一般通过试验进行燃料吸热能力的测量，通过对裂解产物的采样分析，包括气质联用、同步辐射等测量方法，对裂解产物的组分及其含量进行测量。

不同温度下正癸烷典型的裂解产物气液采样分析结果如图3.3所示。所用到的试验系统将在本章的后半部分进行介绍。

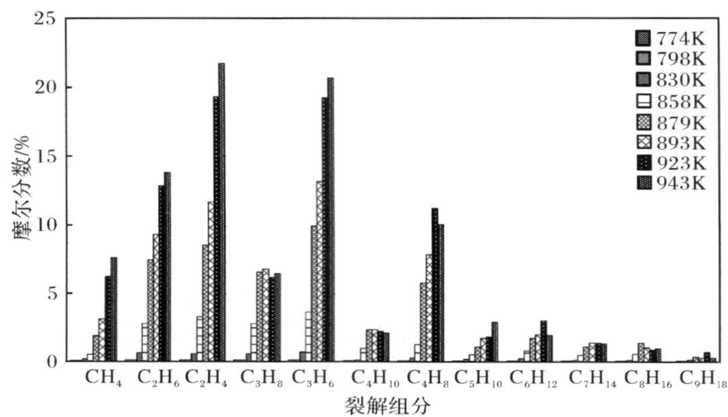

图 3.3　不同温度下裂解产物摩尔分数

如图 3.3 所示，正癸烷各裂解产物组分的摩尔分数随着温度的不同并不是保持恒定的比例，而是在不断地发生着变化。不同压力、相同温度下正癸烷裂解产物组成的质量分数详见表 3.3。

表 3.3　不同压力下正癸烷裂解产物质量分数

序号	产物	分子式	质量分数 (80mL/min,3MPa)	质量分数 (80mL/min,5MPa)
1	氢气	H_2	—	—
2	甲烷	CH_4	0.0301	0.0295
3	乙烷	C_2H_6	0.1241	0.1370
4	乙烯	C_2H_4	0.1773	0.1634
5	丙烷	C_3H_8	0.1042	0.1333
6	丙烯	C_3H_6	0.2532	0.2361
7	丁烷	C_4H_{10}	0.0468	0.0764
8	丁烯	C_4H_8	0.1662	0.1678
9	戊烷	C_5H_{12}	0.0296	0.0171
10	戊烯	C_5H_{10}		
11	己烷	C_6H_{14}	0.0236	0.0137
12	己烯	C_6H_{12}		
13	庚烷	C_7H_{16}	0.0204	0.0118
14	庚烯	C_7H_{14}		
15	辛烷	C_8H_{18}	0.0157	0.0090
16	辛烯	C_8H_{16}		
17	壬烷	C_9H_{20}	0.0088	0.0050
18	壬烯	C_9H_{18}		

结合图 3.3 和表 3.3 给出的正癸烷裂解反应产物采样分析结果可以看出，碳氢燃料化学回热过程相对比较复杂，裂解产物组成百分比随着反应温度和压力的不同，都在发生着变化。正癸烷的裂解产物组分包括了从 C1 到 C9 的多种烷烃和烯烃组分，其中主要的组分是标况下为气态的 C1 到 C4 的烷烃和烯烃，C5 以上物质的含量相对较少。反应器内温度不同，压力不同时，各裂解产物的相对含量也有明显变化，且没有明显的规律可循。

对于航空煤油 RP-3 等这类碳氢燃料的裂解特性也被广泛地研究。文献[14]研究表明目前 RP-3 催化裂解总热沉可达 3.4MJ/kg，其中化学热沉为 1.5MJ/kg。表 3.4 给出了压力为 4MPa 时色谱分析法测得的航空煤油裂解产物的主要成分，由于液相产物所占质量百分比比较小，为分析方便，很多分析中忽略了液相产物。

表 3.4　3 号航空煤油裂解产物

分子式	组分	摩尔分数/%
H_2	氢气	7
CH_4	甲烷	33
C_2H_6	乙烷	19
C_2H_4	乙烯	14
C_3H_8	丙烷	13
C_3H_6	丙烯	14

碳氢燃料在裂解过程中，随着燃料温度的升高裂解率不断增大，每一种裂解产物占总生成物的比例也随裂解率的不同而变化。根据试验数据，一个合理的假设就是生成的裂解产物的比例并不随温度和压力的变化而变化[15]。随着裂解反应的进行，小分子气体生成越来越多，未裂解燃料越来越少，故燃料裂解混合物组成也在不断发生变化。这样，一旦燃料发生裂解反应后，化学回热循环工质便是由裂解产物和未裂解燃料组成的混合工质，且随着燃料温度的不同，混合工质中各物质组成百分比也不同。因此，碳氢燃料冷却化学回热循环的工质为混合工质、变工质。

3.2.2　碳氢燃料及裂解气混合工质物性计算方法

在 3.2.1 节获得的碳氢燃料及裂解气的物质组分信息基础上，本节将针对碳氢燃料及裂解气混合工质的特殊性，对比分析理想气体物性计算方法和真实气体物性计算方法的适用性，介绍碳氢燃料及裂解气混合工质物性的常用计算方法，并简单介绍目前可用于物性计算的软件。

1. 基于理想气体状态方程的物性计算方法简介

压力、体积和温度关系(p-V-T 关系)是物质最基本的性质之一。对气体和液体的 p-V-T 关系的研究不仅可以根据温度和压力求得气体和液体的密度，还是比热容、黏度和导热系数等其他热力学性质计算的基础。

理想气体状态方程是最早的 p-V-T 关系，它关联了气体的压力、体积、温度和质量四个变量，即

$$pV=RT \tag{3.1}$$

式中，p 为气体的绝对压力，Pa；V 为气体的摩尔体积，m^3/mol；T 为气体的温度，K；R 为摩尔气体常量，一般取 8.314J/(mol·K)。

理想气体状态方程在压力较低时具有较好的精度。即使在高压下，如果温度是工质临界温度的两倍以上，仍可以作为一个有用的近似。

2. 基于立方形状态方程的物性计算方法简介

为了提高状态方程的温度、压力的适用范围，并使其对液体和气体都适用，人们提出了立方形状态方程，以展开成体积的三次幂多项式为特征。一般两参数的立方形状态方程如式(3.2)所示。

$$p=\frac{RT}{V-b}-\frac{a}{V^2+ubV+wb^2} \tag{3.2}$$

式中，u 和 w 取整数值，a 和 b 为状态方程的两个参数，根据不同的状态方程而异。目前常用的四个立方形状态方程是 van der Waals、Redlich-Kwong、Soave 和 Peng-Robinson 方程，其参数的取值见表 3.5[16]。

表 3.5　四个常用立方形状态方程的参数

方程	u	w	b	a
van der Waals	0	0	$\frac{RT_c}{8p_c}$	$\frac{27}{64}\cdot\frac{R^2T_c^2}{p_c}$
Redlich-Kwong	1	0	$\frac{0.08664RT_c}{p_c}$	$\frac{0.42748R^2T_c^{2.5}}{p_cT^{1/2}}$
Soave	1	0	$\frac{0.08664RT_c}{p_c}$	$\frac{0.42748R^2T_c^2}{p_c}[1+f_w(1-T_r^{1/2})]^2$ 式中，$f_w=0.48508+1.5517w-0.15613w^2$
Peng-Robinson	2	−1	$\frac{0.077796RT_c}{p_c}$	$\frac{0.457235R^2T_c^2}{p_c}[1+f_w(1-T_r^{1/2})]^2$ 式中，$f_w=0.37464+1.54226w-0.26992w^2$

在表 3.5 中，T_c 为组分的临界温度，p_c 为组分的临界压力，T_r 为组分的对比

温度(真实温度与临界温度的比值),w 为组分分子的偏心因子。因此,只要知道组分的基本属性(包括临界温度、临界压力和偏心因子),就可以在给定的温度和压力下求取组分的摩尔体积 V。

3. 密度计算方法

对于单一组分的碳氢燃料,如正癸烷,通过立方形状态方程就可以直接计算出其在液态和气态时的摩尔体积 V,再根据其分子的摩尔质量 M,便可直接求出其密度 ρ。

$$\rho=\frac{M}{V} \tag{3.3}$$

对于单一组分的烃类物质,一般采用 Soave 方程(简称 SRK 方程)或 Peng-Robinson 方程(简称 PR 方程),在除临界区域附近外的大部分温度和压力范围内均可以获得较好的预测结果。

对于碳氢燃料裂解气这种混合工质,仍可以采用上述状态方程进行混合工质密度的计算。通常,采用单流体理论法,假定混合物与某个具有合适参数值的纯组分性质相同。状态方程中各参数计算所需的组分临界温度、临界压力和偏心因子等参数,则需要根据混合物的组分,按照一定的混合规则,计算一组与该混合物对应的虚拟的临界参数,再代入到状态方程中进行计算。除此之外,也可以直接对状态方程的参数按照一定混合规则进行计算。对于两参数的立方形状态方程(如 SRK 和 PR 等),一般推荐采用如下的混合规则:

$$a_{\mathrm{m}} = \sum_i \sum_j y_i y_j a_{ij} \tag{3.4}$$

$$a_{ij} = (a_i a_j)^{1/2}(1-k_{ij}) \tag{3.5}$$

$$b_{\mathrm{m}} = \sum_i y_i b_i \tag{3.6}$$

式中,a_i 和 b_i 是组分 i 的状态方程常数;y_i 和 y_j 分别为组分 i 和组分 j 的摩尔分数;下标 m 表示混合物。对于烃类物质,对偶系数 k_{ij} 常取为零。如果所有的 k_{ij} 为零,则式(3.4)简化为

$$a_{\mathrm{m}} = \left(\sum_i y_i a_i^{1/2}\right)^2 \tag{3.7}$$

通过该混合规则,能够直接根据碳氢燃料裂解气的混合物组成计算出其密度值,并为裂解气混合物的比热容、黏度和导热系数的计算奠定基础。

4. 比热容计算方法

真实气体比热容的计算一般采用理想气体比热容加真实气体效应修正的计算方法。纯物质理想气体的比热容计算一般可以通过经验关联式完成。常见的经验关联式有温度多项式和 DIPPR 方程。温度多项式的经验关联式使用较广,

它将纯物质的理想定压比热容拟合为温度的多项式关系，并发展了不同物质的多项式系数的数据库，这里不再赘述。

DIPPR 方程也给出了纯物质理想比定压热容与温度的关系，方程如式(3.8)所示：

$$c_p = A + B\left(\frac{C}{T\sinh\dfrac{C}{T}}\right)^2 + D\left(\frac{E}{T\cosh\dfrac{E}{T}}\right)^2 \tag{3.8}$$

式中，A、B、C、D、E 为方程的系数，随物质种类而异，具体可查阅 Aspen 的 DB-PURE22 数据库。在计算过程中，要注意 DIPPR 方程计算出的理想比定压热容的单位是 J/(mol · K)。

真实气体的比热容计算是在理想气体比热容值的基础上，对真实气体效应进行修正。修正项的具体表述与计算密度时所选的状态方程有关。这里以 SRK 状态方程为例，介绍真实气体比热容值的计算方法[17]。

SRK 状态方程可以写成如式(3.9)所示的形式：

$$p = \frac{\rho RT}{M - b\rho} - \frac{\alpha a}{M}\frac{\rho^2}{(M + b\rho)} \tag{3.9}$$

对于烃类混合物，有

$$M = \sum_i y_i M_i \tag{3.10}$$

$$\alpha a = \sum_i \sum_j y_i y_j \sqrt{\alpha_i \alpha_j a_i a_j} \tag{3.11}$$

$$b = \sum_i y_i b_i \tag{3.12}$$

式中，M_i 为组分 i 的摩尔质量，其他参数表达式如下：

$$a_i = \frac{0.427\ 48 R^2 T_{ci}^2}{p_{ci}} \tag{3.13}$$

$$b_i = \frac{0.086\ 64 RT_{ci}}{p_{ci}} \tag{3.14}$$

$$\alpha_i = [1 + f_{wi}(1 - T_{ri}^{1/2})]^2 \tag{3.15}$$

$$T_{ri} = \frac{T}{T_{ci}} \tag{3.16}$$

$$f_{wi} = 0.485\ 08 + 1.5517 w_i - 0.156\ 13 w_i^2 \tag{3.17}$$

根据式(3.9)，可以求得以下状态量的偏微分表达式：

$$\left(\frac{\partial p}{\partial T}\right)_\rho = \frac{\rho R}{M - b\rho} - \frac{1}{M}\left[\frac{\partial}{\partial T}(\alpha a)\right]_\rho \frac{\rho^2}{M + b\rho} \tag{3.18}$$

$$\left(\frac{\partial p}{\partial \rho}\right)_T = \frac{MRT}{(M - b\rho)^2} - \frac{\alpha a}{M}\frac{\rho(2M + b\rho)}{(M + b\rho)^2} \tag{3.19}$$

物质内能的表达式为

$$e(T,\rho) = e_0(T) + \int_0^{\rho} \left[\frac{p}{\rho^2} - \frac{T}{\rho^2} \left(\frac{\partial p}{\partial T} \right)_{\rho} \right]_T \mathrm{d}\rho \tag{3.20}$$

式中，下标 0 表示参考热力状态，一般选择大气压。

将式(3.9)和式(3.19)代入式(3.20)，并积分可得

$$e(T,\rho) = e_0(T) + \frac{T^2}{bM}\left[\frac{\partial(\alpha a/T)}{\partial T}\right]_{\rho} \ln\left(1+\frac{b\rho}{M}\right) \tag{3.21}$$

根据比定容热容的定义，有

$$c_V = \left(\frac{\partial e}{\partial T}\right)_{\rho} \tag{3.22}$$

将式(3.21)求偏导代入式(3.22)，得到真实气体比定容热容的计算表达式：

$$c_V = c_{V,0} + \frac{T}{bM}\frac{\partial^2}{\partial T^2}(\alpha a)\ln\left(1+\frac{b\rho}{M}\right) \tag{3.23}$$

式中，$c_{V,0}$为混合工质组分的理想气体比定容热容，可按式(3.24)求取：

$$c_{V,0} = \sum_i y_i c_{Vi,0} \tag{3.24}$$

式中，$c_{Vi,0}$为组分 i 在温度 T 时的理想比定容热容，可根据式(3.8)计算的组分 i 理想比定压热容减去摩尔气体常量 R 得到，注意在计算时，单位均为 J /(mol · K)。

真实气体比定压热容可按基本的热力学关系导出：

$$c_p = c_V + \frac{T}{\rho^2} \frac{\left(\frac{\partial p}{\partial T}\right)_{\rho}^2}{\left(\frac{\partial p}{\partial \rho}\right)_T} \tag{3.25}$$

$$\gamma = \frac{c_p}{c_V} \tag{3.26}$$

在计算过程中，$\frac{\partial}{\partial T}(\alpha a)$和$\frac{\partial^2}{\partial T^2}(\alpha a)$的表达式推导如下：

$$\frac{\partial \alpha a}{\partial T} = \sum_i \sum_j y_i y_j \sqrt{a_i a_j} \frac{\partial \sqrt{\alpha_i \alpha_j}}{\partial T} \tag{3.27a}$$

式中，

$$\frac{\partial \sqrt{\alpha_i\alpha_j}}{\partial T} = \frac{1}{2}\left(\frac{\alpha_i}{\alpha_j}\right)^{1/2}\frac{\partial \alpha_j}{\partial T} + \frac{1}{2}\left(\frac{\alpha_j}{\alpha_i}\right)^{1/2}\frac{\partial \alpha_\mathrm{i}}{\partial T} \tag{3.27b}$$

$$\frac{\partial \alpha_i}{\partial T} = -\frac{f_{\mathrm{w}i}}{\sqrt{TT_{\mathrm{c}i}}}\left[1+f_{\mathrm{w}i}\left(1-\sqrt{\frac{T}{T_{\mathrm{c}i}}}\right)\right] \tag{3.27c}$$

$$\frac{\partial \alpha_i}{\partial T} = -\frac{f_{\mathrm{w}i}}{\sqrt{TT_{\mathrm{c}i}}}\left[1+f_{\mathrm{w}i}\left(1-\sqrt{\frac{T}{T_{\mathrm{c}i}}}\right)\right] \tag{3.27d}$$

$$\frac{\partial^2 \alpha a}{\partial T^2} = \sum_i \sum_j y_i y_j \sqrt{a_i a_j} \frac{\partial^2 \sqrt{\alpha_i \alpha_j}}{\partial T^2} \tag{3.28a}$$

$$\frac{\partial^2 \sqrt{\alpha_i\alpha_j}}{\partial T^2} = \frac{1}{2}\left(\frac{1}{\alpha_i\alpha_j}\right)^{1/2}\frac{\partial \alpha_i}{\partial T}\frac{\partial \alpha_j}{\partial T} - \frac{1}{4}\left(\frac{\alpha_i}{\alpha_j^3}\right)^{1/2}\left(\frac{\partial \alpha_j}{\partial T}\right)^2 - \frac{1}{4}\left(\frac{\alpha_j}{\alpha_i^3}\right)^{1/2}\left(\frac{\partial \alpha_i}{\partial T}\right)^2$$

$$+\frac{1}{2}\left(\frac{\alpha_i}{\alpha_j}\right)^{1/2}\frac{\partial^2\alpha_j}{\partial T^2}+\frac{1}{2}\left(\frac{\alpha_j}{\alpha_i}\right)^{1/2}\frac{\partial^2\alpha_i}{\partial T^2} \tag{3.28b}$$

$$\frac{\partial^2\alpha_i}{\partial T^2}=\frac{1}{2}\frac{f_{wi}^2}{TT_{ci}}+\frac{1}{2}\frac{f_{wi}}{\sqrt{T^3T_{ci}}}\left[1+f_{wi}\left(1-\sqrt{\frac{T}{T_{ci}}}\right)\right] \tag{3.28c}$$

至此，只要根据燃料裂解混合物的组分信息，就可以采用上述方法计算其真实气体比定压热容、比定容热容和比热比。采用其他状态方程时，也可根据以上流程推导其真实气体比热容的具体表达式进行计算。

5. 黏度计算方法

黏度的定义为流体中任意一点上单位面积的切应力与速度梯度的比值。如果采用国际单位制，黏度的导出单位为 Pa · s，此外，还经常使用的单位有微泊(μP)。它们之间的换算关系为 $1\mu P=10^{-7} Pa \cdot s$。

低压气体的黏度计算主要有理论计算法、对比态法、Chung 等的计算方法，高压气体的黏度计算主要有剩余黏度关联法、对比黏度关联法、Lucas 方法和 Chung 等的计算方法。这里主要介绍 Chung 方法[18,19]，对碳氢燃料裂解气混合工质的黏度进行计算。

Chung 方法的计算关联式为

$$\eta=\eta^*\frac{36.344\,(MT_c)^{0.5}}{V_c^{2/3}} \tag{3.29}$$

式中，η 为黏度，μP；M 为组分摩尔质量，g/mol；T_c 为临界温度，K；V_c 为临界体积，cm^2/mol。

$$\eta^*=\frac{(T^*)^{1/2}}{\Omega_v}[F_c(G_2{}^{-1}+E_6y)]+\eta^{**} \tag{3.30}$$

$$F_c=1-0.2756w+0.059\,035\mu_r^4+k \tag{3.31a}$$

$$\mu_r=131.3\frac{\mu_p}{(V_cT_c)^{0.5}} \tag{3.31b}$$

$$\Omega_v=\frac{A}{T^{*B}}+\frac{C}{\exp(DT^*)}+\frac{E}{\exp(FT^*)} \tag{3.32}$$

$$T^*=1.2593T_r \tag{3.33}$$

$$y=\frac{\rho V_c}{6} \tag{3.34}$$

$$G_1=\frac{1-0.5y}{(1-y)^3} \tag{3.35}$$

$$G_2=\frac{E_1\dfrac{1-\exp(-E_4y)}{y}+E_2G_1\exp(E_5y)+E_3G_1}{E_1E_4+E_2+E_3} \tag{3.36}$$

$$\eta^{**}=E_7y^2G_2\exp[E_8+E_9(T^*)^{-1}+E_{10}(T^*)^{-2}] \tag{3.37}$$

式中，w 为偏心因子；μ_p 为偶极矩；k 为对缔合性物质的缔合因子，烃类物质一般取零；参数 $E_1 \sim E_{10}$ 作为 w、μ_r^4 和 k 的线性函数：$E_i = a_i + b_i w + c_i \mu_r^4 + d_i k$，其数值由表 3.6 给出。

表 3.6　计算 E_i 的系数

i	a_i	b_i	c_i	d_i
1	6.324	50.412	−51.68	1189.0
2	1.210×10^{-3}	-1.154×10^{-3}	-6.257×10^{-3}	0.037 28
3	5.283	254.209	−168.48	3898.0
4	6.623	38.096	−8.464	31.42
5	19.745	7.630	−14.354	31.53
6	−1.900	−12.537	4.985	−18.15
7	24.275	3.450	−11.291	69.35
8	0.7972	1.117	0.012 35	−4.117
9	−0.2382	0.0677	−0.8163	4.025
10	0.068 63	0.3479	0.5926	−0.727

上述方法能够计算纯物质的真实气体黏度值。对于混合工质，需要按混合物的组分计算虚拟的混合临界参数及基础物性参数，用下标 m 表示。混合规则如式(3.38)～式(3.44)所示。

$$\sigma_m^3 = \sum_i \sum_j y_i y_j \sigma_{ij}^3 \tag{3.38a}$$

$$\sigma_{ii} = 0.809 V_{ci}^{1/3} \tag{3.38b}$$

$$\sigma_{ij} = (\sigma_i \sigma_j)^{1/2} \tag{3.38c}$$

$$V_{cm} = \left(\frac{\sigma_m}{0.809}\right)^3 \tag{3.39}$$

$$T_m^* = \frac{T}{(\varepsilon/\kappa)_m} \tag{3.40a}$$

$$\left(\frac{\varepsilon}{\kappa}\right)_m = \frac{\sum_i \sum_j y_i y_j \left(\frac{\varepsilon_{ij}}{\kappa}\right)\sigma_{ij}^3}{\sigma_m^3} \tag{3.40b}$$

$$\frac{\varepsilon_{ii}}{\kappa} = \frac{\varepsilon_i}{\kappa} = \frac{T_{ci}}{1.2593} \tag{3.40c}$$

$$\frac{\varepsilon_{ij}}{\kappa} = \left(\frac{\varepsilon_i}{\kappa}\frac{\varepsilon_j}{\kappa}\right)^{1/2} \tag{3.40d}$$

$$T_{cm} = 1.2593\left(\frac{\varepsilon}{\kappa}\right)_m \tag{3.41}$$

$$M_{\mathrm{m}} = \left[\frac{\sum_i \sum_j y_i y_j \frac{\varepsilon_{ij}}{\kappa} \sigma_{ij}^2 M_{ij}^{1/2}}{\left(\frac{\varepsilon}{\kappa}\right)_{\mathrm{m}} \sigma_{\mathrm{m}}^2} \right]^2 \tag{3.42a}$$

$$M_{ij} = \frac{2M_i M_j}{M_i + M_j} \tag{3.42b}$$

$$w_{\mathrm{m}} = \frac{\sum_i \sum_j y_i y_j w_{ij} \sigma_{ij}^3}{\sigma_{\mathrm{m}}^3} \tag{3.43a}$$

$$w_{ii} = w_i \tag{3.43b}$$

$$w_{ij} = \frac{w_i + w_j}{2} \tag{3.43c}$$

$$\mu_{\mathrm{pm}}^4 = \sigma_{\mathrm{m}}^3 \sum_i \sum_j \frac{y_i y_j \mu_{\mathrm{p}i}^2 \mu_{\mathrm{p}j}^2}{\sigma_{ij}^3} \tag{3.44a}$$

$$\mu_{\mathrm{rm}} = 131.3 \frac{\mu_{\mathrm{pm}}}{(V_{\mathrm{cm}} T_{\mathrm{cm}})^{0.5}} \tag{3.44b}$$

该混合规则没有对混合物的缔合因子 k_{m} 进行计算，这是因为对于一般的烃类混合物，k 通常取零。

6. 导热系数计算方法

导热系数也称热导率，表征物质的热传导能力。依照傅里叶定律，其定义为在单位时间(s)内，在温度梯度为 1K/m 下通过单位面积(m^2)的热量(J)，单位为 W/(m · K)。

计算气体导热系数的方法较多，包括 Eucken 法、Chung 法、Ely-Hanley 法和 Stiel-Thodos 法等。本书主要介绍 Chung 法，对碳氢燃料及裂解气混合物的导热系数进行计算。

使用 Chung 法计算真实气体的导热系数时，首先需要对其理想气体的黏度 η^0 进行计算。

$$\eta^0 = 40.785 \frac{F_{\mathrm{c}} (MT)^{0.5}}{V_{\mathrm{c}}^{2/3} \Omega_{\mathrm{v}}} \tag{3.45}$$

式中，η^0 单位为 μP，其他变量的意义与式(3.28)相同。

导热系数关联式如式(3.46)所示：

$$\lambda = \frac{31.2 \eta^0 \psi}{M} (G_2^{-1} + B_6 y) + q B_7 y^2 T_{\mathrm{r}}^{1/2} G_2 \tag{3.46}$$

式中，λ 为导热系数，W/(m · K)。

$$\psi = 1 + \alpha \frac{0.215 + 0.28288\alpha - 1.061\beta + 0.26665Z}{0.6366 + \beta Z + 1.061\alpha\beta} \tag{3.47a}$$

$$\alpha=\frac{c_V}{R}-\frac{3}{2} \tag{3.47b}$$

$$\beta=0.7862-0.7109w+1.3168w^2 \tag{3.47c}$$

$$Z=2.0+10.5T_r^2 \tag{3.47d}$$

$$q=\frac{3.586\times10^{-3}\left(\frac{T_c}{M}\right)^{1/2}}{V_c^{2/3}} \tag{3.48}$$

$$y=\frac{\rho V_c}{6} \tag{3.49}$$

$$G_1=\frac{1-0.5y}{(1-y)^3} \tag{3.50}$$

$$G_2=\frac{\frac{B_1}{y}[1-\exp(-B_4 y)]+B_2G_1\exp(B_5 y)+B_3G_1}{B_1B_4+B_2+B_3} \tag{3.51}$$

式中，系数 $B_1\sim B_7$ 是偏心因子 w、对比偶极矩 μ_r 以及缔合因子 k 的函数：$B_i=a_i+b_iw+c_i\mu_r^4+d_ik$，其值见表 3.7。

表 3.7　计算 B_i 的系数

i	a_i	b_i	c_i	d_i
1	2.4166	0.748 24	−0.918 58	121.72
2	−0.509 24	−1.5094	−49.991	69.983
3	6.6107	5.6207	64.760	27.039
4	14.543	−8.9139	−5.6379	74.344
5	0.792 74	0.820 19	−0.693 69	6.3173
6	−5.8634	12.801	9.5893	65.529
7	91.089	128.11	−54.217	523.81

对多组分混合工质的导热系数计算，同样需要按混合物的组分计算虚拟的混合临界参数及基础物性参数，具体可参考混合物黏度计算的混合规则式(3.37)～式(3.43)，这里不再赘述。

7. 常用的物性计算软件简介

NIST Reference Fluid Thermodynamic and Transport Properties(简称 NIST REFPROP)是美国国家标准与技术研究院开发的用于计算工业上常用流体及流体混合物热力学和输运性质的平台软件。该软件具备完整的界面，可以直接以表格形式显示计算结果，也可以生成图像。此外，该软件也可以直接将计算结果导出为数据表格的形式，也可以在用户开发过程中通过 REFPROP DLL 或者 FOR-

TRAN 接口直接调用物性算法，功能十分强大，是目前世界范围内公认的物性计算的权威软件，涉及的流体工质涵盖能源、化工、制冷等多种行业的常用物质。

REFPROP 基于目前最准确的纯物质和混合工质计算模型编写，采用三种模型进行纯物质的热力学性质的计算：显式亥姆霍兹自由能状态方程、修正的 BWR 状态方程和 ECS 模型。混合工质热力学性质的计算采用一种带有混合规则的亥姆霍兹自由能方法，它利用偏差函数来对混合物在理想状态下的性质进行修正。

Aspen Properties 是另一个著名的物性计算软件，是商用软件 Aspen Plus 的物性计算子程序。Aspen Plus 是一个集生产装置设计、稳态模拟和优化为一体的大型通用流程模拟系统，源于美国能源部在 20 世纪 70 年代后期在麻省理工学院(MIT)组织的新型第三代流程模拟软件的开发。该项目称为"过程工程的先进系统"(Advanced System for Process Engineering，ASPEN)，并于 1981 年底完成。1982 年为了将其商品化，成立了 Aspen Tech 公司，并称该软件为 Aspen Plus。该软件经过 30 多年来不断地改进、扩充和提高，已先后推出了十多个版本，成为举世公认的标准大型流程模拟软件，应用案例数以百万计。全球各大化工、石化、炼油等过程工业制造企业及著名的工程公司都是 Aspen Plus 的用户。

作为 Aspen Plus 的物性子程序，Aspen Properties 具有最适用于工业且最完备的物性数据库和物性算法。许多公司为了使其物性计算方法标准化而采用 Aspen Properties 物性系统，并与其自身的工程计算软件相结合。Aspen Properties 使用广泛的、已经验证了的物性模型，数据和估算方法。内置数据库包含有 8500 种组分物性数据，包括有机物、无机物、水合物和盐类；还有 4000 种二元混合物的 37 000 组二元交互数据，二元交互数据来自于 Dortmund 数据库，获得 DECHEMA 授权。

采用 Aspen Properties 能对目前常见的所有纯物质的物性进行计算，并可以自由选择不同的物性计算方法。该软件主要用于化工行业。

3.2.3　碳氢燃料裂解气混合工质/变工质物性计算结果

正癸烷是吸热型碳氢燃料常见的一种重要组成物质，由于其是纯物质且易于获得，因此其常被用来研究碳氢燃料的一些基本特性。这里选择正癸烷为工质，来分析基于 3.2.2 节介绍的混合工质物性计算方法获得的裂解气这种混合工质/变工质的热力性质。

1. 正癸烷物性计算结果

采用 SRK 状态方程，对正癸烷在不同温度和压力下的密度进行了计算。计算过程中用到的正癸烷的临界温度、临界压力和偏心因子等基本属性参数，见附表。计算结果如图 3.4 所示。

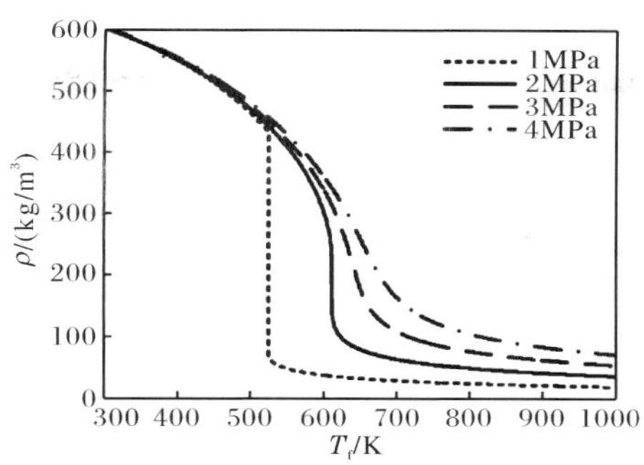

图 3.4 正癸烷密度随温度和压力变化

如图 3.4 所示，在假设正癸烷不发生裂解反应的条件下，温度越高，压力越低，正癸烷密度越小。在临界温度附近，密度发生剧烈变化。当压力低于临界压力时，正癸烷存在明显的气液两相的相边界，密度变化不连续。

比定压热容和比热比的计算结果如图 3.5 和图 3.6 所示。比定压热容大体随温度的升高而增大，但是在临界温度附近有一个突变区域，先是突然增大后突然降低，存在一个局部峰值。比定压热容局部峰值的大小和位置随着压力变化而变化，峰值位置发生在各压力下的拟临界温度处；压力越接近临界压力，局部峰值越大；压力离临界压力越远，拟临界温度附近比定压热容变化越平缓。随着温度及压力的变化，比热比的变化规律与比定压热容的变化规律类似，在拟临界温度附近也有个局部峰值；不同之处在于拟临界温度之后，比热比随着温度的升高而逐渐减小。

黏度和导热系数的计算结果如图 3.7 和图 3.8 所示。黏度和导热系数受温度变化影响大，受压力变化影响小；二者在拟临界温度附近也都会有一个突变过程；拟临界温度之前，即在液体区，黏度和导热系数都随着温度升高而减小；拟临界温度之后，即在气体区，黏度和导热系数都随着温度升高而增大。

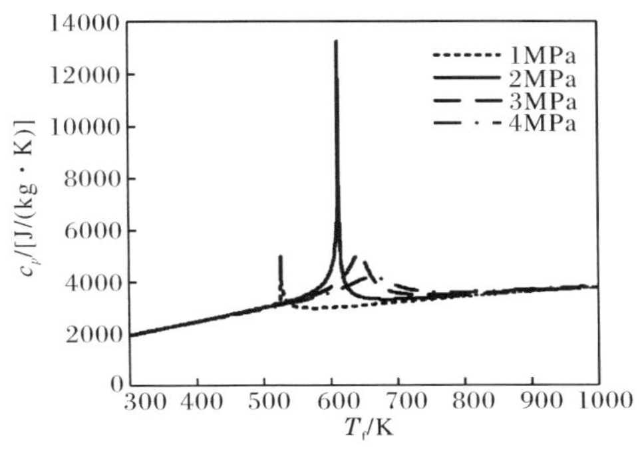

图 3.5 正癸烷比定压热容随温度和压力变化

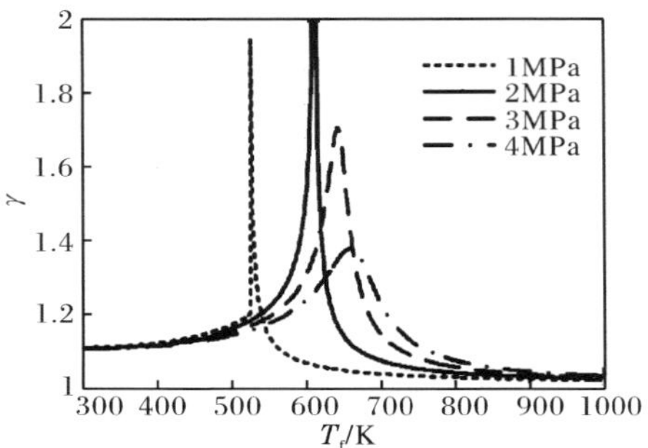

图 3.6 正癸烷比热比随温度和压力变化

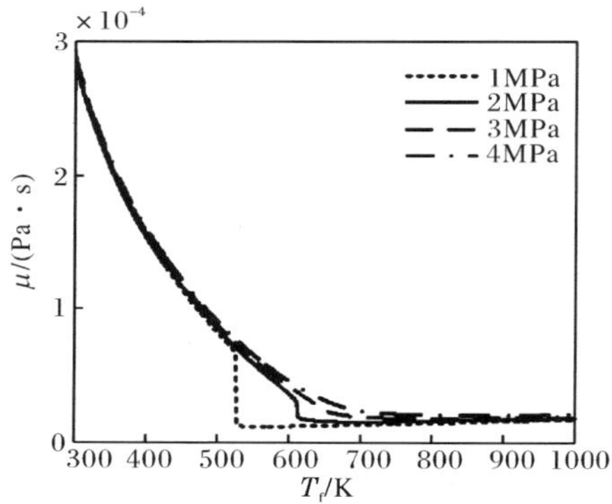

图 3.7 正癸烷黏度随温度和压力变化

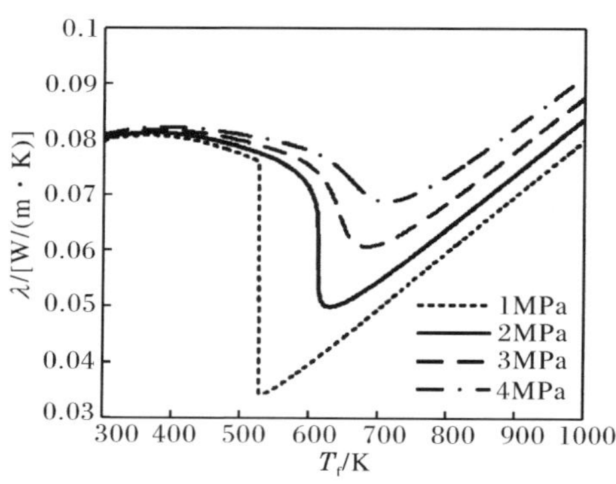

图 3.8 正癸烷导热系数随温度和压力变化

综合图 3.4～图 3.8 所示密度、比定压热容、比热比、黏度和导热系数这些常见的与流动、传热过程和能量转换过程相关的物性参数共同的变化特点是：在拟临界温度附近都会发生剧烈大幅变化，对温度变化敏感度高于对压力的敏感度。

2. 裂解气混合工质/变工质物性计算结果

如果考虑正癸烷的裂解反应，并以不同温度和压力下试验测得的裂解组分为混合物的物质组成的基础数据，采用混合工质的物性计算方法，则可以对裂解气混合工质/变工质的物性进行计算，裂解温区各物性参数的计算结果如图 3.9～图 3.13 所示。所用不同温度及压力下燃料裂解气组成参数来自于表 3.3。

一旦裂解反应发生后，燃料裂解气混合工质/变工质的物性参数除了由温度、压力决定之外，还要考虑裂解率的影响，即燃料裂解气物性参数由温度、压力和裂解率三者来共同决定。

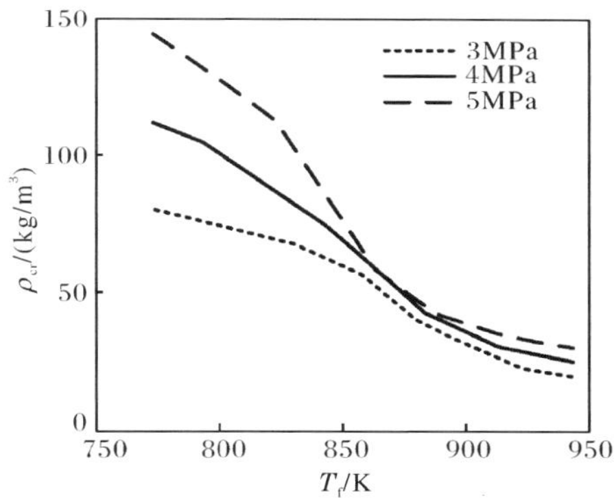

图 3.9　正癸烷裂解气混合工质密度随温度和压力变化

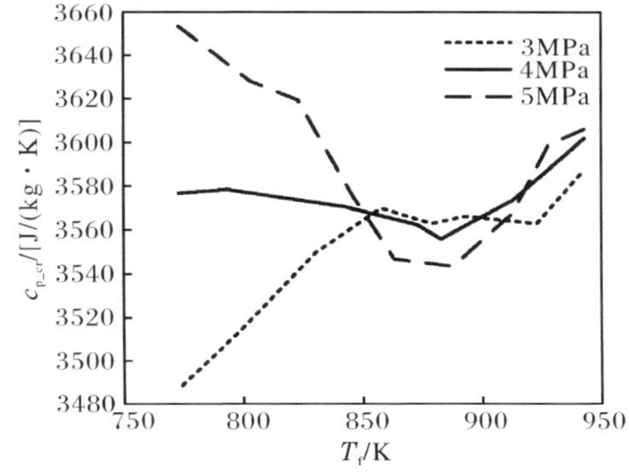

图 3.10　正癸烷裂解气混合工质比定压热容随温度和压力变化

如图 3.9 所示，与单一物质密度随温度变化规律不同的是，燃料裂解气密度随温度升高的变化率在不断变化，这就是温度和裂解率双重作用下的结果。此时，决定燃料裂解气密度的函数为 $\rho=f(T,p,Z)$，其他燃料裂解气物性参数均具有相同的函数关系。

如图 3.10 所示，燃料裂解气混合工质/变工质比定压热容随温升的变化规律与单一工质及混合工质随温升的变化规律有很大不同，其随温度升高非单调变化，这是由于随着温度升高裂解气组成不断变化的结果，即变工质效应带来的影响；特别地，不同压力下，燃料裂解气比定压热容随温度升高的变化规律呈现很大的不同，无统一的规律可循，这是由于燃料裂解特性受压力的影响也很大，裂解气组成随着压力的不同而变化[20]。

此外，在相同的碳原子数情况下，对比分析还可以发现烯烃的比定压热容要明显高于烷烃的比定压热容；即烯烃生成得越多，越有利于获得更大的物理吸热能力和膨胀做功能力。这里需要特别指出的是，以往针对吸热型碳氢燃料热沉特性的研究表明，小分子裂解产物和烯烃生成越多有利于获得更高的化学热沉[21]，同时也有利于提高裂解气燃烧性能[22]。

如图 3.11 所示，燃料裂解气混合工质黏度随温度升高先降低后升高，有别于单一工质随温度升高单调上升的变化规律，这要归功于燃料裂解气变工质特性。由于燃料裂解产物在裂解温区均处于气态，故燃料裂解混合工质的黏度随压力的变化规律与单一气态工质随压力的变化规律相同。

如图 3.12 所示，燃料裂解气混合工质导热系数随着温度升高而大幅增大，其温升速率比单一工质要剧烈得多，这是由于燃料裂解生成小分子气体的导热系数要明显高于未裂解燃料导热系数的缘故。

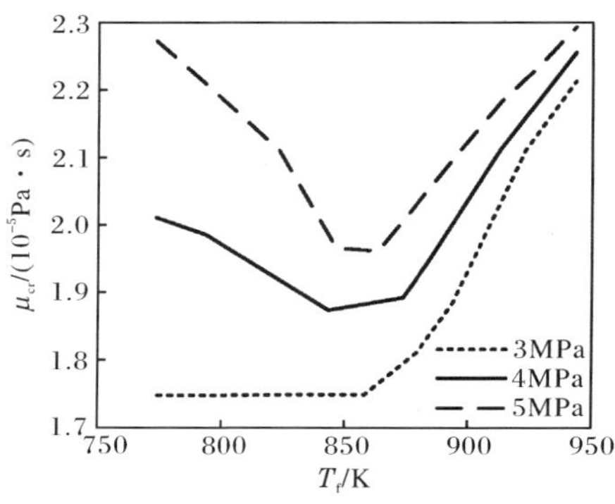

图 3.11　正癸烷裂解气混合工质黏度随温度和压力变化

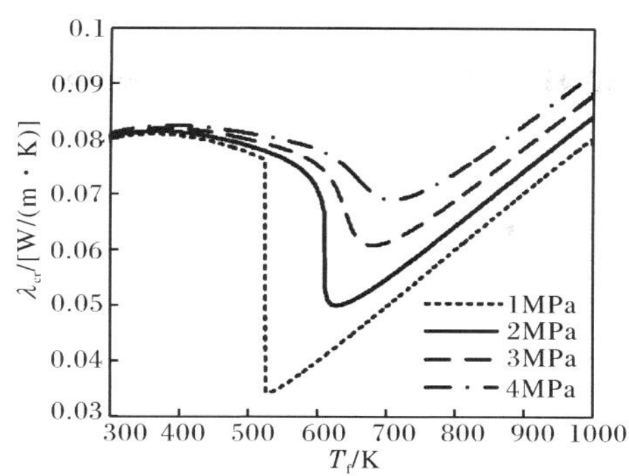

图 3.12　正癸烷裂解气混合工质导热系数随温度和压力变化

综上所述，一旦裂解反应发生后，由于变工质特性的影响，裂解温区内燃料裂解气混合工质的物性参数就不再只由温度、压力决定，还要考虑裂解率和裂解产物组成的影响。由于温度和压力的变化都会引发燃料裂解率和裂解产物组成的变化，因此，燃料裂解气混合工质随温度的变化规律与单一工质随温度的变化规律差异很大，主要体现在随温度升高的非单调性和变化速率的差异。燃料裂解气混合工质/变工质物性的复杂性、特殊性，必然给燃料裂解气参与的流动、传热和膨胀做功等过程带来相应的复杂性和特殊性。

3.3　超燃冲压发动机化学回热循环热力性能分析

由于化学回热过程既回收利用了超燃冲压发动机的废热，又使得燃料在燃烧之前首先裂解为合成气，合成气再燃烧。因此，化学回热过程必将有助于提高超燃冲压发动机能量利用水平，改善燃烧性能，这些都将有助于提升超燃冲压发动机性能。

3.3.1　化学回热过程分析

从热力循环角度，对于整个超燃冲压发动机而言，吸热型碳氢燃料冷却过程也是超燃冲压发动机的化学回热过程，因此有必要掌握吸热型碳氢燃料化学回热过程中化学反应类型及特点。

1. 吸热型化学反应类型介绍

吸热型碳氢燃料是一类新型的燃料，是在为了解决吸气式高超声速推进冷却背景下而提出的，它除了利用其本身的显热和潜热（物理热沉）外，还可以利用其在气相条件下发生化学反应所带来的吸热量（化学热沉），因而其冷却能力大大增强[23]。这样，燃料的热沉在原有物理热沉基础上，又增加了一部分化学热沉。吸热型碳氢燃料不仅是一种性能优良的燃料，而且能够满足吸气式高超声速推进的冷却要求，所以吸热型碳氢燃料的研究已成为目前各航天大国燃料研究的重点和热点[24]。

吸热型碳氢燃料既有含几百种碳氢分子的石油精馏产品，如 JP-7、JP-8(空军和陆军通用的单一燃料)，又有纯物质或少数纯物质的混合物燃料，如 JP-10。由于不同燃料间的物理热沉相差无几，因此提高吸热型碳氢燃料的化学热沉成为研究重点[25]。美国对 JP-7、JP-8＋100、JP-10 等液体碳氢燃料进行催化裂解地面试验，结果表明：700℃ 时 JP-7、JP-8＋100 的物理热沉没有明显的差别，均为 2.06MJ/kg，化学热沉以 JP-7 最高(1.07MJ/kg)，JP-8＋100 其次(0.82MJ/kg)，JP-10 最低(0.54MJ/kg)[26,27]。

化学回热过程中，吸热型碳氢燃料所发生的裂解反应是一个吸热反应，其进行化学反应后，生成燃烧性能优良的小分子产物(包括氢气、甲烷、乙烯等)。常见的几种吸热型碳氢燃料化学反应过程为热裂解、催化裂解和引发裂解，其中热裂解是最主要的一种方式[28]。

燃料的热裂解反应一般认为是按自由基反应机理进行，其反应历程包括链引发、链传递和链终止三个阶段。链引发是自由基生成的过程，在整个自由基反应的历程中链引发是控制步骤；链传递及自由基的传递过程中，某个自由基的消失伴随着另一个新自由基的生成，链终止前一直是自由基消亡和生成的过程；链终止是自由基生成分子，从而终止链反应的过程[29]。

与热裂解相比，催化裂解需要的反应温度低，吸热反应速率快，产物的选择性高，同时生成的产物点火延迟时间短、燃烧速率快、不易于结焦，所以目前各国研究较多的是催化裂解。催化裂解反应按照正碳离子的机理进行[30]，当烃类分子的 C—C 键异裂时能分离出一对正负碳离子，但异裂远比均裂所需的能量大。因此，在热裂解条件下，首先发生均裂；有酸性催化剂存在时，酸性中心成为反应的活性中心，可以提供一个 H^+ 或吸收一个 H^- 使烃类分子转化为正碳离子，正碳离子是不稳定的中间产物，与自由基反应相似，正碳离子的生成较慢，是反应的控制步骤，但正碳离子一旦生成，反应会很快进行。催化裂解产物的选择性可通过催化剂的性质进行调控。

引发裂解是指在吸热型碳氢燃料裂解反应中添加引发剂，与催化裂解相比，更为简单实用，也可以降低起始裂解温度。由热裂解反应的机理可知，链反应的过程中链引发是链反应的控制步骤，一旦自由基生成，反应会很快进行[31]。

引发裂解与热裂解不同的只是自由基的生成步骤。热裂解是燃料自身在高温条件下发生键断裂生成自由基，而引发裂解是引发剂先发生键断裂生成自由基。由于引发剂化学键要比 C—C 键和 C—H 键弱，它会在较低的温度下即发生化学键断裂反应，因此在加入引发剂后碳氢燃料会在较低的温度下发生裂解反应。

2. 化学回热过程吸热量计算方法

吸热型碳氢燃料在化学回热通道内的吸热由物理吸热和化学吸热两部分组成，其总的吸热关系式为[32]

$$Q_{\text{total}}=Q_{\text{phy}}+Q_{\text{chem}} \tag{3.52}$$

一旦燃料裂解后，燃料裂解混合物的物理吸热就由两部分组成：

$$Q_{\text{phy}}=Q_{\text{phy\_s}}+Q_{\text{phy\_c}}=m\sum_{i=1}^{N}\left[(1-Z)\sum_{s=1}^{S}v_s c_{ps}+Z\sum_{c=1}^{C}v_c c_{pc}\right]\Big|_{T_i}\Delta T \tag{3.53}$$

式(3.53)表示燃料裂解混合物物理吸热中一部分为未裂解燃料吸热量，另一部分为裂解产物的吸热量。其中，在燃料化学回热过程吸热量计算过程中，为了分析方便，燃料在化学回热通道内典型的吸热温区被分为 N 份，每一个计算温区的温升为 ΔT。每一种燃料组分的比定压热容为每一个温区内的平均温度所对应的值，T_i为燃料在每一个换热温区的平均温度。每一个温区内的裂解率 Z 由每一个换热温区出口温度计算得到，Z 表示燃料温度达到 T_i时燃料在化学回热通道内的总裂解率。

燃料在化学回热通道内化学吸热量可表示为

$$Q_{\text{chem}}=mZh_{\text{chem}} \tag{3.54}$$

式中，h_{chem}为燃料理论上的最大化学热沉。

3. 化学回热过程反应模型

针对碳氢燃料化学回热过程裂解反应的研究结果表明吸热型碳氢燃料裂解特性不但与燃料温度有关，还与燃料在化学回热通道内的停留时间有关[33]。具体而言，就是燃料裂解反应速率与燃料流速具有一定的相关性，流动的快慢在一定程度上决定了在一段距离内裂解反应的转化率。为了更真实地反映流动与裂解反应的这种相关性，下面介绍一种考虑流动相关性的燃料裂解特性一维模型，来描述燃料在化学回热通道内的沿程裂解反应特性，进而可以获得不同燃料温度和流速条件下的裂解率。

根据 Arrhenius 公式，碳氢燃料裂解反应速率 k 的表达式如下：

$$k=A\mathrm{e}^{-\frac{E_{\mathrm{a}}}{RT_{\mathrm{f}}}} \tag{3.55}$$

式中，A 为指前因子，s^{-1}；E_{a} 为活化能，J/mol；R 为摩尔气体常量，J/(mol · K)。

假定碳氢燃料裂解反应速率方程是一阶的，则反应过程中燃料浓度变化关系式如下：

$$\frac{dN}{dt}=-kN \tag{3.56}$$

由式(3.56)可得燃料浓度表达式如下：

$$N=N_{in}e^{-kt} \tag{3.57}$$

式中，N_{in}为碳氢燃料在化学回热器内单位长度内的入口浓度；t 为燃料流过单位距离的时间。

由式(3.57)所示，燃料裂解率与燃料在化学回热器内流动特征时间相关。此外，裂解反应自身发生的快慢也是个时间尺度的问题。吸热型碳氢燃料裂解过程是个由慢到快的过程，与流动过程的速度快慢相类似，是与时间相关的过程。以航空煤油为例，燃料温度由 800K 变化到 1050K 的裂解过程中，裂解反应特征时间由 200s 变化到 0.1s[34]。吸热型碳氢燃料裂解反应过程比航空煤油要剧烈得多，高温下反应速率更快，时间尺度跨度将有可能更大。

考虑裂解反应与流动特征时间的相关性，吸热型碳氢燃料流动过程可划分为平衡流动、化学非平衡流动和冻结流动三种情况。裂解反应速率快时，裂解反应特征时间比流动时间尺度小几个数量级，即裂解反应速率远大于流动特征速度，此时流动为化学平衡流；由于裂解反应足够快，流体各成分的浓度只取决于当地物理状态(如温度、压力)，而与化学反应过程无关。当吸热型碳氢燃料裂解反应速率与流动速度在数量级方面相当时，属于时间相关的化学非平衡流动过程，流动和化学反应动力学相互影响，组分及物性变化和流动特性应计及化学反应过程。对于冻结流则是流动特征时间远小于裂解反应特征时间，此时流体组分可视为是不变的。在不同的流动形式下，吸热型裂解反应与流动相互作用规律也大不相同。因此，在研究碳氢燃料裂解特性时需要考虑流动对其影响。

3.3.2　计及回热的发动机性能参数模型

为了评估化学回热过程对超燃冲压发动机性能的影响，有必要基于化学回热循环分析的理论和方法，定义描述吸热型碳氢燃料回热过程的性能参数，在回热意义下推导更真实的超燃冲压发动机性能参数，进而来评估化学回热过程对超燃冲压发动机性能的影响。

1. 物理/化学回热度

为了方便用化学回热循环的分析方法来分析燃料冷却超燃冲压发动机化学回热特性，下面参照一般回热式燃气轮机循环回热度的定义方法，定义物理回热度和化学回热度的概念，来分别表征物理回热和化学回热对发动机性能增益的贡献。其中，物理回热度定义为回热过程中物理吸热量与燃料热值之比：

$$R_{\mathrm{phy}}=\frac{Q_{\mathrm{phy}}}{H_{\mathrm{f}}}=\frac{\sum_{i=1}^{N}\left[(1-Z)\sum_{s=1}^{S}v_{s}c_{ps}+Z\sum_{c=1}^{C}v_{c}c_{pc}\right]\Big|_{T_i}\Delta T}{H_{\mathrm{f}}} \tag{3.58}$$

化学回热度定义为回热过程中化学吸热量与燃料热值之比：

$$R_{\mathrm{chem}}=\frac{Q_{\mathrm{chem}}}{H_{\mathrm{f}}}=\frac{Zh_{\mathrm{chem}}}{H_{\mathrm{f}}} \tag{3.59}$$

这里物理吸热量和化学吸热量的计算方法取自式(3.53)和式(3.54)。物理回热度与化学回热度之和，即为总回热度，其表达式如下：

$$R_{\mathrm{total}}=R_{\mathrm{phy}}+R_{\mathrm{chem}}=\frac{\sum_{i=1}^{N}\left[(1-Z)\sum_{s=1}^{S}v_{s}c_{ps}+Z\sum_{c=1}^{C}v_{c}c_{pc}\right]\Big|_{T_i}\Delta T+Zh_{\mathrm{chem}}}{H_{\mathrm{f}}} \tag{3.60}$$

对于氢燃料再生冷却过程，仅涉及物理回热，故总回热度即为物理回热度。

2. 热值增加率

吸热型碳氢燃料经化学回热过程吸热后，温度提高的同时，由于裂解反应的发生，燃料组成也发生了变化。温度提高意味着燃烧过程中燃料初始能量高，等同于燃料热值的提高，特别是燃料物理吸热量与化学吸热量水平相当，物理回热与化学回热对热值增加的贡献水平相当。化学回热过程终点燃料组成发生了变化，也将改变燃料的燃烧热值。下面以航空煤油 RP-3 为例，给出其与几种典型裂解产物热值的比较关系。

表 3.8　航空煤油与裂解产物低位燃烧热值对比

燃料类型	RP-3	H_2	CH_4	C_2H_4	C_2H_6	C_3H_6	C_3H_8
热值/(kJ/kg)	42 890	143 000	50 158.7	47 251.5	47 592.3	45 865.4	46 452.9

从表 3.8 可以看出，各裂解产物的热值均高于航空煤油的热值。可见，化学回热循环的存在使得进入燃烧室的气体组分发生变化的同时，随之而来的是燃烧组分的燃烧热值也发生了变化。裂解产物的生成不仅有利于缩短点火时间实现充分燃烧，更大的收益在于高热值的裂解产物的生成有助于增大燃料的热值。因此，物理回热和化学回热都有助于提高燃料的低位燃烧热值。

下面分析考虑回热后，超燃冲压发动机燃烧室能量平衡的变化，来具体分析化学回热对燃料热值的影响。燃烧室内燃料的燃烧释热由两部分组成：一部分是未裂解的吸热型碳氢燃料燃烧所放出的热量，另一部分是经过化学回热过程所生成的裂解产物燃烧所放出的热量。

未裂解的吸热型碳氢燃料和裂解产物，均可用化学通式 C_xH_y 来表示，这类碳氢化合物完全燃烧的反应通式为

$$C_xH_y+\left(x+\frac{y}{4}\right)\left(O_2+\frac{79}{21}N_2\right)\longrightarrow xCO_2+\frac{y}{2}H_2O+\frac{79}{21}\left(x+\frac{y}{4}\right)N_2 \tag{3.61}$$

吸热型碳氢燃料裂解混合工质在超燃冲压发动机燃烧室内燃烧释热量可用下式进行计算：

$$H_{\text{mix}}=(1-Z)\sum_{s=1}^{S}v_sH_s+Z\sum_{c=1}^{C}v_cH_c \tag{3.62}$$

式中，H_s、H_c 和 H_{mix} 分别为替代燃料组分、裂解产物组分和裂解混合物的燃烧热值。

考虑到物理回热和化学回热都有助于提升燃料热值，下面定义燃料热值增加量，来评估回热过程对燃烧热值的影响：

$$\begin{aligned}\Delta H&=Q_{\text{phy}}+H_{\text{mix}}-H_{\text{f}}\\&=\sum_{j=1}^{N}\left[(1-Z)\sum_{s=1}^{S}v_sc_{ps}+Z\sum_{c=1}^{C}v_cc_{pc}\right]\Big|_{T_j}\Delta T\\&\quad+\left[(1-Z)\sum_{s=1}^{S}v_sH_s+Z\sum_{c=1}^{C}v_cH_c\right]-H_{\text{f}}\end{aligned} \tag{3.63}$$

式(3.63)所定义的燃料热值增加量由两部分构成，分别为物理吸热和燃料裂解生成小分子裂解产物带来的热值增加量。这里可进一步定义热值增加率为

$$\begin{aligned}\delta H&=\frac{Q_{\text{phy}}+H_{\text{mix}}-H_{\text{f}}}{H_{\text{f}}}\\&=\frac{\sum_{j=1}^{N}\left[(1-Z)\sum_{s=1}^{S}v_sc_{ps}+Z\sum_{c=1}^{C}v_cc_{pc}\right]\Big|_{T_j}\Delta T}{H_{\text{f}}}\\&\quad+\frac{\left[(1-Z)\sum_{s=1}^{S}v_sH_s+Z\sum_{c=1}^{C}v_cH_c\right]}{H_{\text{f}}}-1\end{aligned} \tag{3.64}$$

基于以上的分析，采用碳氢燃料进行冷却的超燃冲压发动机回热过程是在冷却通道中完成的，回收的废热为发动机的散热，一部分热量首先被用于加热燃料，提高燃料的温度，另一部分则贡献给了吸热型碳氢燃料的热值，这种能量的转换是通过燃料的裂解反应实现的，该过程实现了热能向化学能的转换，提高了整个发动机的能量利用。燃料热值的提高，意味着可以将空气加热到更高的循环温度，或相当于降低了将空气加热到指定温度的燃料流量，整个超燃冲压发动机性能将得到大大提升。

3. 考虑回热的发动机性能参数

前面分析已经指出化学回热过程的存在，将使得燃料热值提高，这意味着可以将空气加热到更高的循环温度，或相当于降低了将空气加热到指定温度所需的

燃料流量，整个超燃冲压发动机性能将得到大大提升。而已有超燃冲压发动机性能参数均是在不考虑回热过程下定义的。因此，有必要分析一下在化学回热视角下发动机性能参数的变化。

首先，分析一下回热过程对超燃冲压发动机循环效率的影响。对不考虑燃料回热的超燃冲压发动机，发动机的热效率表达式为

$$\eta=\frac{FV_0}{mH_f} \tag{3.65}$$

式中，F、V_0 和 m 分别为发动机推力、来流速度和燃料流量。

由于回热过程燃料吸热使得进入燃烧室前其自身能量增加，相当于增加了燃料的热值。如果考虑回热过程对燃料热值的影响，单位质量流量燃料的热值增加为 ΔH。则在假设发动机性能不因燃料热值不同而变化的条件下，产生相同的推进功回热式超燃冲压发动机所需要的燃料流量仅为

$$m_r=m\frac{H_f}{H_f+\Delta H} \tag{3.66}$$

由式(3.65)和式(3.66)，可得到采用回热后发动机的热效率为

$$\eta_r=\eta\left(1+\frac{\Delta H}{H_f}\right) \tag{3.67}$$

即考虑回热后超燃冲压发动机热效率相比原有发动机热效率可提高到 $\left(1+\frac{\Delta H}{H_f}\right)$倍。由此可见，燃料冷却超燃冲压发动机构建了高效的回热循环，回热过程使得发动机热效率大幅提高。同时可以看出回热式超燃冲压发动机热效率提高的幅度将取决于热值增加量 ΔH 的大小。

基于第 1 章介绍的不考虑回热的超燃冲压发动机性能参数表达式，前面分析指出考虑化学回热将使得燃料热值增加，将考虑回热的燃料热值表达式代入后即可得到考虑回热后的超燃冲压发动机性能参数表达式。其中，考虑回热后的发动机比推力表达式为

$$ST_r=ST\left(1+\frac{\Delta H}{H_f}\right)=\frac{fH_f}{V_0}(1+\delta H) \tag{3.68}$$

考虑回热后的发动机比冲表达式为

$$I_r=I\left(1+\frac{\Delta H}{H_f}\right)=\frac{F}{gm}(1+\delta H) \tag{3.69}$$

由式(3.68)和式(3.69)可以看出，考虑回热后超燃冲压发动机性能参数相比于不考虑回热的发动机性能参数均提高了 $\delta H\%$。此外，超燃冲压发动机工作过程中的总体熵变 ΔS 也能很好地反映发动机的总体性能，熵增越小，发动机在焓-熵图上表现出的性能越好。

4. 物理回热超燃冲压发动机性能分析

首先来评估一下物理回热对超燃冲压发动机性能的影响，以仅有物理回热过程存在的氢燃料超燃冲压发动机为研究对象。选取 $Ma=6\sim10$ 为五种典型工况，计算分析了在不同来流马赫数下考虑回热和不考虑回热情况下发动机性能参数之间的差异。其中，超燃冲压发动机性能模型、发动机结构参数采用文献[35]公开程序中给定的超燃冲压发动机模型和参数。

图 3.13 和图 3.14 给出了考虑和不考虑回热情况下氢燃料超燃冲压发动机总效率和比推力随来流马赫数变化的对比，假定回热过程中氢燃料由 300K 被加热至 1000K。

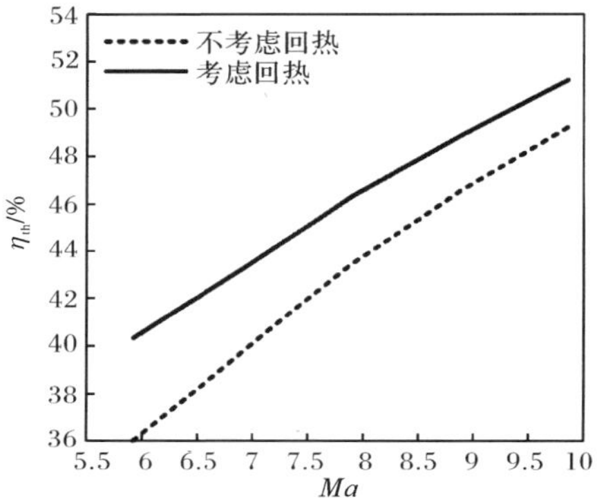

图 3.13　考虑与不考虑回热情况下发动机总效率对比

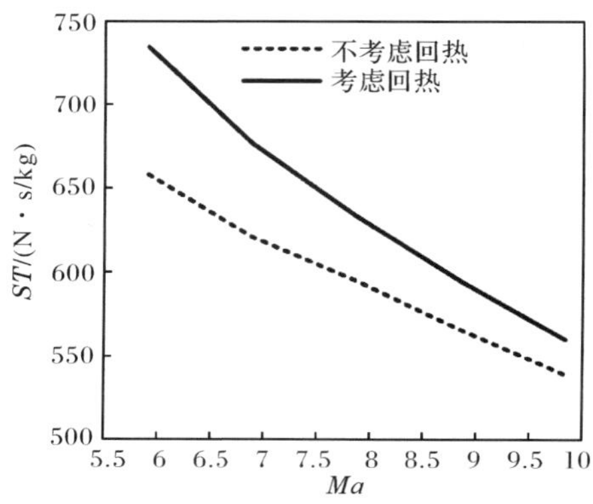

图 3.14　考虑与不考虑回热情况下发动机比推力对比

从图 3.13 可以看出，在相同的来流马赫数下，考虑回热后发动机总效率将明显增大，发动机热效率最大增加值超过 4%，这是由于将单位质量的空气加热到相同温度所需燃料流量降低的缘故。考虑回热后,氢燃料超燃冲压发动机热效率随马赫数增大而增大,最高可达50%以上,这是因为在相同的燃料注入情况下,空气可以被加热至更高的温度。

从图3.14可以看出,考虑回热后氢燃料超燃冲压发动机比推力也将明显增加,比推力增加值接近12%。考虑回热后的发动机热效率与基准发动机热效率之间的差异随着来流马赫数的增大而降低,比推力之间的差异也随着来流马赫数的增大而降低。这主要是因为随着来流马赫数增大,来流总温逐渐增大,将空气加热至相同的温度,回热带来的相对增益降低。考虑和不考虑回热情况下,由于来流空气量随来流马赫数增大而增大,超燃冲压发动机比推力随着马赫数增大而降低。

为了进一步分析回热对超燃冲压发动机性能参数的影响,下面分析回热度变化对超燃冲压发动机性能参数的影响。其中,氢燃料由300K被加热至1000K过程中的吸热量占氢燃料燃烧热值的8.6%。因此,在下面的分析中选择氢燃料超燃冲压发动机回热度的变化范围为0~0.086,来流马赫数为6。

由图3.15可以看出,超燃冲压发动机比冲随着回热度的增大而增大。从图3.16可以看出,超燃冲压发动机熵增随着回热度的增大而降低。超燃冲压发动机比冲的增大和熵增的降低,都意味着发动机性能的提升。上述计算结果进一步说明了回热过程的存在将有益于提高超燃冲压发动机性能,回热度越大对提升发动机性能越有利。

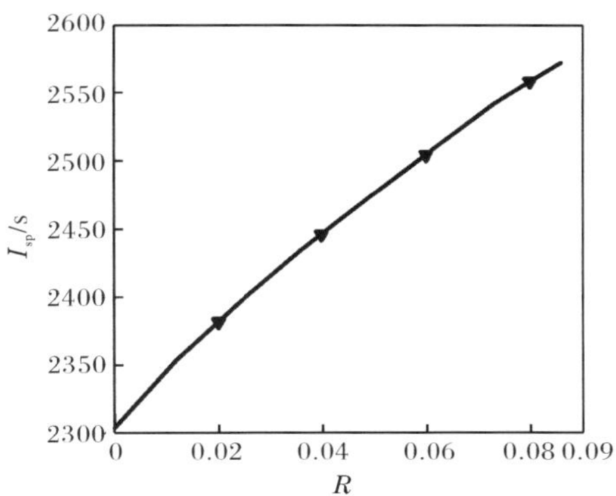

图3.15 超燃冲压发动机比冲随回热度变化

3.3.3 化学回热超燃冲压发动机性能分析

下面将以碳氢燃料冷却超燃冲压发动机为例,来说明物理回热与化学回热并存的条件下,超燃冲压发动机化学回热过程的特点,以及化学回热过程对超燃冲压发动机性能的影响。计算所用燃料为3号航空煤油,燃料加热温区为300~1000K,Ma=6~7,燃料当量比为1。

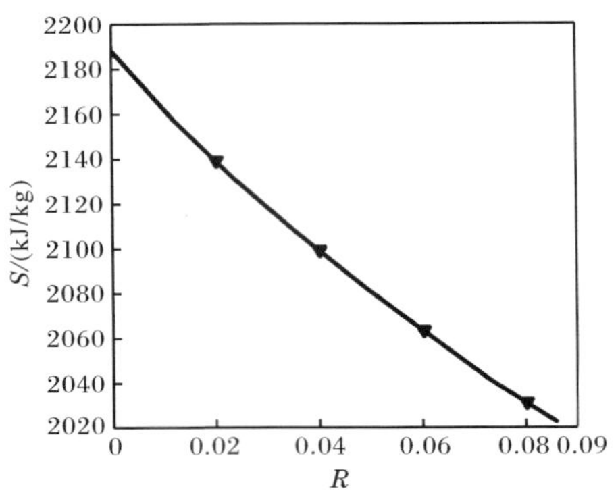

图 3.16　超燃冲压发动机熵增随回热度变化

1. 回热对燃料裂解混合物热值的影响分析

从图 3.17 可以看出，物理回热度、化学回热度和总回热度都随着燃料加热温度的升高而增大，整个燃料冷却超燃冲压发动机总回热度最大值接近 10%。在裂解反应发生的化学回热过程中，物理回热度随温度升高而缓慢增加；化学回热度随温度升高先后呈现缓慢增加、快速增加的变化过程，这主要受化学反应速率快慢的影响。在化学回热过程终点，物理回热度最大值略大于化学回热度最大值，这是因为航空煤油化学热沉较低的缘故。如果对于更高化学热沉的吸热型碳氢燃料，物理回热度最大值将与化学回热度最大值水平相当，这是因为吸热型碳氢燃料物理热沉与化学热沉水平大致相当的缘故。

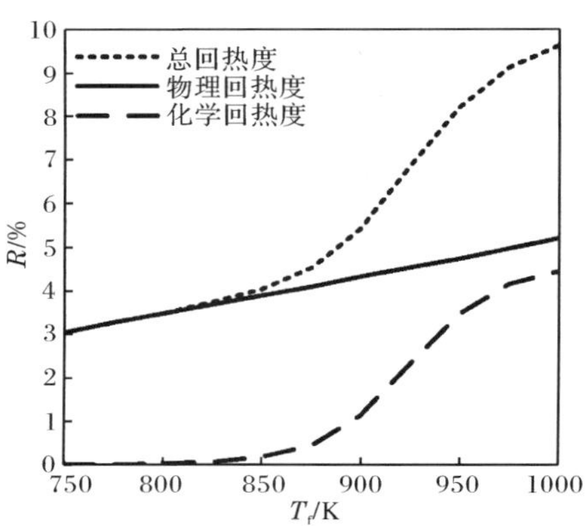

图 3.17　回热度随燃料加热温度的变化

从图 3.17 还可以看出，当燃料温度达到起始裂解温度以前，化学回热度为零，仅有物理回热过程存在，此时总回热度即为物理回热度。一旦吸热型碳氢燃料裂解反应发生后，化学回热度从零开始逐渐增大；在裂解反应发生的初期，由于裂解反应速率慢，使得吸热型碳氢燃料裂解率随温度升高而增加的幅度小，裂解反应吸热量低，因此化学回热度随温度升高而增加的幅度小；随着燃料温度进一步提高，裂解反应速率逐渐加快，燃料裂解率随温度变化率也迅速增大，相应地化学吸热量快速增大，因此化学回热度快速增大；当加热温度接近1000K左右时，裂解反应速率趋向于定值，裂解率随温度升高速率变小，因此化学回热度随温度升高而缓慢降低。

从图3.17可以看出，对于化学回热超燃冲压发动机而言，总回热度可接近10%，这是一个相当可观的数字，说明了考虑回热过程对于全面评价超燃冲压发动机性能的重要性。此外，由于吸热型碳氢燃料化学回热过程为大温区燃料加热过程，使得物理回热度接近5%，高物理回热度也是吸热型碳氢燃料化学回热过程的一大特点，其水平与化学回热度水平相当，说明了考虑物理回热的必要性。

从图3.18可以看出，裂解后航空煤油的燃烧热值理论上可超过50MJ/kg，远大于普通航空煤油的燃烧热值。这是因为物理回热和化学回热均使得燃料热值增加，物理回热相当于将燃料预热，这部分预热量可被折算至燃料热值增加量；由于每一种小分子裂解产物的热值均高于未裂解碳氢燃料，因此化学回热将使得燃料裂解混合物的热值大幅增加，进而使得燃料的燃烧性能大幅提升。

理论上，从能量守恒角度，吸热型碳氢燃料裂解混合物热值的增加量应与燃料的总吸热量相等。但是图3.18计算所得的燃料裂解混合物热值略高于未裂解燃料热值与燃料总热沉之和，这主要取决于如下几个方面：首先，计算中用到的热值为航空煤油燃烧热值的实测值，而未裂解燃料热值和物理吸热量计算所选取的燃料为替代燃料；其次，燃料裂解产物组成忽略了液相产物；再者，燃料裂解产物与替代燃料并不满足裂解反应化学反应式物质量配平关系。以上几种因素共同导致了燃料热值增加量的计算值高于燃料吸热量的计算值。

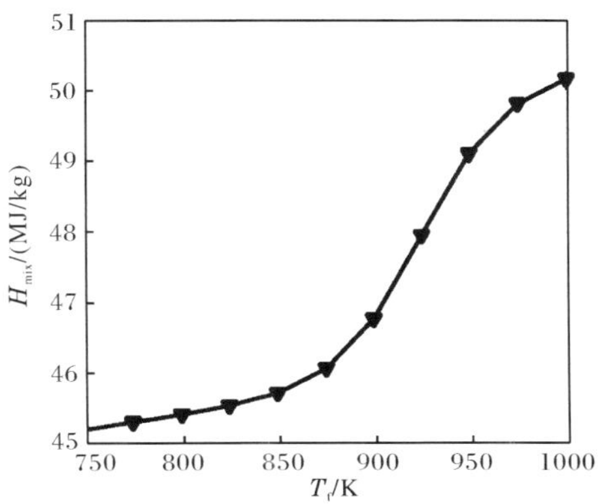

图3.18 考虑化学回热后燃料裂解混合物热值随加热温度变化

从图 3.19 可以进一步看出物理回热和化学回热对燃料热值的影响。未发生裂解反应前,热值增加率仅由物理回热决定;一旦裂解反应发生后,热值增加率由物理回热和化学回热共同决定。裂解反应发生前,热值增加率随温度升高大体呈线性缓慢增长;裂解反应发生后,热值增加率随裂解过程的进行而大幅快速增长。此处燃料热值增加量是裂解混合气热值与替代燃料平均热值相减得到的。这里热值增加率的计算值高于回热度,原因与图 3.8 中热值增加量与燃料吸热量之间的差异的原因一致。

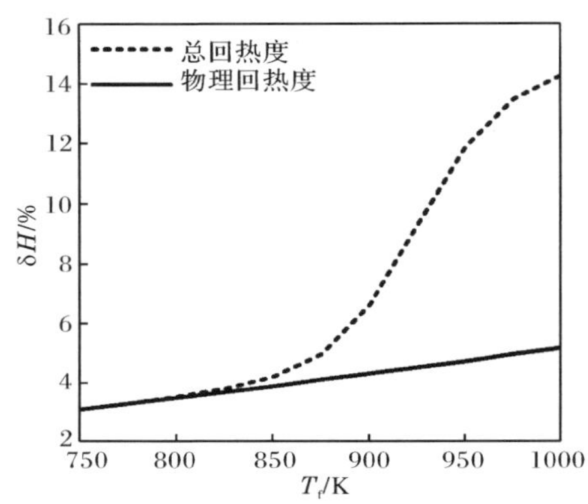

图 3.19　燃料热值增加率随加热温度变化

除了上述分析指出的化学回热将有助于提高燃料热值以外,裂解生成的小分子气体产物还具有点火延迟时间短、易点火等特点;同时,裂解小分子气体产物的生成,相当于燃料雾化过程在冷却通道完成了,化学回热过程带来的这些优点都将有利于提高燃烧性能,缩短发动机长度。此外,燃料裂解小分子气体产物的生成还有助于提高燃烧效率,进而增大超声速燃烧过程释热量[36]。

2. 化学回热对超燃冲压发动机性能参数的影响

前面的分析表明,物理回热和化学回热都将使碳氢燃料的燃烧热值增大,而燃料热值的变化将影响到超燃冲压发动机性能参数的变化,下面将进一步分析化学回热过程的存在对超燃冲压发动机性能参数的影响。

从图 3.20 可以看出,裂解反应发生前,考虑回热后超燃冲压发动机比冲的增加仅由物理回热所决定;随着裂解反应程度的不断加深,化学回热度迅速增大,化学回热对发动机比冲增量的贡献越来越大,逐渐占据了主导地位。发动机比冲的增大意味着在相同的推力要求下,采用更少的燃料即可达到飞行需求,整体的燃料需求量将大大降低。

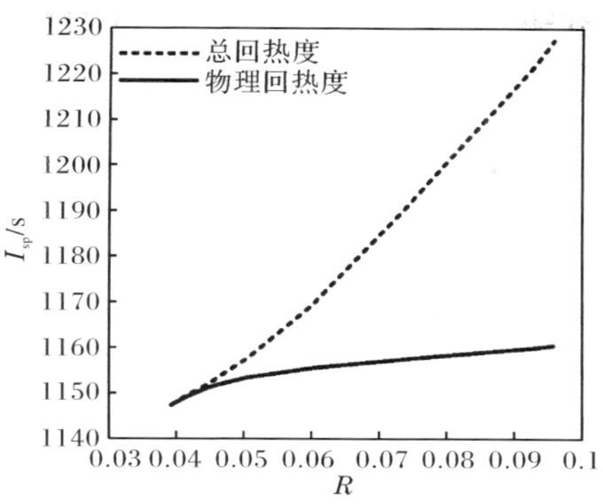

图 3.20　比冲随回热度变化关系

从图 3.21 可以看出，考虑回热后超燃冲压发动机比推力随着回热度的增加而增大，是因为燃料热值随回热度增加而增大。在不考虑质量加入的前提下，即忽略进入燃烧室的质量流、动量、动能中获得推力的增益，在相同的来流条件下，燃料热值的增加将使得发动机推力增大，进而增大比推力。此外，在相同回热度条件下，比推力随着来流马赫数的增大而降低，这与不考虑化学回热的发动机性能参数变化规律是一致的。

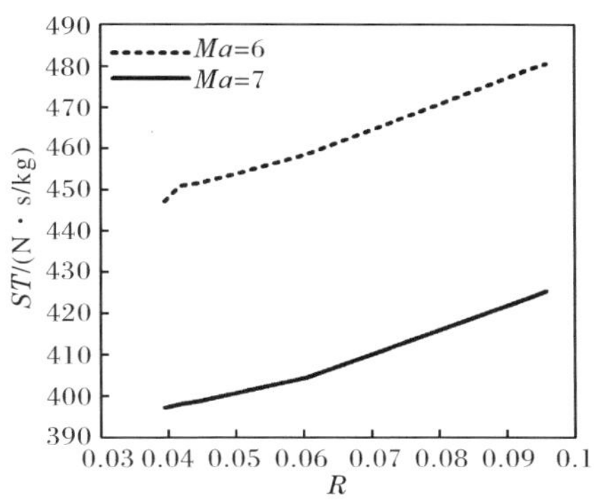

图 3.21　化学回热循环超燃冲压发动机比推力随回热度及马赫数变化

从表 3.9 可以看出，随着燃料加热温度的提高，燃料裂解混合物燃烧过程熵增逐渐降低，这是由于裂解率随着燃料温度的提高而增大，裂解混合物中小分子气体的比重逐渐增大。与航空煤油燃烧熵增进行对比可以发现，随着化学回热度的增加，燃料裂解混合物燃烧熵增降低的幅度越来越大。可见，化学回热过程的存在有利于降低燃烧熵增。对于超燃冲压发动机主循环而言，燃烧过程的熵增最大，燃烧过程熵增的降低将大大有利于提高整个超燃冲压发动机的性能。

表 3.9 不同化学回热度下燃烧熵增对比

熵增 \ T/K	815	865	915	965	990	1000
ΔS_r/(MJ/kg)	3.79	3.12	2.45	1.78	1.45	1.44
$\frac{\Delta S_r-\Delta S}{\Delta S_r}$/%	−20.9	−34.9	−48.9	−62.8	−69.8	−69.9

注:3 号航空煤油燃烧熵增 ΔS=4.793MJ/kg。

以上分析表明,回热过程的存在将大幅提升超燃冲压发动机性能,物理回热和化学回热都对超燃冲压发动机性能提高有贡献。物理回热对热值增加率的贡献,源自于使得燃料燃烧的初始能量增加;而化学回热对热值增加率的贡献,不单单是热量的转移带来的影响,而是裂解反应使得燃料组成发生了改变,燃料的燃烧热值在本质上发生了改变。比冲、比推力和热效率都将随着化学回热度的增大而增大,燃烧熵增随着化学回热度的增大而减小。化学回热过程的存在,将大幅提升整个超燃冲压发动机的性能。以上分析表明,选用吸热型碳氢燃料,不仅有利于增大燃料热沉,还将大幅提升燃料燃烧性能,进而提高整个超燃冲压发动机的性能。因此,提高化学回热度既有利于提高燃料热沉,又有利于提高燃烧性能。可兼顾冷却和燃烧对化学回热过程的要求,进行超燃冲压发动机综合性能优化,在满足发动机冷却需求前提下,尽可能提高化学回热度,来使得发动机性能最大化。

3.4 化学回热热力过程影响因素分析

上述有关化学回热过程的理论分析表明燃料冷却过程可达到约 10%的回热度,但上述分析是在假定燃料裂解产物组成不随温度变化情况下开展的,然而实际上化学回热器内燃料裂解产物组成随燃料温度的不同而不同。为了更真实地反映碳氢燃料在化学回热器内的实际工作过程,在真实流动传热情况下进一步分析燃料热沉利用水平和化学回热度的影响因素,以及探索提高化学回热度的手段,下面将从化学回热过程原理性试验的角度进行分析。

3.4.1 化学回热过程原理性试验方案

为了真实反映碳氢燃料实际化学回热过程,细长圆管内碳氢燃料流动、传热及裂解过程试验被选定用来研究碳氢燃料冷却化学回热过程。细长圆管被选为试验件来代表单根冷却通道,加热管尺寸与冷却通道尺寸相当。采用电加热方式来模拟超燃冲压发动机实际燃烧加热过程,加热热流水平与发动机实际加热热流水平相当，可达 1MW/m^2。加热管内燃料最高加热温度与燃料在冷却通道内燃料最高加热温度水平相当，加热管内燃料流量和流速水平与单根冷却通道内燃料流量和流速水平相当，试验压力选用燃料实际冷却过程中的典型工作压力。试验系统方案图如图 3.22 所示。

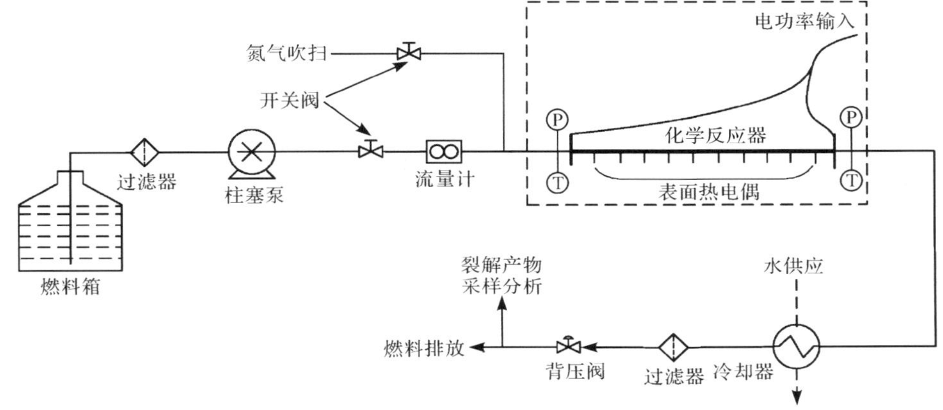

图 3.22　碳氢燃料超燃冲压发动机化学回热原理性试验台方案图

如图 3.22 所示，整个碳氢燃料超燃冲压发动机化学回热原理性试验系统主要由燃料供给系统、电加热系统、水冷系统、氮气吹除系统、数据测量系统和采样分析系统组成。燃料由燃料泵增压后进入加热管，加热管出口的燃料裂解混合物经冷却器冷却后，最终进入燃料裂解产物收集系统。燃料裂解产物经产物采集系统采样分析。

下面分别介绍冷却循环原理性试验系统各子系统组成及功能。

1) 燃料供给系统

燃料供给系统的主要部件为平流泵，该燃料泵能够克服燃料加热过程中流动阻力增加对供给流量的影响。流量输出范围为 0～80mL/min。

2) 电加热系统

由预热段和再热段两级加热段组成，加热段为薄壁圆管，尺寸与单根冷却通道尺寸相当。常用加热管尺寸为内径 1mm、壁厚 1mm、长 1m。加热管水平放置，两端采用直流电源进行加热。电源为直流稳压稳流电源，能够提供 1MW/m^2 以上的加热能力。

3) 水冷系统

由于加热管出口燃料温度很高，不能直接用于后续的采样分析或者直接排放，故本实验台利用水冷系统对加热管道出口的高温燃料进行冷却。该水冷系统为一个燃料/水换热器。

4）氮气吹除系统

为避免空气中的氧气溶于燃料，而影响燃料裂解反应，试验前首先通入氮气来排除燃料流通管道中的空气。此外，冲入氮气还可以对试验系统进行检漏。同时充入氮气还可以保证一定的试验背压，满足试验对压力的要求。

5）数据测量系统

每级加热段进出口均布置了温度和压力测点，用于反映燃料流动加热过程中温度和压力变化。同时，加热管两端还装有差压变送器来精确测量燃料流经加热管两端的压降。采用科里奥利质量流量计来测量燃料流量。加热管外壁焊接细热电偶丝来测量壁温。

6）采样分析系统

为获取燃料裂解产物的详细信息，增加了采样分析系统来反映燃料裂解情况和产物组成。分别采用气相色谱仪和气质联用仪对裂解产物气相组分和液相组分进行分析，试验使用的气相色谱仪型号为 GC-7900，气质联用仪型号为 Agilent 5975C。两台设备的实物图如图 3.23 和图 3.24 所示。

图 3.23　冷却循环试验系统实物图

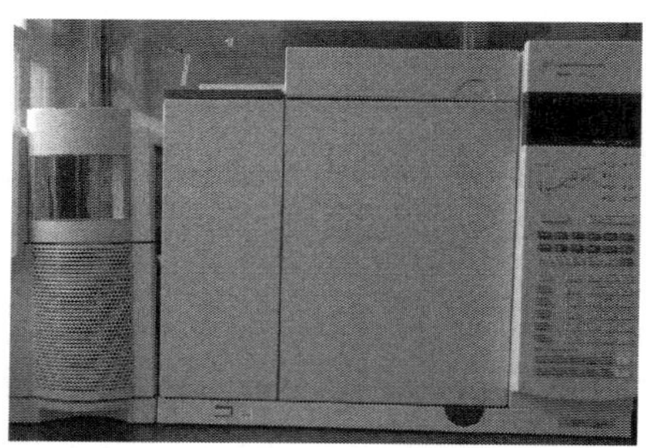

图 3.24　气相色谱仪和气质联用仪

3.4.2　化学回热过程试验分析方法

吸热型碳氢燃料化学回热过程的试验分析主要涉及：物理吸热量及化学吸热

量的计算、裂解产物组成及裂解率分析，这样就能评估化学回热过程回收的热量大小、裂解混合气的成分。

1. 裂解产物组成及裂解率分析

化学回热过程的裂解产物组成可通过采样进行分析。考虑到加热管出口燃料温度较高，因此燃料裂解混合物经冷却后进行采样分析，采样分别在不同加热管出口燃料温度下进行。裂解后的燃料从加热管流出经冷却器冷却后，气相组分和液相组分得到了分离。气态组分经气体转子流量计测量气体体积流量，同时气相色谱仪对气相组分进行在线成分分析；液相组分进入集液器进行收集，液态产物收集后运用气质联用仪进行成分分析。在经以上分析后可以获得如下参数：气体组分体积流量 V_g，气体成分（CH_4、C_2H_4和 C_2H_6等）及对应的摩尔分数（v_{g1}、v_{g2}、v_{g3}等）；液体组分质量流量 m_l，其中包括液体裂解产物（C_{4+}和 C_{5+}等）及对应摩尔分数（v_{l1}、v_{l2}、v_{l3}等），和剩余未裂解燃料及对应的摩尔分数 v_{res}。

以正癸烷（$C_{10}H_{22}$）为例，基于以上裂解产物组成采样分析方法，不同温度、压力条件下典型的裂解产物组成如图 3.3 和表 3.3 所示。

裂解率用来表征一个混合物系内已经发生裂解反应的反应物占总反应物的百分数。裂解率越高，表明裂解反应进行的越完全，剩余的未反应物质越少。基于气液相采样分析的结果，便可得到燃料裂解率的表达式如下：

$$Z=\left(1-\frac{m_l v_{res}}{m_g+m_l}\right)\times 100\% \tag{3.70}$$

其中，气相组分质量可通过下式获得：

$$m_g=(M_{g1}v_{g1}+M_{g2}v_{g2}+M_{g3}v_{g3}+\cdots)\frac{V_g}{22.4} \tag{3.71}$$

式中，m_g为气态组分质量；m_l为液态组分质量；M_{g1}、M_{g2}和 M_{g3}分别为气体组分的摩尔质量。

由图 3.25 所示，温度是影响正癸烷裂解率的主要因素，碳氢燃料裂解率随着温度的升高呈现指数型增长；这意味着随着燃料温度的升高，燃料裂解混合工质中裂解产物所占的比例越来越大，未裂解燃料所占的比例越来越小。压力对裂解率也有显著影响，主要是因为压力变化对燃料在化学回热器内停留时间的影响。

对于航空煤油 RP-3，文献[37]经多次试验给出了航空煤油裂解率随温度的变化关系为

$$Z=\frac{1}{\frac{\mu_g}{\mu_k}+a+e^{-\alpha(T_i-T_f)}}\left(\frac{\mu_g}{\mu_k}+\frac{1}{\beta}\frac{\mu_{res}}{\mu_k}\right) \tag{3.72}$$

式中，各参数取值见表 3.10。

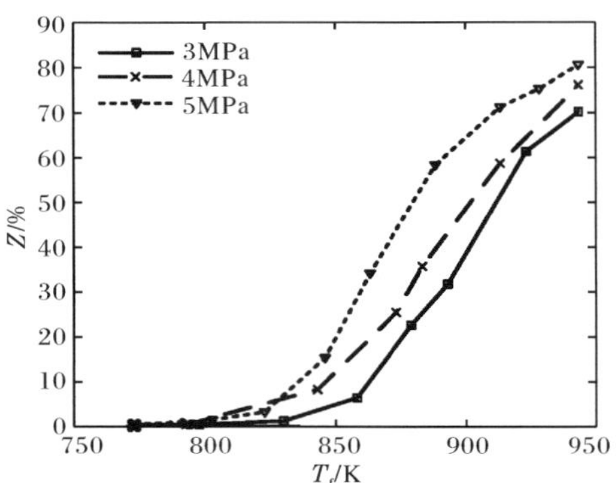

图 3.25　正癸烷裂解率随温度及压力变化

表 3.10　航空煤油裂解率计算参数表

参数	数值	参数	数值
a	0.11	μ_g	26.6
α	0.0455	μ_k	153.3
β	0.85	μ_{res}	14.4
T_f	897		

2. 燃料吸热量分析

在碳氢燃料发生裂解反应之前，碳氢燃料仅具有物理吸热能力。一旦裂解反应发生以后，碳氢燃料的吸热能力就包括两部分：物理热沉和化学热沉。下面将介绍碳氢燃料物理热沉与化学热沉的计算方法。

1) 散热量的计算

试验过程中电源的加热功率一部分被燃料吸收，另一部分通过加热管壁向外界空气散失掉了。为了得到燃料吸收的热量，需要首先知道加热管的散热特性。因为加热管的散热特性主要与加热管的壁面温度有关，因此下面将对加热管的散热特性与壁面温度关系进行分析。

为了获得加热管的散热特性，首先进行空加热试验。在不通燃料的情况下对加热管进行加热，当加热管达到热平衡时，加热管吸收的热量将全部通过加热管外壁散失到空气中，根据此时壁面温度和加热功率便可获得加热管散热量和管壁温度的拟合关系。这样，在燃料实际加热过程中，即可获得相同加热管壁温条件下的加热管散热量 Q_s。

2) 热沉计算

在获得了加热管散热量的前提下，单位质量燃料的总热沉等于加热量与散热量之差再除以燃料的质量流量：

$$h_{fs}=\frac{UI-Q_s}{m} \tag{3.73}$$

燃料物理热沉的计算方法与式(3.53)所示物理热沉计算方法相同。燃料总热沉与物理热沉之差，即为燃料的化学热沉。

然而，前面有关化学回热过程对超燃冲压发动机性能影响的分析均是在不考虑裂解产物组成随燃料温度变化的前提下做出的。因此，有必要结合化学回热过程试验来进一步了解裂解反应过程，掌握化学回热过程的影响因素，进而来寻找提高化学回热度的手段。

3.4.3　化学回热过程影响因素试验研究

基于化学回热原理性试验系统，可通过改变燃料流量、工作压力、加热管长度和加热管内径等方式，来开展化学回热器不同设计参数、运行参数条件下化学回热过程影响因素分析。下面将分别以不同燃料流量和不同燃料工作压力下化学回热过程原理性试验结果来进行分析。

1. 流量变化的影响

在下面的对比分析中，仅改变燃料流量，其他加热管结构参数和燃料工作参数不变。

从图 3.26 可以看出，在相同的加热管出口燃料温度下，流量越小，燃料裂解率越大，这说明了燃料裂解特性不仅受燃料加热温度的影响，还受燃料流速的影响，因为流量的变化主要是引起流速的变化。即燃料回热过程不仅与温度相关，而且还与燃料流速(或燃料在回热器内的停留时间)相关[38]，这与传统物理回热仅与温度相关的特性差异很大，进一步说明了燃料化学回热过程的复杂性。

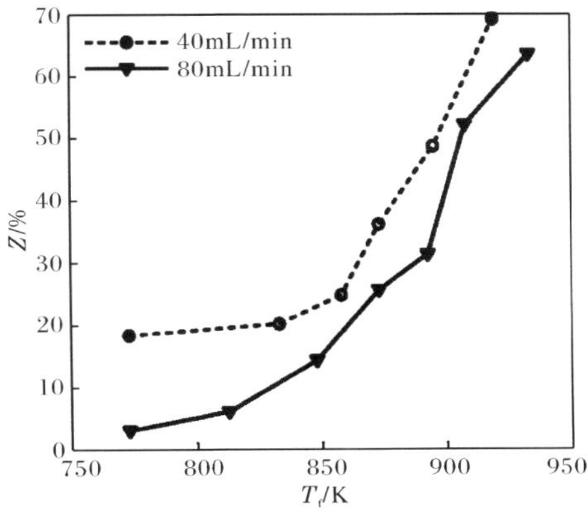

图 3.26　不同流量下燃料裂解率随温度变化

燃料在化学回热器内的停留时间定义式如下：

$$\tau_{\text{total}} = \int_{x_{\text{in}}}^{x_{\text{out}}} \frac{1}{u} \mathrm{d}x \tag{3.74}$$

式中，停留时间被定义为燃料流进流出整个化学回热器的时间。

在相同的加热管尺寸条件下，燃料流速因燃料流量的不同而不同，进而燃料在加热管内的停留时间也因流量的不同而不同。此外，不同流量间裂解率的差异逐渐减小，这是因为随着燃料温度的升高，燃料裂解速率和燃料流速都在不断增大，裂解反应与流动相关程度在不断变化。

如图 3.27 所示，在燃料未裂解区，40mL/min 和 80mL/min 下燃料热沉具有相同的数值，因为此时燃料热沉仅由物理热沉组成，可见燃料流速（停留时间）的不同对燃料物理热沉没有影响，只影响燃料化学热沉。此外，流量为 40mL/min 和 80mL/min 下燃料物理热沉试验测量值均与计算值吻合得很好，验证了试验精度以及试验数据的可信度。同时，不同流量下燃料总热沉存在一定差异，该差异来自化学热沉之间的差异。

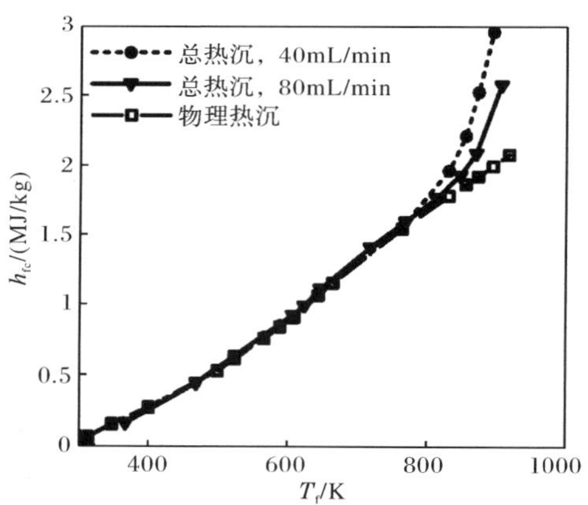

图 3.27　不同流量下燃料总热沉和物理热沉随温度变化

如图 3.28 所示，燃料流量越大，燃料化学热沉越小。这是因为燃料流量越大，流速越大，燃料在加热管内的停留时间越短。进一步验证了流速越低，停留时间越长，越有利于获得更高的燃料化学热沉。

图 3.29 给出的是加热管出口燃料温度为 923K 时，不同流量下加热管壁面温度对比的结果，其中 N 为沿管长热电偶测点。壁面温度在大约 680K 之前，流量为 80mL/min 条件下加热管壁面温度低于流量为 40mL/min 条件下加热管壁面温度值；而在加热管壁面温度超过 680K 之后，流量为 80mL/min 条件下加热管壁面温度高于流量为 40mL/min 条件下的加热管壁面温度值。这是因为未裂解前，燃料流量越大，流速越大，换热系数高，从而有利于降低壁面温度；即仅有物理回

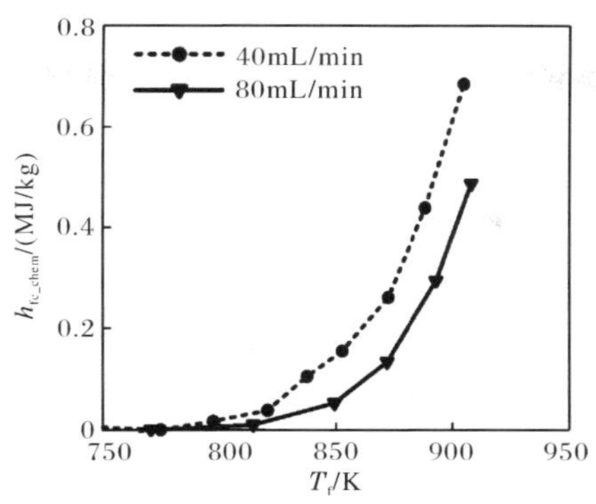

图 3.28　不同流量下燃料化学热沉随温度变化

热发生的情况下，流速大有利于获得好的换热性能。一旦裂解发生后，流量小意味着流速低，有利于更多的燃料裂解，裂解反应进行得更剧烈；而由于裂解反应吸热，将起到强化换热的作用，故裂解反应进行的越剧烈，裂解反应强化换热效果越明显。因此，在达到裂解反应温度后，流速低有利于获得较低的壁面温度水平。

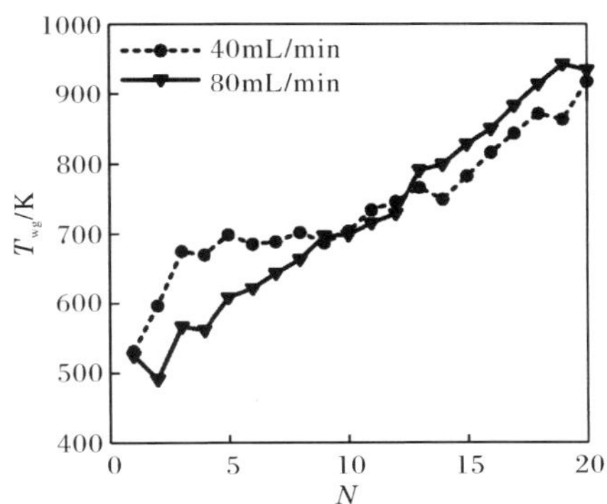

图 3.29　不同流量下加热管壁面温度沿程变化

不同流量下燃料热沉的差异将引起化学回热过程回热度的差异，下面将分析燃料流量变化对化学回热过程回热度的影响。

如图 3.30 所示，相同燃料温度下化学回热度随着燃料流量的增大而降低，这是因为在其他设计和工作参数不变的情况下，流速小、停留时间长有利于获得高的燃料化学热沉。

如图 3.31 所示，在非裂解区，相同燃料温度下化学回热过程的总回热度不随流量变化而变化，这是因为在非裂解区总回热度仅由物理回热度组成。不同流量下化学回热过程物理回热度随温度的变化曲线几乎完全重合，这是因为流量的变化并不会引起燃料物理吸热能力的变化，也不会引起物理回热度的变化。在裂解区,不同流量间总回热度之间的差异归功于化学回热度之间的差异。如果燃料加热温度进一步提高,燃料化学回热过程总回热度有望高达 10%。

结合图 3.30 和图 3.31 还可以看出,化学回热过程终点燃料温度下正癸烷物理回热度要高于化学回热度,这是因为正癸烷化学热沉低的缘故,如果换作化学热沉高的其他吸热型碳氢燃料,化学回热度将与物理回热度水平相当,并有可能高于物理回热度。

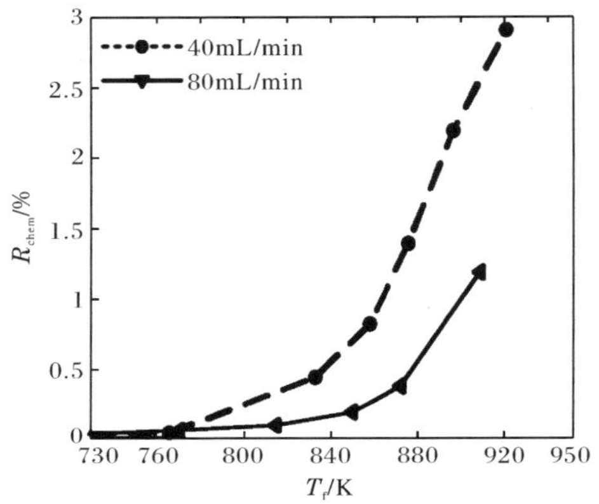

图 3.30 不同流量下化学回热度随温度变化

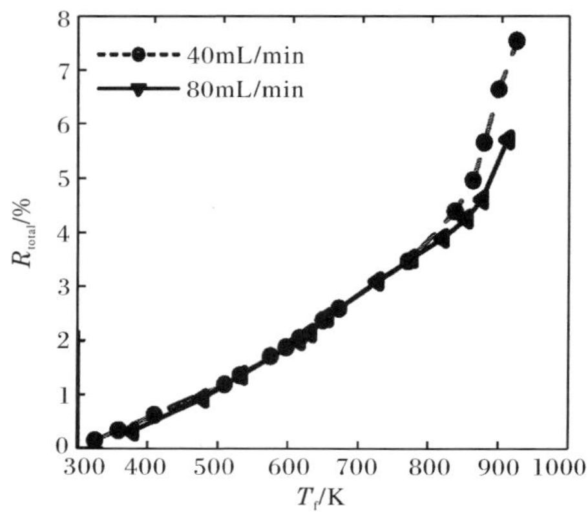

图 3.31 不同流量下总回热度随温度变化

以上分析表明,在固定加热管尺寸和燃料工作压力的条件下,燃料流量越小越有利于燃料化学热沉的释放,越有利于提高化学回热过程的回热度,这主要归结于停留时间对燃料热沉释放的影响。此外,化学回热过程中化学热沉实际利用水平的提高,将有助于降低必须依靠物理热沉所带走的热量,燃料温度将不至于上升过快,也有利于降低壁面温度水平。

2. 有效停留时间的影响

上述燃料流量对化学回热度的影响结果分析表明，合理的控制燃料在化学回热器的停留时间有助于提高化学回热度；同时，还注意到物理回热度并不受停留时间的影响，即未裂解区燃料在化学回热器内的停留时间并不会对化学回热度产生影响，对化学回热度产生影响的仅为燃料在裂解区内的停留时间。因此，控制燃料流量，是一种控制燃料全局流速的方法，即控制燃料流经整个化学回热器的时间，液相区和气相区的流通时间都包含在内。然而，因为裂解区长度仅占整个化学回热器长度的很小一部分，因此只有裂解温区内燃料的停留时间才真正地影响燃料热沉释放。

为了区别燃料在裂解区停留时间与总停留时间的差别，故定义有效停留时间如下：

$$\tau_{\text{effect}} = \int_{x_{\text{crack}}}^{x_{\text{out}}} \frac{1}{u} \mathrm{d}x \tag{3.75}$$

式中，有效停留时间被定义为燃料流过起始裂解位置到化学回热器出口的时间。

为了进一步分析说明停留时间对燃料热沉释放和化学回热度的影响规律，下面将以不同流量下化学回热过程对比试验为例，同时进一步揭示有效停留时间在控制化学回热过程中的作用，进一步揭示控制总停留时间和控制有效停留时间的差别。

如图 3.32 所示，燃料密度在整个加热温区内大幅变化，随着加热温度的升高而快速降低。未裂解前，燃料密度仅受温度影响，燃料密度在临界温度附近下降最快；裂解后，由于小分子气体裂解产物密度要低于未裂解燃料，在温度和裂解的双重作用下，燃料裂解混合物密度随着温度下降的速率，随着温度的升高将进一步增大。

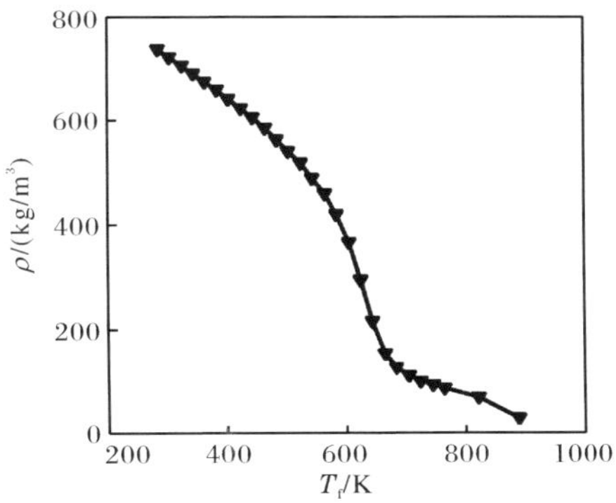

图 3.32　燃料密度随加热温度变化

由图 3.33 可见，由于加热过程中燃料密度不断降低，燃料流速沿管长快速增大；且由于裂解后密度下降速率更快，从而使得速度随温度上升速率高于裂解前。未裂解前，80mL/min 和 40mL/min 流量下燃料流速基本成 2 倍的关系；一旦裂解后，不同流量下燃料流速之间的差异逐渐缩小，这是因为 40mL/min 时燃料裂解率大于相同温度下 80mL/min 时的裂解率，故相同温度下 40mL/min 时燃料密度更低。流速的变化使得在整个回热器内燃料流过单位长度内的时间也在不断变化。

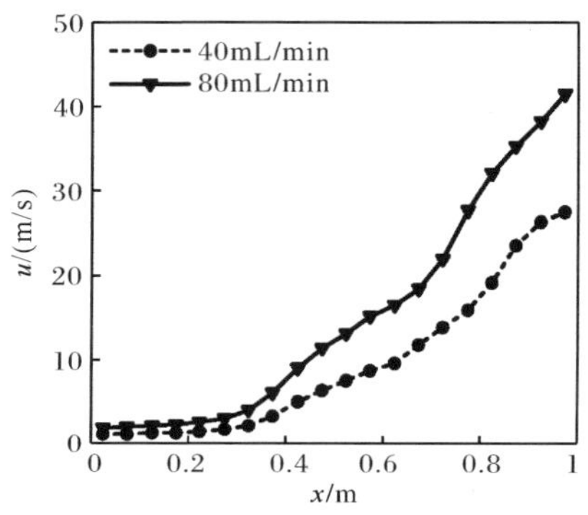

图 3.33 不同流量下燃料流速沿加热管长度方向变化

如图 3.34 所示，燃料在单位距离内停留时间沿加热管长度方向逐渐降低，即随着燃料温度的升高而降低，这是因为燃料流速随着加热温度的升高而增大的缘故。在裂解区，由于加热和裂解的双重作用，燃料在单位距离内停留时间随温度升高而下降的百分比更大。同时，注意到流量的增加使得燃料在加热管内单位距离内的停留时间整体降低，即非裂解区燃料停留时间和裂解区燃料有效停留时间都随着流量的增加而降低。在停留时间计算中 1mm 被选定为单位长度。

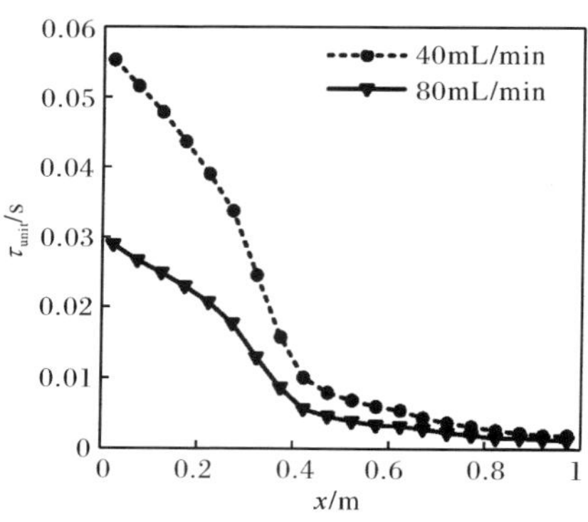

图 3.34 不同流量下燃料在单位距离内停留时间沿加热管长度方向变化

由图 3.35 可见，燃料在化学回热通道内有效停留时间随着燃料加热温度的升高而不断增大，这是因为随着燃料加热温度的升高，裂解区对应长度占加热管总长度的比例在增大。此外，有效停留时间随着燃料流量的增大而减小，因为大流量条件下燃料流速从加热管入口开始就处于较高水平，这将降低燃料在加热管内整体停留时间。此外，不同流量下有效停留时间之间的差异随着温度的升高在加大，这也是图 3.28 所示不同燃料流量间燃料化学热沉差异随燃料加热温度升高而不断加大的原因。

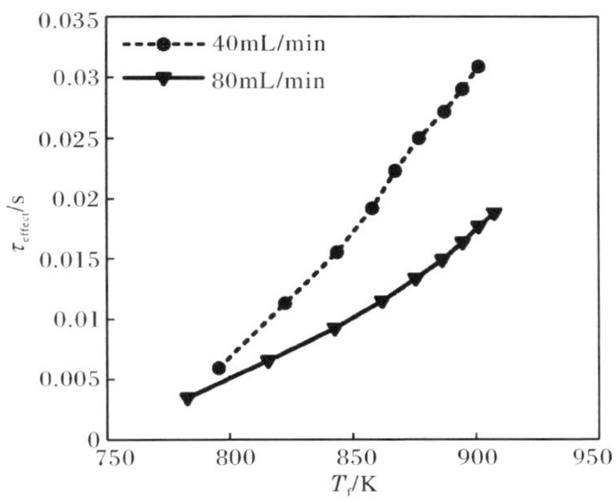

图 3.35　不同流量下燃料在化学回热通道内有效停留时间随加热温度变化

由图 3.36 可以看出，有效停留时间仅占总停留时间很小一部分，在燃料最高加热温度为 923K 时有效停留时间占总停留时间的比例还不足 10%。即真正对化学热沉释放起作用的停留时间仅占总停留时间的很小一部分。此外，不同流量下有效停留时间占总停留时间百分比之间的差别不大。由此可见，提高整体停留时间并不能提高有效停留时间占总停留时间的比例。

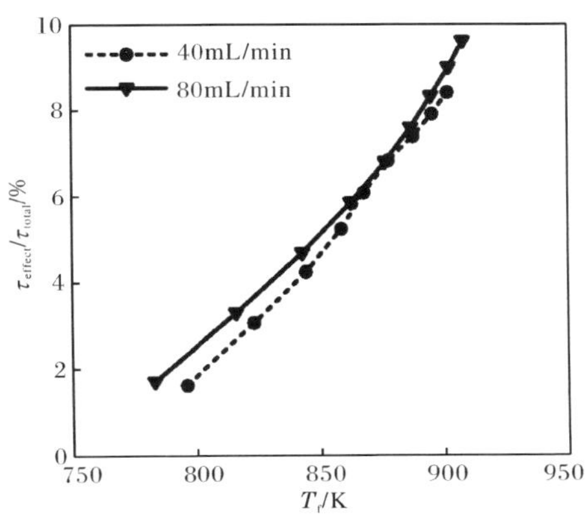

图 3.36　不同流量下有效停留时间占总停留时间比例随加热温度变化

结合图 3.28 的结果可以看出，虽然通过增大燃料在整个加热管内的总停留时间，可以提高燃料裂解率和化学热沉，但是由于燃料流速沿加热管整体降低，会使得非裂解区燃料的换热性能下降，从而使得加热管壁面温度也相应地增大。相比之下，如果能够仅增大有效停留时间而不改变整体流速水平，就能提高燃料流经加热管有效停留时间占总停留时间百分比，则既能获得较高的化学回热水平，又能保持非裂解区壁面温度处于较低水平。因为化学回热器不仅是一个化学反应器，更重要的是一个冷却器，必须在保证发动机壁面不超温的前提下，来尽可能获得更好的化学回热度。

3. 工作压力的影响

前面的试验分析表明，有效停留时间才是真正影响燃料化学热沉释放的关键影响因素。鉴于燃料液相区密度与压力无关，而燃料气体区密度与压力成正比的特点，这样，改变燃料在化学回热通道内的工作压力可以仅改变有效停留时间，而不至于影响燃料整体停留时间和流速水平。因此，控制化学回热过程燃料工作压力是一种提高化学回热度的有效方法。为了进一步验证压力变化对有效停留时间的影响，进而验证压力对燃料裂解特性和化学回热特性的影响，开展了不同压力下的正癸烷裂解特性试验。

如图 3.37 所示，在相同加热管出口燃料温度下，燃料化学热沉随着燃料工作压力的增大而增大，即提高燃料工作压力有利于提高燃料化学热沉释放水平。

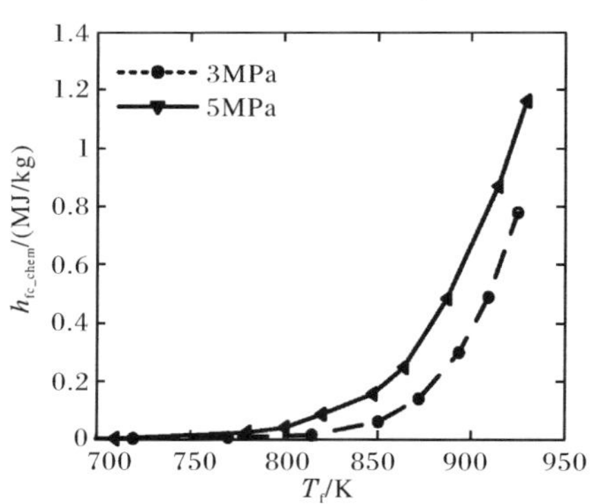

图 3.37　不同压力下燃料化学热沉随温度变化

为了进一步分析改变压力与改变流量在控制停留时间方面的差别，图 3.38 进一步分析了压力变化对燃料在化学回热器内停留时间的影响。从图 3.38 可以看出，压力越高越有利于增大有效停留时间占总停留时间的比例，进而有利于提高燃料化学热沉的释放水平。这也是为何超燃冲压发动机燃料冷却采用超临界压力的另一个解释，即超临界压力的选择在燃料冷却中具有双重作用，一是避免沸腾传热，另一个就是提高燃料化学热沉释放。

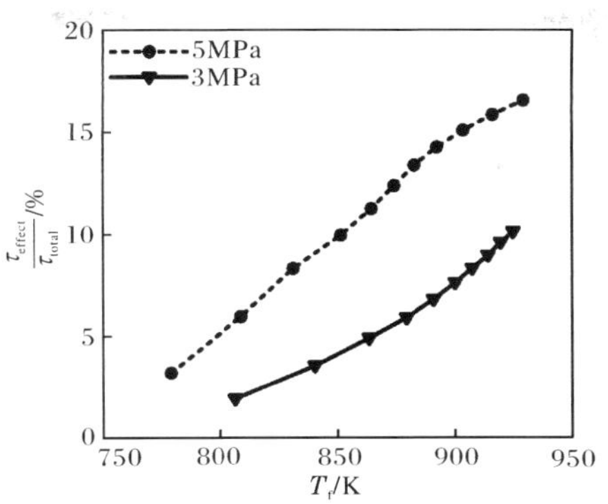

图 3.38　不同压力下有效停留时间占总停留时间百分比随加热温度变化

如图 3.39 所示，相同燃料温度下化学回热度随着压力的增大而增大，这是因为增大压力有利于获得高的燃料化学热沉。此外，燃料冷却过程化学回热度随着加热管出口燃料温度的升高而增大。

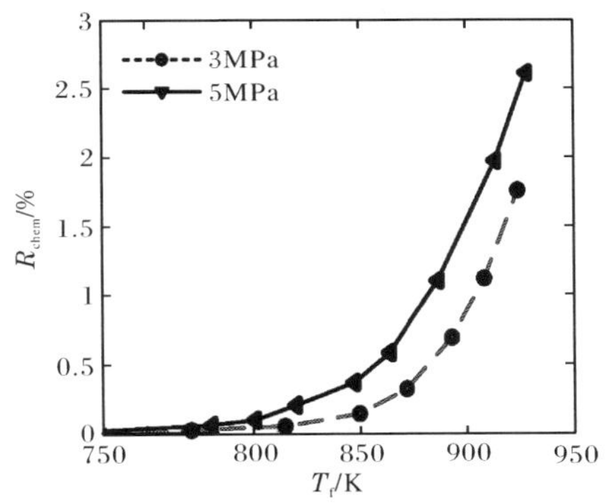

图 3.39　不同压力下化学回热度随温度变化

如图 3.40 所示，在非裂解区，试验结果表明不同压力下燃料冷却过程物理回热度几乎完全重合，这是因为不同压力下燃料的物理吸热能力几乎没有差别。裂解区不同压力下总回热度之间的差异源自压力对化学回热度的影响。此外，高的工作压力还有助于降低压降损失，因为裂解区燃料流速随压力的增大而降低，进而降低裂解区压降。

综上所述，小流量和高压力都有利于获得高的化学热沉和高的化学回热度，当燃料被加热至 1000K 时正癸烷冷却总回热度可高达约 10%。因此，为了获得高的化学热沉及化学回热度，既要尽可能提高燃料加热温度，也要合理控制燃料在化学回热器内的停留时间。燃料流量或化学回热器尺寸的变化，均能影响燃料

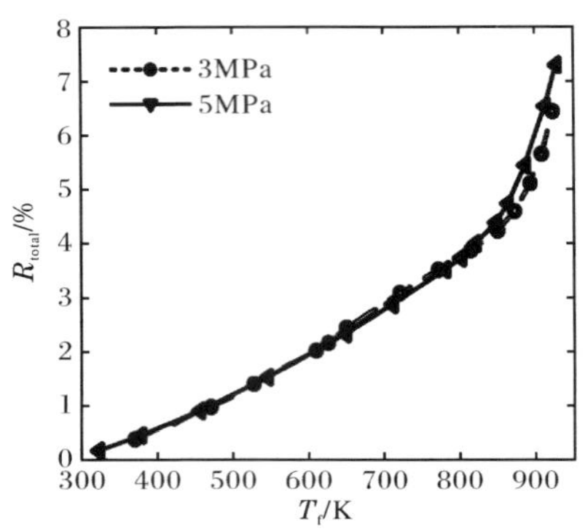

图 3.40 不同压力下总回热度随温度变化

在化学回热器内的停留时间，进而影响燃料化学热沉释放和化学回热度，但是降低了燃料整体的流速，不利于液相区燃料的换热，使得液相区化学回热器壁面温度偏高，同时也会降低燃料整体换热系数水平。

相比之下，由于燃料工作压力的变化仅影响燃料在气相区的流速，仅改变了燃料在气相区的有效停留时间，既能保证燃料换热系数在液相区处于高的水平，使得整个换热温区内换热系数均能处于较高的水平，降低包括液相区在内的整个换热温区内化学回热器壁面温度水平；又能保证燃料热沉水平得到充分的释放和利用，进一步提高化学回热度。

基于以上分析，采用高的工作压力能够兼顾化学回热器传热和裂解两方面的设计需求，有利于最大化燃料热沉并兼顾传热性能，更好地实现对发动机壁面的充分冷却。因此，控制有效停留时间的方法在有效控制燃料热沉释放的同时，还将有利于改善传热及压降性能，可谓一举三得，实现了传热约束下燃料热沉释放、化学回热度的最大化。以上试验研究结果表明合理选择燃料化学回热过程设计参数和工作参数，对提高燃料化学热沉和燃料冷却过程回热度都具有很重要的意义。

3.5 化学回热对发动机能量品位利用影响分析

由于化学回热过程的发生，碳氢燃料冷却超燃冲压发动机在回收废热的同时，部分热能被转换为化学能，有助于提升整个超燃冲压发动机能量梯级利用水平。为了更进一步认识化学回热对超燃冲压发动机性能的影响，有必要从整个发动机能量品位利用角度来进一步分析。同时，前面的研究表明：超燃冲压发动机主循环过程与燃料冷却过程耦合严重，燃料冷却这一化学回热过程对发动机性能影响不能忽略，因此有必要从整个超燃冲压发动机化学能和物理能梯级利用角度，来进一步综合评价超燃冲压发动机的性能。

3.5.1　超燃冲压发动机化学能梯级利用过程分析

吸热型碳氢燃料化学回热过程实现了热能向化学能的转变，也实现了燃料直接燃烧向燃料先裂解为合成气、合成气再燃烧的转变，因此，纵观超燃冲压发动机冷却和燃烧过程，化学回热过程实现了能量的梯级利用。本章将从化学能与物理能梯级利用角度来深入分析超燃冲压发动机化学能梯级利用过程。

1. *超燃冲压发动机化学能与物理能梯级利用原理*

20 世纪 80 年代吴仲华教授提出了著名的物理能梯级利用原理，之后金红光等[39]从总能系统角度，又进一步提出了化学能与物理能梯级利用原理。总能系统不再局限于物理能梯级利用的研究范畴，引入了化学反应过程中化学能的转化利用问题。通过化学反应过程与热力循环的有机集成，突破了传统能源动力系统物理能“温度对口、梯级利用”的单一模式。提出采用间接燃烧的能量释放新机理，改变了通过简单燃烧方式来实现燃料化学能转化利用的传统方式，从而降低燃料燃烧过程化学能释放侧的品位，减小燃烧过程的损失。化学能与物理能综合梯级利用原理如图 3.41 所示。

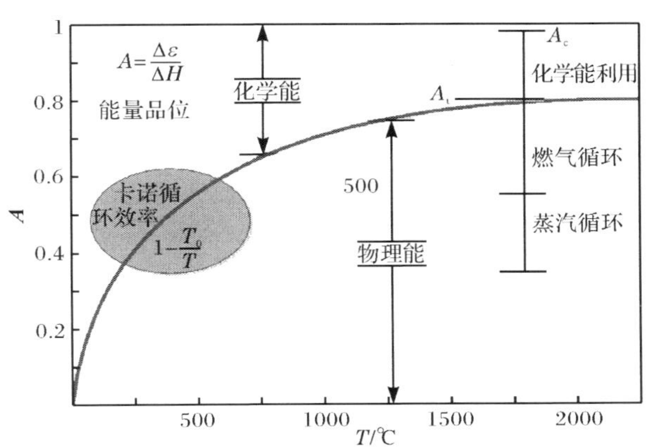

图 3.41　化学能与物理能梯级利用机理示意图

如图 3.41 卡诺循环效率曲线上方所示，通过与化学反应过程相结合，间接燃烧这种新的能量释放方式可实现能量品位 A_c 到中间能量品位 A_m 的燃料化学能梯级释放和有效利用。在间接燃烧模式下，由于燃料的化学能品位已在化学反应过程中从 A_c 下降到 A_m，从而燃烧过程中化学能与物理能之间的品位差也由直接燃烧时的(A_c-A_t)降低到(A_m-A_t)，即减小了燃烧过程中的能量损失。因此，与传统的直接燃烧方式相比，间接燃烧这种新的能量释放方式通过化学能梯级释放，可以使燃料在燃烧前实现其化学能的有效利用。

对于化学回热超燃冲压发动机而言，吸热型碳氢燃料在进入燃烧室燃烧之前，首先发生吸热型化学反应生成氢气、甲烷、乙烯等小分子气体混合物，然后气体混合气再进入燃烧室进行燃烧。燃料先后经历吸热型裂解反应和裂解产物再燃烧两个化学反应过程，这两个过程刚好构成了燃料间接燃烧过程。吸热型化学反应过程的存在，实现了超燃冲压发动机燃料化学能的梯级利用。由此进一步看出，燃料冷却这一化学回热过程对超燃冲压发动机主循环有着很重要的影响。

在化学回热超燃冲压发动机中，燃料通过吸热型化学反应和燃烧反应这样两个化学反应过程来实现化学能的梯级释放。因此，燃料能量的转化势必与其发生化学反应的做功能力（Gibbs 自由能变化 ΔG）和物理能的最大做功能力（物理㶲）紧密相关。下面利用热力学体系一般㶲函数和 Gibbs 自由能函数的概念，建立吸热型化学反应和燃烧反应过程中燃料物质能、化学反应 Gibbs 自由能和物理能的品位关系的基本方程，来描述超燃冲压发动机化学能与物理能综合梯级利用过程中能的品位变化规律。

对于吸热型化学反应和燃烧这样的化学反应的微分过程，其化学反应 Gibbs 自由能变化 ΔG 和热㶲变化 ΔE 之间的关系可以表达为

$$\mathrm{d}E=\mathrm{d}G+T\mathrm{d}S\left(1-\frac{T_0}{T}\right) \tag{3.76}$$

式(3.76)表明燃料的最大做功能力 $\mathrm{d}E$ 由两部分组成：一部分是化学反应的做功能力 $\mathrm{d}G$，另一部分是反应过程中产生的热㶲。

为了简化分析，将吸热型碳氢燃料燃烧过程假定为定温放热反应过程和反应释放出的热与工质之间的传热过程。这样，碳氢燃料定温放热反应的 Gibbs 自由能变化和燃料㶲变化可分别表示如下：

$$\Delta G = \Delta H - T\Delta S \tag{3.77}$$

$$\Delta E_{\mathrm{f}} = \Delta H - T_0\Delta S \tag{3.78}$$

由式(3.77)和式(3.78)可进一步得到

$$\Delta E_{\mathrm{f}}=\Delta H\eta_{\mathrm{carn}}+\Delta G(1-\eta_{\mathrm{carn}}) \tag{3.79}$$

式中，η_{carn}为卡诺循环效率。

式(3.79)表明，燃料㶲由两部分组成，燃烧过程输出的热㶲 $\Delta H\eta_{\mathrm{carn}}$和燃烧过程的㶲损失 $\Delta G(1-\eta_{\mathrm{carn}})$。同时，式(3.79)不仅揭示了燃料㶲 E_{f}与化学反应做功能力 ΔG 之间的关系，也揭示出减小燃烧损失的途径，即减小 $\Delta G(1-\eta_{\mathrm{carn}})$。这样，通过减少燃烧损失的途径可使 $\Delta G(1-\eta_{\mathrm{carn}})$中的一部分化学能通过新的能量释放方式进行有效利用，而不是以损失的形式被简单地“烧掉”。

而对于吸热型碳氢燃料超燃冲压发动机而言，吸热型碳氢燃料在冷却通道内先裂解为 H_2、CH_4和 C_2H_4等裂解混合气后裂解混合气再燃烧的过程，实际为间接

燃烧过程。首先吸热型碳氢燃料与空气不直接接触，而是先进行吸热型化学反应，然后裂解生成的产物再进入燃烧室进行氧化放热反应。两个反应整合后的功能相当于燃料的直接燃烧反应，即燃料化学能释放通过两个过程来实现。因此，下面我们关注吸热型化学反应过程和超燃冲压发动机热力循环两者的有机结合对超燃冲压发动机的影响，是如何实现化学能梯级利用的。

2. 超燃冲压发动机热烟增加特性分析

为了便于比较直接燃烧方式与间接燃烧方式下超燃冲压发动机可供利用的热烟之间的差异，我们设定大分子吸热型燃料直接燃烧和小分子裂解气体混合物燃烧的反应温度一样，即对于无论是直接燃烧还是间接燃烧，高温燃烧产物的热烟品位 η_{com} 相同。吸热型碳氢燃料裂解反应方程式可统一表示为

$$\text{Kerosence} \longrightarrow v_{c1}H_2 + v_{c2}CH_4 + v_{c3}C_2H_4 + \cdots + v_{c7}C_4H_8 + v_{c8}C_4H_{10} + v_{c9}C_{5+} \tag{3.80}$$

那么，对于直接燃烧和间接燃烧两种不同的能量释放方式，碳氢燃料直接燃烧的可供利用的热烟 ΔE_{th_s} 为

$$\Delta E_{th\_s} = \Delta H_s \eta_{com} \tag{3.81}$$

裂解气体混合物间接燃烧可供利用的热烟 ΔE_{th_cr} 为

$$\Delta E_{th\_cr} = \Delta H_{cr}\eta_{com} - \Delta H_{en}\eta_{en} \tag{3.82}$$

式中，ΔH_{cr} 为间接燃烧过程的裂解产物混合气燃烧的反应热值，其不是各裂解反应物燃烧的平均反应热值，而是各反应生成物燃烧反应热值加权求和的结果，加权系数为 1mol 燃料裂解生成的各裂解产物的摩尔数，即式(3.80)中的 v_{ci}；ΔH_{en} 为吸热型裂解反应所需的反应热；η_{en} 表示提供吸热型反应所需反应热的热源品位。

考虑到吸热型碳氢燃料裂解反应转化深度，在超燃冲压发动机实际运行过程中，仅有部分燃料发生吸热型反应生成小分子气体混合物，则参与燃烧反应的是未裂解完全的大分子吸热型碳氢燃料和部分裂解的小分子气体的混合物，未裂解的吸热型碳氢燃料仍然发生直接燃烧反应，而裂解后的小分子气体混合物发生间接燃烧反应。因此，参与燃烧反应的未裂解燃料和裂解产物组成的燃料裂解混合物可供利用的热烟为

$$\Delta E_{th\_mix} = (1-Z)\Delta E_{th\_s} + Z\Delta E_{th\_cr} = \Delta H_s \eta_{cr} + Z(\Delta H_{cr}\eta_{com} - \Delta H_s \eta_{com} - \Delta H_{en}\eta_{en}) \tag{3.83}$$

对比式(3.81)和式(3.83)，相比于所有的吸热型碳氢燃料均进行直接燃烧反应，有吸热型化学反应发生的间接燃烧过程可利用的热烟增量为

$$\Delta E_{th} = \Delta E_{th\_mix} - \Delta E_{th\_s} = Z\eta_{com}(\Delta H_{cr} - \Delta H_s) - Z\Delta H_{en}\eta_{en} \tag{3.84}$$

由式(3.84)可见，基于能量守恒方程，ΔH_{cr} 可由 ΔH_s 和 ΔH_{en} 所决定，因此，增加的热流烟 ΔE_{th} 与吸热型反应深度 Z、燃烧反应产物品位 η_{com}、提供吸热型反应

所需反应热的热源品位 η_{en}和吸热型反应过程的反应热 ΔH_{en}有关。

吸热型碳氢燃料超燃冲压发动机热㶲增加的原因来源于两方面：一方面是由于提供的吸热型反应所需的反应热 ΔH_{en}增加了裂解产物的燃烧热值，另一方面是由于吸热型化学反应所需反应热 ΔH_{en}的热源品位 η_{en}比高温燃烧反应产物的品位 η_{com}低。对于热裂解吸热型反应而言，裂解反应热温度一般为 700～1100K，而燃烧反应发生的温度一般在 2500K 以上。

3. 超燃冲压发动机化学能品位梯级利用特性分析

下面再来对比分析一下吸热型化学反应发生后，超燃冲压发动机化学能梯级利用过程中能量品位的变化。式(3.79)两端同时除以 ΔH 可以得到燃料品位的表达式，其中裂解前大分子高能密度吸热型碳氢燃料的品位为

$$A_s=\eta_{com}+\frac{\Delta G_s}{\Delta H_s}(1-\eta_{com}) \tag{3.85}$$

裂解产物的品位为

$$A_{cr}=\eta_{com}+\frac{\Delta \overline{G}_{cr}}{\Delta \overline{H}_{cr}}(1-\eta_{com}) \tag{3.86}$$

式(3.85)和式(3.86)中右端第二项中 $B=\Delta G/\Delta H$ 的物理意义表征了化学反应 Gibbs 自由能的品位，燃烧效率 η_{com}代表了物理能品位。式(3.86)中所示 $\Delta \overline{G}_{cr}$和 $\Delta \overline{H}_{cr}$分别为裂解产物摩尔平均吉布斯自由能和摩尔平均燃烧热值。

式(3.85)和式(3.86)表明燃料能的品位 A_f的有效利用不仅与 η_{com}有关，而且还与 $B(1-\eta_{com})$紧密相关。对于已有的航空发动机而言，燃烧过程都是将燃料的化学能直接转换为物理能，仅将燃料能的品位简单地直接转化为物理能的品位 η_{com}进行利用，$B(1-\eta_{com})$被视作能的品位损失而被“消耗掉”。既然 $B(1-\eta_{com})$是构成燃料能的品位 A_f 的有效组成部分，就不应该仅仅消极地将其单纯地视为燃烧反应过程的品位损失。实际上，通过与不同化学反应过程的整合，$B(1-\eta_{com})$可以获得有效利用。由此说明，燃料能的品位 A_f只有充分利用 $B(1-\eta_{com})$和 η_{com}，才能实现燃料物质能的综合有效梯级利用。并可推得裂解前的大分子高能密度吸热型碳氢燃料的品位 A_s始终大于裂解反应生成的小分子产物的品位 A_{cr}，即$A_s>A_{cr}$。

从上面的分析可以看出，吸热型化学反应过程的存在，恰恰实现了吸热型碳氢燃料化学能的梯级利用。即在直接燃烧前，通过增加吸热型碳氢燃料化学反应过程，使得吸热型碳氢燃料化学能品位首先降低到裂解混合气的化学能品位，即由 A_s降为 A_{cr}。因此，通过吸热型化学反应实现了逐级利用吸热型碳氢燃料的化学能，有助于降低蕴涵在大分子吸热型碳氢燃料里的化学能与最终要转化的能量之间的品位损失。

由此可见，化学回热超燃冲压发动机相比于已有的其他类型的航空发动机，

虽然基本热力循环仍为布雷顿循环,但是特别之处在于燃烧过程分为吸热型反应和裂解气燃烧两个过程来完成,实现了化学能的梯级利用。化学回热通道提供了实现能量梯级利用的化学反应器,其功能类似化学回热燃气轮机循环蒸汽重整过程中的重整反应器。间接燃烧的存在带来了多方面的优势:一方面,燃料的热值得到提高,燃气侧温度将进一步升高,使发动机出口绝对速度增加,推力相应提高,比冲也相应提高;另一方面,化学回热通道出口的燃料温度升高,并生成了的更高热值的小分子产物,其释热能力更强,使得进入燃烧室内的燃料品位降低,整个发动机燃烧过程的㶲损失减少。

4. 热㶲增加与燃烧㶲损失减小的耦合关系

下面来具体分析一下超燃冲压发动机燃烧过程㶲损失减少和发动机可用㶲增加的关系。对于超燃冲压发动机大分子碳氢燃料直接燃烧反应,基于过程的㶲平衡关系有

$$\Delta E_{f\_s}=\Delta E_{th\_s}+\Delta E_{L\_s} \tag{3.87}$$

式中,ΔE_{f_s}和ΔE_{L_s}分别为直接燃烧反应大分子碳氢燃料㶲和热㶲损失。

对于吸热型碳氢燃料吸热型反应过程的㶲平衡关系为

$$\Delta E_{f\_s}+\Delta E_{en}=\Delta E_{f\_cr}+\Delta E_{L\_en} \tag{3.88}$$

式中,ΔE_{f_cr}、ΔE_{en}和ΔE_{L_en}分别为裂解产物混合气燃料㶲、吸热型化学反应热㶲输入和吸热型化学反应过程㶲损失。

吸热型化学反应生成的裂解产物混合物燃烧反应过程的㶲平衡关系有

$$\Delta E_{f\_cr}=\Delta E_{th\_cr}+\Delta E_{L\_cr} \tag{3.89}$$

式中,ΔE_{L_cr}为吸热型化学反应生成的裂解混合物燃烧反应过程的㶲损失。

由于设定吸热型碳氢燃料间接燃烧放热反应温度与直接燃烧反应温度相同,即燃烧产物有相同的高温燃气热品位η_{com},并根据式(3.79),则吸热型碳氢燃料直接燃烧的燃料㶲ΔE_{f_s}和吸热型反应生成的小分子气体混合物间接燃烧的燃料㶲ΔE_{f_cr}可以分别进一步写为

$$\Delta E_{f\_s} = \Delta H_s \eta_{com}+\Delta G_s(1-\eta_{com}) \tag{3.90}$$

$$\Delta E_{f\_cr} = \Delta H_{cr} \eta_{com}+\Delta G_c(1-\eta_{com}) \tag{3.91}$$

式中,$\Delta H_s \eta_{com}$和$\Delta H_{cr} \eta_{com}$分别对应于大分子吸热型碳氢燃料和小分子裂解产物的燃烧过程可供利用的热㶲。

考虑到吸热型碳氢燃料裂解转化深度,仅有部分吸热型碳氢燃料发生吸热型裂解反应,即随着吸热型反应深度的不同,参与间接燃烧的吸热型碳氢燃料比例在不断发生变化,则发生燃烧反应的吸热型碳氢燃料裂解混合物燃料㶲为

$$\Delta E_{f\_mix}=(1-Z)\Delta E_{f\_s}+Z\Delta E_{f\_cr} \tag{3.92}$$

式(3.92)表明吸热型碳氢燃料裂解混合物的燃料㶲由两部分组成,一部分为

未裂解吸热型碳氢燃料的燃料㶲，另一部分为小分子裂解产物的燃料㶲。

相对于吸热型碳氢燃料传统直接燃烧，超燃冲压发动机小分子裂解产物间接燃烧的相对收益 ζ 可表示为

$$\zeta=\frac{\Delta E_{\mathrm{th}}}{\Delta H_{\mathrm{s}}B_{\mathrm{s}}(1-\eta_{\mathrm{com}})} \tag{3.93}$$

式中，$\Delta H_{\mathrm{s}}B_{\mathrm{s}}(1-\eta_{\mathrm{com}})$ 表示碳氢燃料直接燃烧过程化学能损失；相对收益 ζ 表示经间接燃烧过程回收利用的可用㶲占直接燃烧化学能损失的百分比。

分析式(3.93)可得燃烧反应 Gibbs 自由能的品位 B 在决定间接燃烧的相对收益 ζ 方面起着重要作用。对于吸热型碳氢燃料冷却超燃冲压发动机，由于吸热型反应的存在构建了间接燃烧过程，整个发动机热力过程的化学能品位将得到梯级利用。燃烧反应 Gibbs 自由能的品位 B 的有效利用将提升物理能做功能力；同时，燃烧反应 Gibbs 自由能品位的充分利用将减小燃料化学能转化为物理能过程的品位损失。

3.5.2 不同回热度下燃料品位变化

下面以正十二烷发生的某一吸热型反应为例，对吸热型化学反应的存在所构建的间接燃烧过程所带来的性能增益进行进一步分析。正十二烷是吸热型碳氢燃料重要的组分之一，且经常被选作 JP-7 的替代燃料。其中，在下面计算所选取的吸热型化学反应中，正十二烷 $C_{12}H_{26}$ 裂解生成 C_2H_4 和 H_2 的混合物。

由图 3.42 可以看出，吸热型化学反应的发生使得燃料品位下降，实现了燃料化学能的梯级释放。随着燃料加热温度的不断增加，即随着裂解率的加深，燃料裂解混合物品位逐渐降低；这是由于小分子气体裂解产物的品位要低于未裂解大分子燃料的缘故，且小分子气体产物占裂解混合物百分比随着裂解率的增大而增大，因此燃料裂解混合物品位也相应地下降。

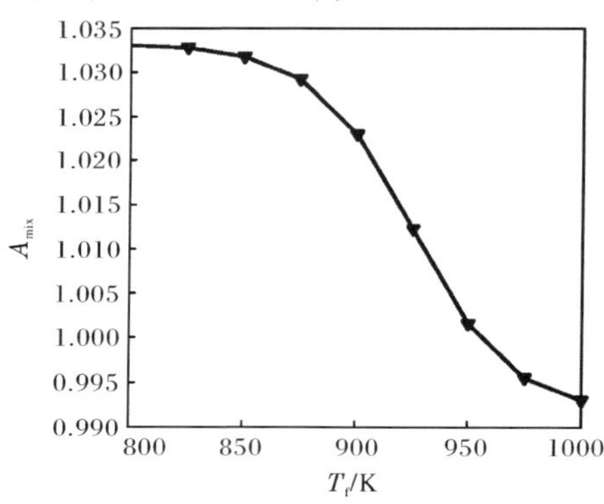

图 3.42 燃料裂解混合物品位随燃料加热温度变化

由图 3.43 可以看出，裂解反应过程品位释放占总化学品位释放百分比随着燃料加热温度（裂解率或回热度）的升高而增大，这是由于燃料裂解混合物品位随裂解率增大逐渐降低的缘故。吸热型化学反应这一间接燃烧过程的存在，使得燃料化学能与物理能之间的品位差由直接燃烧时的（A_s-A_{th}）降低到（$A_{cr}-A_{th}$）。

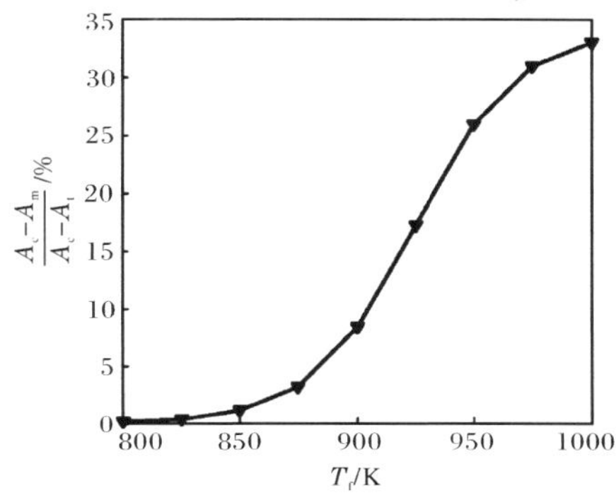

图 3.43　裂解反应过程品位释放占总化学品位释放百分比随燃料加热温度变化

图 3.43 结果表明，燃料裂解过程将大幅降低燃料化学能与物理能品位之差，在燃料裂解率较大条件下，这一降幅可达 35%以上；化学能品位释放过程中，化学能与物理能之间品位差的降低，将大幅降低燃烧过程能的损失。由此可见，裂解率（化学回热度）越大，越有利于降低整个发动机能量释放过程中能量品位损失、降低燃烧过程能的损失，进而提升整个超燃冲压发动机性能。

如图 3.44 可以看出，燃料裂解混合物燃料㶲随着燃料加热温度（裂解率或回热度）的升高而增大，这是因为吸热型裂解反应回收利用了部分热能并将其转化为化学能，且降低了燃料能量释放过程中化学能损失，即降低了式（3.85）中燃烧过程的㶲损失 $\Delta G_s(1-\eta_{com})$，充分利用了化学能这部分做功能力。由于物质㶲代表了物质能的最大做功能力，因此燃料㶲的增大表征了燃料所具有的最大做功能力增大。

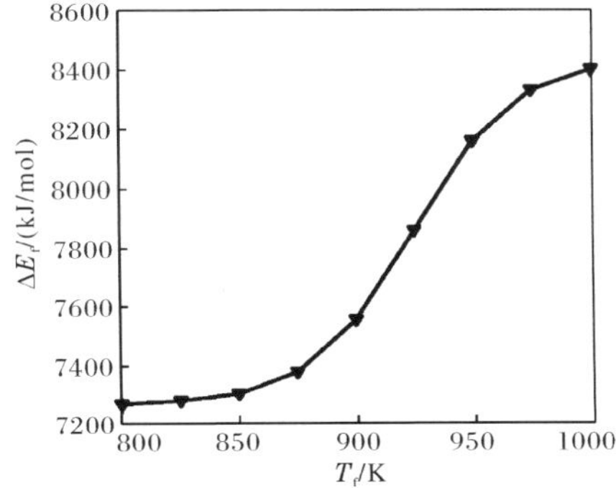

图 3.44　燃料裂解混合物燃料㶲随燃料加热温度变化

如图 3.45 所示，热烟增加量 ΔE_{th} 随着裂解反应品位的降低而增大，即裂解反应品位 η_{en} 与燃烧反应产物的品位 η_{cr} 之间的差值越大，越有利于增大热烟增加量。这是因为裂解反应品位的降低意味着裂解反应所需热源品位的降低，即裂解反应可在更低温度下进行。由此可见，如果通过采用引发剂来降低吸热型化学反应起始反应温度，有助于增大可供利用的热烟。

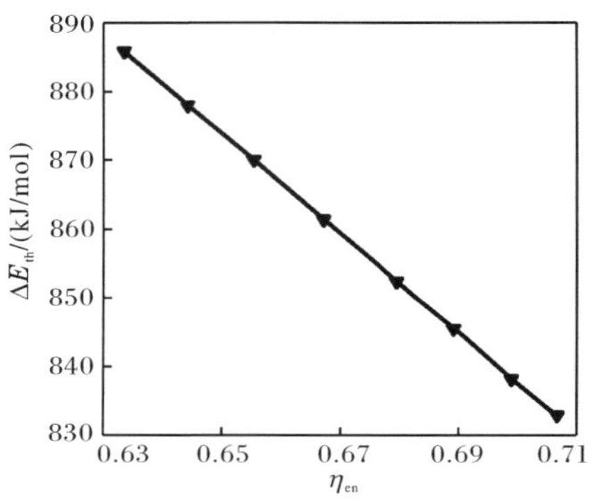

图 3.45　热烟增加量随裂解反应品位变化

图 3.46 的研究结果表明，热烟增加量 ΔE_{th} 随着裂解率（回热度）的增大而增大，这是由于裂解率越大，燃料裂解混合物燃料烟越大，燃烧过程的烟损失越小，将有更多的热烟可被利用。因此可见，降低吸热型碳氢燃料裂解反应起始温度、提高裂解反应的转化率，都将有助于大幅提升燃料的燃烧性能，进而提升整个超燃冲压发动机性能。

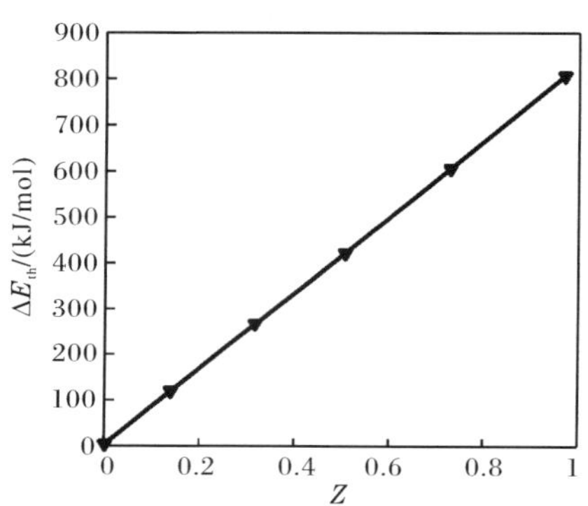

图 3.46　热烟增加量随裂解率变化

如图 3.47 所示，热烟增加量随裂解反应温度的升高而增大，进一步说明了因裂解反应存在而引起的间接燃烧过程将大幅提升超燃冲压发动机整个能量利用过程中可用热烟的水平，其中，热烟增加率在裂解反应温度为 1000K（此时转化率接近1)时最高可达12.5%左右。

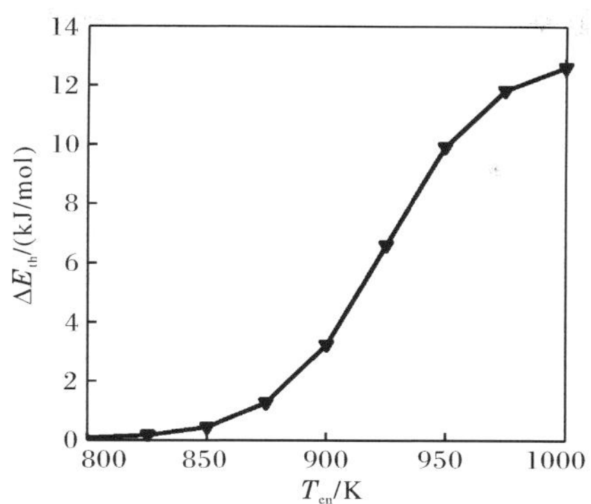

图3.47　热㶲增加量随裂解反应温度变化

如图3.48和图3.49所示，相对收益随着裂解反应品位的降低而增大，随着燃料加热温度(裂解率或化学回热度)的升高而增大。相对收益 ζ 表示经间接燃烧过程回收利用的可用㶲占直接燃烧化学能损失的百分比，相对收益越大表明化学能损失被回收的比例越大。相对收益 ζ 最大值可超过46%，表明化学能损失很大一部分将被转化成为可被利用的热㶲。

综上所述，由于吸热型化学反应的发生，吸热型碳氢燃料能量释放过程转为间接燃烧过程，构建了燃料化学能梯级释放过程，即大分子碳氢燃料首先裂解生成小分子气体，小分子裂解气体混合物之后再进行燃烧。与碳氢燃料直接燃烧相比，间接燃烧能量释放过程中化学能与物理能之间品位差将大幅降低，化学能损失将大幅降低；使得燃料裂解混合物所具有的燃料㶲增加，可用热㶲水平也相应地增大。

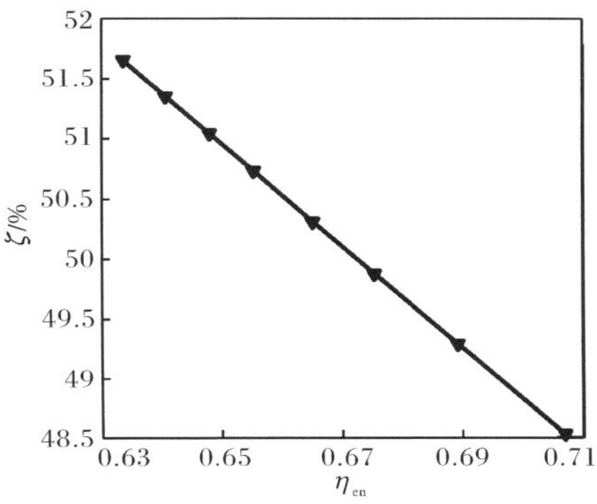

图3.48　相对收益随裂解反应品位变化

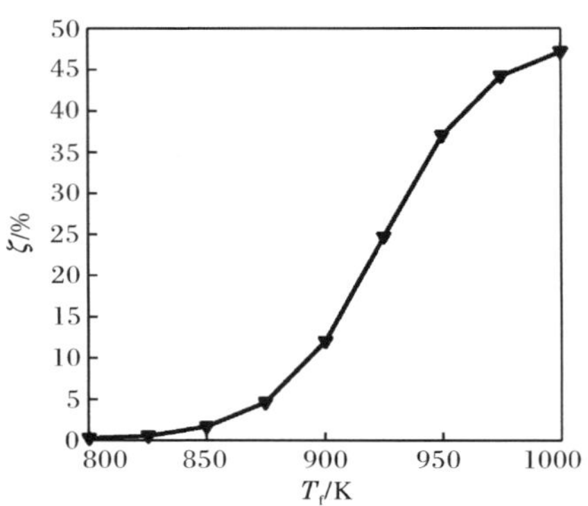

图 3.49　相对收益随燃料加热温度变化

上面的计算分析还表明，降低吸热型碳氢燃料裂解反应起始温度、提高裂解反应的转化率（化学回热度），都将有助于大幅提升燃料的燃烧性能。在这个意义下，燃烧系统与冷却系统对吸热型碳氢燃料及裂解反应过程的要求是一致的。因为，降低起始裂解温度有助于更早地发挥吸热型碳氢燃料化学热沉，有助于化学热沉更多地释放，这一点已在 3.5 节进行详细分析；提高裂解反应转化率，将能够获得更高的化学热沉，提高燃料整体热沉能力。而降低吸热型裂解反应起始温度、提高裂解反应转化率都有助于提高化学回热度。因此，降低吸热型裂解反应起始温度、提高裂解反应转化率，即提高化学回热度，对于吸热型碳氢燃料冷却过程和燃烧过程都是有益的。从降低化学能损失、提高热㶲增量这个角度，燃料冷却系统和燃烧系统实现了统一。

3.6　小　　结

本章揭示了燃料冷却过程实际为超燃冲压发动机回热过程，吸热型碳氢燃料冷却过程由于伴有化学反应发生构建了更为高效的超燃冲压发动机化学回热循环。本章从化学回热的角度来探讨了燃料冷却过程对发动机性能的影响，建立了回热/化学回热超燃冲压发动机性能分析模型，定义了物理回热度、化学回热度和燃料热值增加率等概念。分析表明物理回热度最大值和化学回热度最大值数值相当，物理回热和化学回热均使燃料热值、超燃冲压发动机总效率和比推力等性能参数增加，考虑回热后发动机性能参数最大可提高 10%左右，同时使得燃烧过程熵增大幅降低。

提出并定义了碳氢燃料管内流动裂解反应有效停留时间的概念，发现仅占总停留时间很小一部分的有效停留时间才是真正影响燃料化学热沉释放的主导因素。基于化学回热原理性试验台，试验分析了不同燃料流量、工作压力下化学回热度变化规律，分析表明合理进行化学回热器设计和合理选择化学回热工作参数，都有利于提高化学回热度。控制有效停留时间的方法在有效控制燃料热沉释放的同时，还将有利于改善传热及压降性能，可谓一举三得，实现了传热约束下燃料热沉释放、化学回热度的最大化。

结合物理能和化学能梯级利用理论，分析了超燃冲压发动机物理能/化学能梯级利用过程，分析指出吸热型化学反应的存在构建了间接燃烧过程，揭示了降低超燃冲压发动机燃烧损失和提高化学能梯级利用水平的原理。化学回热过程的存在，理论上可带来 46％的相对收益率，将大幅降低燃烧过程中的化学能损失。研究表明，降低裂解反应起始温度、提高裂解率，都有利于提高整个发动机回热度，也有利于提高燃烧过程可用热㶲水平；即燃烧过程与冷却过程对吸热型碳氢燃料裂解性能的需求是统一的，在获得高的燃料化学热沉的同时，也将大幅提升燃烧过程性能。因此，提高回热度有利于提升整个超燃冲压发动机能量梯级利用水平，进而提升整个发动机性能。

参考文献

[1] Qin J, Bao W, Yu D R. Thermodynamic analysis of chemically recuperated scramjet. Science in China Series E: Technological Sciences, 2012, 55(11): 3204—3212.

[2] Tsujikawa Y, Northam G B. Effect of hydrogen active cooling on scramjet engine performance. International Journal of Hydrogen Energy, 1996, 21(4): 299—304.

[3] Tyagi S K, Chen G M, Wang Q, et al. Thermodynamic analysis and parametric study of an irreversible regenerative-intercooled-reheat brayton cycle. International Journal of Thermal Sciences, 2006, 45(8): 829—840.

[4] 梁春华. CLEAN 计划研制间冷回热循环航空发动机. 航空发动机，2005，31(4)：8.

[5] Kesser K F, Hoffman M A, Baughn J W. Analysis of a basic chemically recuperated gas turbine power plant. Journal of Engineering for Gas Turbines and Power, 1994, 116(2): 277—284.

[6] 潘立卫. 板翅式甲醇水蒸气重整制氢反应器的研究[博士学位论文]. 大连：中国科学院大连化学物理研究所，2004.

[7] 银华强. 高温堆甲烷蒸气重整制氢系统的研究[博士学位论文]. 北京：清华大学，2006.

[8] 曹文，郑丹星. 天然气 CO_2 转化化学回热热力循环. 东南大学学报(自然科学版)，2006，36(5)：790—794.

[9] 金红光，洪慧，王宝群. 化学能与物理能综合梯级利用原理. 中国科学(E 辑)，2005，35(3)：299—313.

[10] 高宁博. 高温过热水蒸气的制备及生物质高温气化重整制氢特性研究[博士学位论文]. 大连：大连理工大学，2008.

[11] Daniau E, Sicard M. Experimental and numerical investigations of an endothermic fuel cool-

ing capacity for scramjet application//The 13th AIAA/CIRA International Space Planes and Hypersonics Systems and Tech nologies. Capua，Italy，2005：AIAA-2005-3404.

[12] Dagaut P. On the kinetics of hydrocarbons oxidation from natural gas to kerosene and diesel fuel. Physical Chemistry Chemical Physics，2002，4：2079—2094.

[13] Zhong F Q，Fan X J，Yu G，et al. Thermal cracking of aviation kerosene for scramjet applications. Science in China Series E：Technological Sciences，2009，52(9)：2644—2652.

[14] Fan X J，Zhong F Q，Yu G，et al. Catalytic cracking and heat sink capacity of aviation kerosene under supercritical conditions. Journal of Propulsion and Power，2009，25(6)：1226—1232.

[15] Fan X，Yu G，Li J，et al. Investigation of vaporized kerosene injection and combustion in a supersonic model combustor. Journal of Propulsion and Power，2006，22(1)：103—110.

[16] 童景山. 流体热物性学：基本理论与计算. 北京：中国石化出版社，2008.

[17] Meng H，Yang V. A unified treatment of general fluid thermodynamics and its application to a preconditioning scheme. Journal of Computational Physics，2003，189(1)：277—304.

[18] Chung T H，Lee L L，Starling K E. Applications of kinetic gas theories and multiparameter correlation for prediction of dilute gas viscosity and thermal conductivity. Industrial & Engineering Chemistry Fundamentals，1984，23(1)：8—13.

[19] Chung T H，Ajlan M，Lee L L，et al. Generalized multiparameter correlation for nonpolar and polar fluid transport properties. Industrial & Engineering Chemistry Research，1988，27(4)：671—679.

[20] Bao W，Qin J，Zhou W X，et al. Power generation and heat sink improvement characteristics of recooling cycle for thermal cracked hydrocarbon fueled scramjet. Science in China Series E：Technological Sciences，2011，54(4)：955—963.

[21] 仲峰泉，范学军，王晶. 超临界压力下航空煤油热裂解特性研究//第一届高超声速科技学术会议论文集. 丽江，云南，中国，2008：CSTAM-2008-0034.

[22] Helfrich T M，Schauer F R，Bradley R P，et al. Evaluation of catalytic and thermal cracking in a jp-8 fueled pulsed detonation engine//The 45th AIAA Aerospace Sciences Meeting and Exhibit. Reno，Nevada，USA，2007：AIAA-2007-235.

[23] Huang H，Sobel D R，Spadaccini L J. Endothermic heat-sink of hydrocarbon fuels for scramjet cooling//The 38th AIAA/ASME/SAE/ASEE Joint Propulsion Conference and Exhibit. Indianapolis，Indiana，USA，2002：AIAA-2002-3871.

[24] 贺芳，米镇涛，孙海云. 提高烃类燃料热沉的研究进展. 化学进展，2006，18(7-8)：1041—1048.

[25] Huang H，Spadaccini L J，Sobel D R. Fuel-cooled thermal management for advanced aeroengines. Journal of Engineering for Gas Turbines and Power，2004，126(2)：284—293.

[26] Lander H，Nixon A C. Endothermic fuels for hypersonic aviation. Journal of Aircraft，1971，8(4)：200—207.

[27] Edwards T. Aviation fuel development-past highlights and future prospects//2003 AIAA/ICAS International Air and Space Symposium and Exposition：The Next 100 Years. Dayton，

Ohio, USA, 2003: AIAA-2003-2611.

[28] Edwards T. Liquid fuels and paropellants for aerospace propulsion: 1903—2003. Journal of Propulsion and Power, 2003, 19(6): 1089—1107.

[29] 咸春雷，方文军，张波，等. 混配型吸热碳氢燃料热裂解及催化裂解. 推进技术，2003，24(2): 179—182.

[30] 陈甘棠. 化学反应工程. 2 版. 北京：化学工业出版社，2001: 33—38.

[31] Wickham D T, Engel J R, Hitch B D, et al. Initiators for endothermic fuels. Journal of Propulsion and Power, 2001, 17(6): 1253—1257.

[32] Qin J, Bao W, Zhou W X, et al. Thermal management method of fuel in advanced aeroengines. Energy, 2013, 49(1): 459—468.

[33] Daniau E, Bouchez M, Herbinet O, et al. Fuel reforming for scramjet thermal management and combustion optimization//The 13th AIAA/CIRA International Space Planes and Hypersonics Systems and Tchnologies. Capua, Italy, 2005: AIAA-2005-3403.

[34] Zhong F Q, Fan X J, Yu G, et al. Thermal cracking of aviation kerosene for scramjet applications. Science in China Series E: Technological Sciences, 2009, 52(9): 2644—2652.

[35] William H H, David T P. Hypersonic Airbreathing Propulsion. Washington DC: AIAA Education Series, 1993.

[36] Helfrich T M, Schauer F R, Bradley R P, et al. Evaluation of catalytic and thermal cracking in a jp-8 fueled pulsed detonation engine//The 45th AIAA Aerospace Sciences Meeting and Exhibit. Reno, Nevada, USA, 2007: AIAA-2007-235.

[37] Zhong F Q, Fan X J, Yu G, et al. Thermal cracking of aviation kerosene for scramjet applications. Science in China Series E: Technological Sciences, 2009, 52(9): 2644—2652.

[38] Sobel D R, Spadaccini L J. Hydrocarbon fuel cooling technologies for advanced propulsion. Journal of Engineering for Gas Turbines and Power, 1997, 119(2): 344—351.

[39] 金红光，洪慧，王宝群. 化学能与物理能综合梯级利用原理. 中国科学(E 辑)，2005，35(3): 299—313.

第 4 章　超燃冲压发动机冷却循环

4.1　引　　言

第 2 章的分析表明，航空发动机飞行速度的提升受到冷源有限的制约。对于再生冷却超燃冲压发动机而言，马赫数的拓展受限于有限的燃料热沉和有限的燃料资源。探索除携带多余燃料、发展高热沉燃料之外的其他提高燃料热沉的方法，来缓解超燃冲压发动机冷却用燃料资源有限的主动热防护困难，具有十分重要的意义。

从热力学第二定律角度，超燃冲压发动机再生冷却属于高温壁面与燃料之间的大温差传热过程，这种大温差传热过程必然存在很大的做功潜力。由于高温壁面与低温燃料之间无功输出导致这部分潜在可用功未被充分利用而损失掉，其高温壁面所传的热量全部转化为低温冷源的焓增，这就导致有限低温冷源冷却负荷过载而不能满足再生冷却系统的冷却需求。如能在高温壁面和低温燃料之间构建一个做功环节，这样高温壁面所传递的热量一部分以技术功的形式输出，将有助于减轻有限低温冷源的冷却负荷，可能为解决目前再生冷却所面临的困境提供一种途径。

本章提出一种间接提高燃料热沉的方法——冷却循环，基于热功转换原理，将部分热量以功的形式疏导出去，从而降低需要燃料吸收的热量，以解决因燃料热沉有限和燃料资源有限(有限低温热源)而无法满足冷却需求的现状。

4.2　超燃冲压发动机冷却循环工作原理

冷却循环这种热功转换原理的思想可通过以下几个方程进一步加以说明，质量流率为 m_f、热沉为 h_{fc} 的燃料所能冷却吸收的热载荷为

$$m_f h_{fc} = Q \tag{4.1}$$

携带多余燃料或采用高热沉燃料都将带来额外的吸热量 ΔQ。

间接燃料热沉的原理是指通过将燃料吸收的部分热量转换为其他形式的能量，降低需要燃料最终带走的热量。这样，在不增加燃料流量 m 或采用热沉能力更大的燃料的前提下，额外的吸热量 ΔQ 将被带走，相当于单位质量燃料的热沉能力得到了“间接”提高，可以吸收更多的热量，此时有如下热平衡关系式成立：

$$m_f(h_{fc}+\Delta h_{fc})=Q+\Delta Q \tag{4.2}$$

式中，Δh_{fc}为“间接”提高的那部分热沉。

4.2.1　闭式冷却循环工作原理

上述提出的间接提高燃料热沉原理是在原有的吸热环节基础上，增加一个“热功转换”的环节，这两个环节是构成常见的动力循环中最重要的两个过程。下面介绍一种基于间接提高燃料热沉原理提出的闭式冷却循环概念，主体循环为闭式布雷顿循环，其系统工作原理示意图如图 4.1 所示。

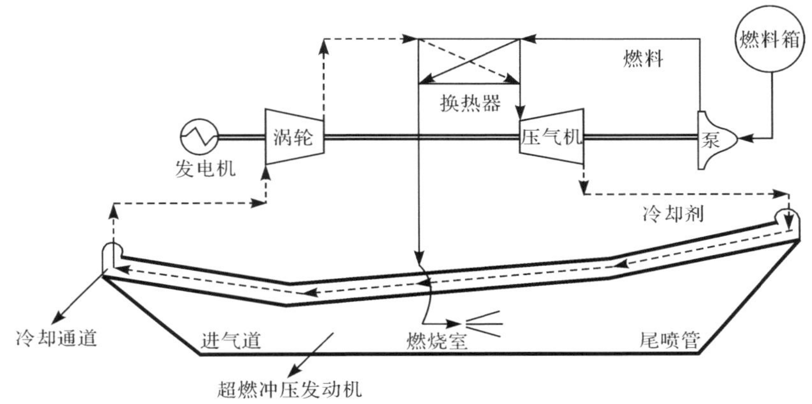

图 4.1　基于闭式布雷顿循环的闭式冷却循环示意图

首先，闭式冷却循环的某种冷却气体介质进入冷却通道进行充分的换热，带走了发动机传到壁面的热量，介质温度大幅度的升高；其次，高温的气体介质进入涡轮膨胀做功后温度大大降低；然后，在换热器部分气体介质再和温度较低的燃料进行热交换，介质温度达到最低点，燃料和工作流体进行热量交换后虽温度产生小幅度的上升，但燃料仍可继续用于其他壁面冷却；最后，冷却后的介质由压气机增压后进入发动机冷却通道开始新的循环。涡轮做的功可分别带动压气机、燃料泵和发电机工作，起到了气体增压、燃料增压和飞行器供电等多项作用[1]。

在闭式冷却循环中，冷却剂选用燃料之外的其他流体，燃料为间接冷却剂。冷却剂优选氦气或氦气/氙气的混合气。氦气或氦气/氙气混合气这种惰性工质，被作为优选工质用于闭式布雷顿循环空间站热管理系统[2]。因为部分热量经热功转换的形式输出，需要燃料带走的热量仅为低温换热器的部分热量，这样对燃料热沉的需求大大降低，已有燃料热沉能够满足更高马赫数冷却需求。

布雷顿循环由于循环热效率较高，被广泛地用作地面燃气轮机电站、航空发动机和空间站闭式热管理系统的主循环[3,4]。基于闭式布雷顿循环的超燃冲压发动机冷却循环具有很好的应用前景，尤其冷却介质可以选用氦气这类不易燃烧的物质，不会带来额外的燃烧及爆炸危险，这特别适用于发展空天飞机等大型的天地往返运输器。

4.2.2 开式冷却循环工作原理

考虑到冷却循环中燃料处于高温高压的状态，具备很强的做功能力，基于热功转换的原理，如能将燃料吸收的部分热量以功的形式疏导出来，之后燃料自身的温度将降低，温度降低后的燃料将处于未饱和热沉状态，仍可再次用作冷却剂来吸收更多的热量。这样，相同质量燃料流量下，再次冷却过程的构建将使得燃料能够吸收更多的热量，相当于单位质量燃料的热沉能力得到了“间接”提高。

对比再热式汽轮机、再热式涡轮喷气式发动机，单位质量的工质通过先做功后再热的模式可吸收更多的热量，增加了有用功输出[5,6]。再热式动力循环通过重复利用工质的吸热能力，解决了需要提高涡轮入口温度或增大工质流量，才能实现更大有用功输出的问题。

借鉴再热式热力循环工作原理，提出一种再冷式间接提高燃料热沉的方法，具体实现方式如图 4.2 所示。

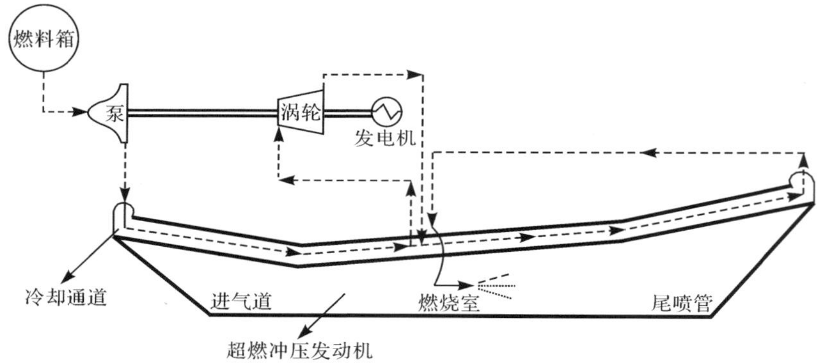

图 4.2 开式冷却循环与超燃冲压发动机一体化示意图

如图 4.2 所示，一定流量的燃料经第一段冷却通道进行吸热，吸热达到燃料最高使用温度；之后，高温、高压的燃料经过一个涡轮膨胀做功，燃料温度下降；随后燃料进入第二段冷却通道进行再次冷却，额外吸热量为 ΔQ。这种利用燃料二次或多次冷却来“间接”提高燃料热沉的方法称为开式冷却循环，其工作过程主要由燃料增压、一次冷却、热功转换和二次冷却组成[7]。

与闭式冷却循环相比，开式冷却循环结构和工作过程更加简单、更容易实现、更具有应用潜力，下面主要以开式冷却循环为研究对象，简称冷却循环。

4.2.3　冷却循环性能参数

冷却循环以提高单位质量燃料吸热能力为目标，与一般的动力循环的性能指标不同，不适宜用常见的热效率或有用功输出来评价冷却循环的性能。因此，有必要与再生冷却进行对比分析，定义合适的冷却循环的性能指标。

燃料热沉倍增率用来评价冷却循环"间接"提高燃料热沉能力的程度：

$$\delta=\frac{\Delta h_{fc}}{h_{fc}} \tag{4.3}$$

式中，Δh_{fc}为由冷却循环带来的热沉增量。

相应地，热沉的提高意味着冷却用燃料流量的节约，因此定义冷却用燃料节约百分比来表征冷却循环节约冷却用燃料流量的能力：

$$\varphi=\frac{m_{rege}-m_{reco}}{m_{reco}}=\frac{\delta}{1+\delta} \tag{4.4}$$

式中，m_{rege}和 m_{reco}分别为再生冷却和冷却循环两种冷却模式下所需的冷却用燃料流量。

冷却循环的另一个收益，便是恢复并产生了一定量的机械能输出，用 W_{net}表示。W_{net}代表了冷却循环在有用功输出方面的收益，其在数值上等于涡轮做功 W_t与泵耗功 W_p二者的差，即

$$W_{net}=W_t-W_p \tag{4.5}$$

为了对比冷却循环相比于再生冷却在提高燃料吸热能力方面的增益，燃料热沉倍增率可被进一步表达为

$$\delta=\frac{\Delta Q}{Q_{rege}}=\frac{Q_{total}^{f}+Q_{total}^{s}-Q_{rege}}{Q_{rege}} \tag{4.6}$$

式中，Q_{total}^{f}和 Q_{total}^{s}分别代表冷却循环模式下燃料在第一段冷却通道和第二段冷却通道内的吸热量；Q_{rege}表征相同质量流量下，再生冷却条件下燃料总的吸热量，其计算方法与 Q_{total}^{f}的计算方法一致；ΔQ 为冷却循环相比于再生冷却所带来的吸热量增益[8]。

4.3　冷却循环热力学性能分析

对于碳氢燃料超燃冲压发动机，由于碳氢燃料在冷却过程中，要发生化学反应生成若干小分子碳氢化学物的混合物，且燃料裂解混合物的组成随着裂解过程的进行在不断变化，这样冷却循环实为变工质、混合工质热力循环，其工作过程比一般热力循环的工作过程要复杂一些。因此，有必要分析碳氢燃料这种混合工质、变工质特殊性给冷却循环热力学性能带来的影响。

此外，碳氢燃料吸热过程涉及物理吸热和化学吸热。因此，碳氢燃料冷却循环工作过程比氢燃料冷却循环工作过程复杂得多，有必要评估吸热型化学反应带来的特殊性，以及碳氢燃料冷却循环复杂的工质物性对冷却循环性能的影响。此外，考虑到冷却循环的设计参数将影响到燃料的传热及裂解过程，也有必要进一步分析冷却循环设计参数对冷却循环性能的影响；以及开展冷却循环性能极限分析，来进一步揭示冷却循环在提高燃料热沉方面的性能潜力。

4.3.1 循环部件模型

超燃冲压发动机冷却循环的工作过程可简化为图 4.3 所示，其中，1→2为燃料泵增压过程，2→3为燃料一次冷却吸热过程，3→4为燃料经涡轮膨胀做功过程，4→5为燃料二次冷却吸热过程。泵、两段冷却通道和涡轮是冷却循环中主要的部件。

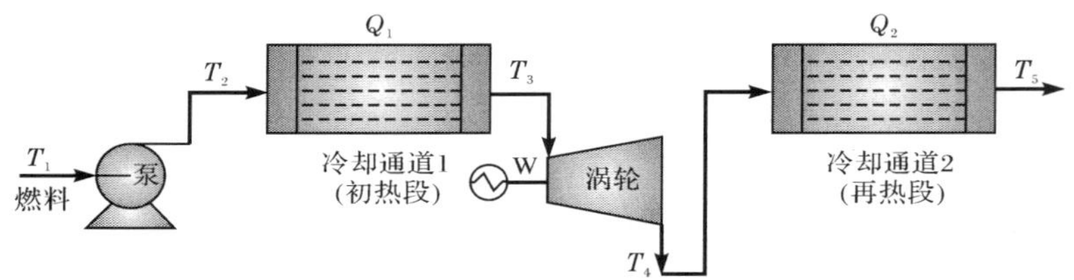

图 4.3 冷却循环工作过程示意图

泵耗功可用如下方程计算得出：

$$W_{\mathrm{p}}=m\frac{P_{\mathrm{po}}-P_{\mathrm{pi}}}{\eta_{\mathrm{p}}\rho_{\mathrm{pi}}} \tag{4.7}$$

式中，P_{pi}和 P_{po}分别为泵进出口压力；ρ_{pi}为泵入口燃料的密度；η_{p}为泵效率。

吸热型碳氢燃料在冷却通道内依靠其物理热沉和化学热沉来共同完成对热结构壁面的冷却，则燃料在两段冷却通道中的吸热均包括物理吸热和化学吸热，总吸热量满足式(3.52)的吸热关系式。燃料在第一段冷却通道内的物理吸热量满足式(3.53)所示关系式，化学吸热量满足式(3.54)所示关系式。因此，结合燃料的物理和化学吸热关系式，燃料在第一段冷却通道内的总吸热量可进一步表达为

$$Q_{\mathrm{total}}^{\mathrm{f}}=m\sum_{i=1}^{N}\left[(1-Z^{\mathrm{f}})\sum_{s=1}^{S}v_s c_{ps}+Z^{\mathrm{f}}\sum_{c=1}^{C}v_c c_{pc}\right]\bigg|_{T_i}\Delta T+mZ^{\mathrm{f}}h_{\mathrm{chem}} \tag{4.8}$$

燃料在第一段冷却通道内吸热结束之后，经涡轮膨胀做功后温度降低，燃料与壁面之间又重新形成了传热温差，燃料可用于二次冷却。如果燃料在第一段冷却通道内未完全裂解，剩余未裂解燃料在第二段冷却通道内将继续裂解。因此，类似地燃料在第二段冷却通道内总的吸热关系式可表达为

$$Q_{\text{total}}^{\text{s}} = m\sum_{j=1}^{M}\left\{(1-Z^{\text{f}})(1-Z^{\text{s}})\sum_{s=1}^{S}v_s c_{ps} + [Z^{\text{f}} + (1-Z^{\text{f}})Z^{\text{s}}]\sum_{c=1}^{C}v_c c_{pc}\right\}\bigg|_{T_j}\Delta T + m(1-Z^{\text{f}})Z^{\text{s}}h_{\text{chem}} \tag{4.9}$$

式中，燃料在第二段冷却通道内典型的吸热温区被分为 M 份，每一个计算温区的温升为 ΔT；Z^{s}表示燃料温度达到 T_j时未裂解燃料在第二段冷却通道内的裂解率。

燃料在第二段的物理吸热量可视为冷却循环的引入带来的额外吸热量[9]。由于涡轮入口为燃料裂解混合气，裂解混合气由多种组分组成，每种组分气体的物性变化规律随温度变化规律不尽相同。因此，在裂解混合气膨胀做功过程中，应考虑裂解混合气这种变工质、混合工质特性，考虑混合气物性随温度降低的变化，不能简单地按照理想气体膨胀做功特性来考虑。故燃料裂解混合气涡轮膨胀功计算公式可表达为[10]

$$W_{\text{t}} = m\eta_{\text{t}}\sum_{k=1}^{K}\overline{c_p}\bigg|_{T_k}\Delta T_k \tag{4.10}$$

式中，燃料裂解混合物在涡轮内温降区间被分为 K 份，每一个计算温区的温降为 ΔT_k；η_{t}为涡轮效率。

详细的真实气体等熵焓降的计算方法见 4.3.2 节。对于氢燃料，涡轮入口氢燃料温度已足够高，远远大于其临界温度，且由于氢气为双原子气体和单一工质，故可按理想气体膨胀做功来处理[11]。

4.3.2 碳氢燃料裂解气的等熵焓降计算方法及特性

等熵焓降(焓-熵图)是工质最基本的物性数据，它表征了工质在一定膨胀比下的理论能量转化能力，是刻画热功转换过程重要的基础数据，对于评估工质的膨胀做功能力和透平的设计极为重要。

1. 真实气体等熵焓降的计算方法

对于水蒸气、氨水等常用工质，等熵焓降可直接查阅水蒸气和氨水的焓值表。而对于碳氢燃料及裂解气混合物，一方面其组分随着化学反应的发生不断发生变化，没有现成可用的焓值表；另一方面也不能将其简化为理想气体进行计算。因此，需要采用更具有一般性的真实气体等熵焓降计算方法。本文首先对真实气体的等熵热力学过程进行描述，推导出等熵焓降的理论表达，在此基础上采用离散的数值方法进行求解。

在等熵焓降的理论描述方面，采用可逆过程的热力学第一定律的真实气体等熵过程的热力学描述如下：

$$\delta q = \mathrm{d}u + p\mathrm{d}v \tag{4.11}$$

$$\delta q = \mathrm{d}h - v\mathrm{d}p \tag{4.12}$$

对于等熵过程，$\delta q=0$。结合式(4.11)和式(4.12)，有下式成立：

$$\mathrm{d}h - v\mathrm{d}p = \mathrm{d}u + p\mathrm{d}v \tag{4.13}$$

式(4.13)两侧同时除以 pv，得

$$\frac{\mathrm{d}h}{pv} - \frac{\mathrm{d}p}{p} = \frac{\mathrm{d}u}{pv} + \frac{\mathrm{d}v}{v} \tag{4.14}$$

令

$$\kappa = \frac{\mathrm{d}u - \mathrm{d}h}{pv}\frac{v}{\mathrm{d}v} + 1 \tag{4.15}$$

且有如下关系式成立：

$$\mathrm{d}u = T\mathrm{d}S - p\mathrm{d}v \tag{4.16}$$

$$\mathrm{d}h = T\mathrm{d}S + v\mathrm{d}p \tag{4.17}$$

将式(4.16)和式(4.17)代入式(4.15)，可得

$$\kappa = -\frac{v}{p}\frac{\mathrm{d}p}{\mathrm{d}v} \tag{4.18}$$

对于等熵过程，有$\frac{\mathrm{d}p}{\mathrm{d}v}=\left(\frac{\partial p}{\partial v}\right)_S$。因此，式(4.18)可进一步写为

$$\kappa = -\frac{v}{p}\left(\frac{\partial p}{\partial v}\right)_S \tag{4.19}$$

对式(4.19)进行积分可得

$$pv^{\bar{\kappa}} = C \tag{4.20}$$

式中，$\bar{\kappa}$ 为等熵过程的平均等熵指数。

因此，工质的等熵过程可以用式(4.19)和式(4.20)来描述。

此外，对于等熵膨胀过程有下式成立：

$$\left(\frac{\partial p}{\partial v}\right)_S = \gamma\left(\frac{\partial p}{\partial v}\right)_T \tag{4.21}$$

故有

$$\kappa = -\frac{\gamma v}{p}\left(\frac{\partial p}{\partial v}\right)_T \tag{4.22}$$

对于理想气体，$\left(\frac{\partial p}{\partial v}\right)_T = -\frac{p}{v}$，故由式(4.22)可得 $\kappa=\gamma$。

对于真实气体，$\left(\frac{\partial p}{\partial v}\right)_T$ 的值与具体的状态方程有关，可根据采用的状态方程进行计算得到。因此，真实气体的等熵膨胀指数一般并不等于它的比热比。

对于具体的等熵焓降计算问题，一般是已知膨胀过程起点的温度、压力和膨胀过程终点的压力，求取膨胀过程终点的温度以及过程的焓降。对于真实气体，

一般物性随温度和压力会发生变化，因此需要采用数值积分解法。

下面介绍一下等熵过程的数值计算方法。计算真实气体的等熵过程(膨胀或压缩)，就是找出真实气体在等熵变化时的 P-V 或 P-T 曲线，从而确定等熵焓变。具体问题：已知等熵过程入口压力 P_{in}，入口温度 T_{in} 和出口压力 P_{out}，求取等熵过程对应的 P-T 曲线及 Δh_s。计算方法的实现思路：将等熵过程压差 $P_{in}-P_{out}$ 离散化，计算与每个压降单元 $\mathrm{d}P$ 对应的温降 $\mathrm{d}T$ 及相应的焓降 $\mathrm{d}H$，最终进行积分求取整个过程的 Δh_s。等熵过程微元计算示意图如图 4.4 所示。

如图 4.4 所示，以第一个微元过程 $\mathrm{d}P$ 的计算为例。当 $\mathrm{d}P$ 较小时，可以认为等熵指数 κ 为线性变化。

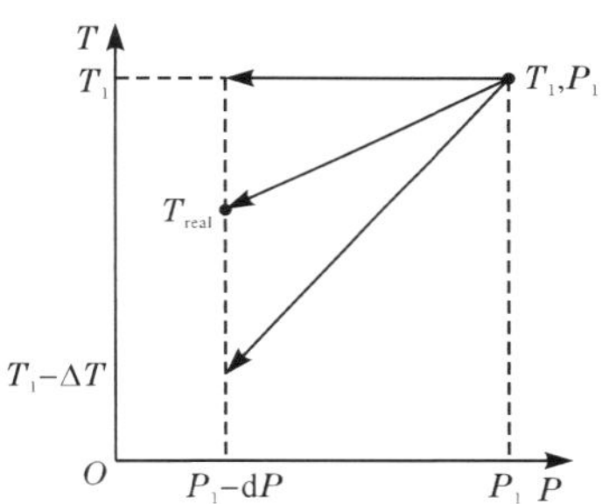

图 4.4　等熵微元计算示意图

设工质在点(T_1，P_1)经过等熵膨胀，压力降至 $P_1-\mathrm{d}P$ 时，对应的温度为 T_{real}，比容为 V_{real}，等熵膨胀指数为 κ_{real}，并且满足如下关系式：

$$P_1 V_1^{\frac{\kappa_1+\kappa_{real}}{2}}=(P_1-\mathrm{d}P)V_{real}^{\frac{\kappa_1+\kappa_{real}}{2}} \tag{4.23}$$

因此，由式(4.23)，只要找到 T_{real}，就可以完成这个单元的计算。

一方面，经过等熵膨胀后，工质温度降低，故有 $T_{real}<T_1$；另一方面，只要 $\mathrm{d}P$ 足够小，一定能找到 ΔT 满足 $T_{real}>T_1-\Delta T$。所以，简单的算法就是以 T_1 和 $T_1-\Delta T$ 为初值，通过二分法来逼近 T_{real}。并且在理论上，通过二分法可以达到任意的收敛精度，等熵焓降计算程序框图如图 4.5 所示。

具体做法如下：

定义误差

$$\mathrm{erf}=\frac{(P_1-\mathrm{d}p)V_t^{\frac{\kappa_1+\kappa_t}{2}}}{P_1 V_1^{\frac{\kappa_1+\kappa_t}{2}}}-1 \tag{4.24}$$

为计算膨胀后温度 T_t 时的计算误差。

显然，当 $T_t=T_{real}$ 时，误差为 0；当 $T_t=T_1$ 时，一般有 $\mathrm{erf}>0$；当 $T_t=T_1-\Delta T$ 时，一般有 $\mathrm{erf}<0$。每次迭代后，可以用 erf 的正负来判断收敛的方向，从而缩小 T_{real} 的取值范围，直到达到预设的收敛精度。在采用的数值计算方法上，除了二分

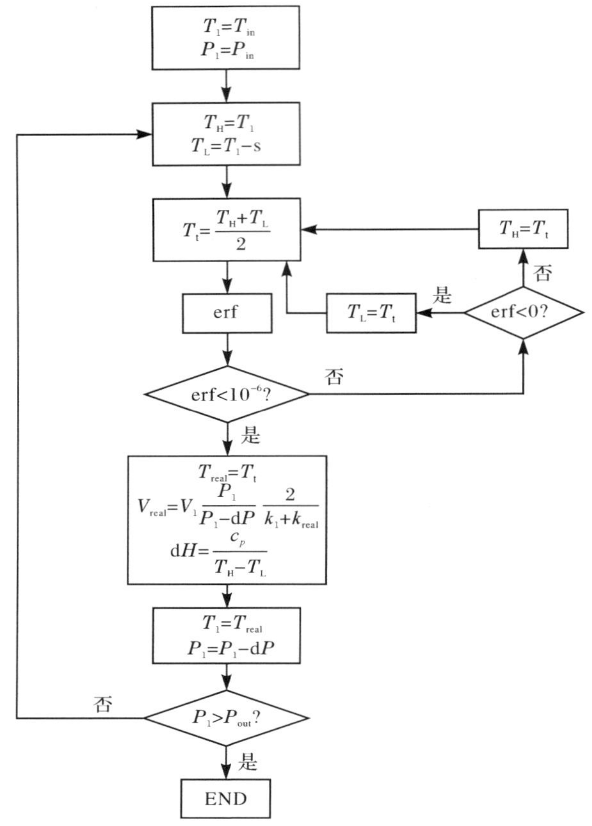

图 4.5　等熵焓降计算程序框图

法以外，还可以采用其他效率更高的数值解法，但一定要注意解法的收敛性。因为真实气体在近临界区域附近物性变化十分剧烈，容易产生数值计算的不稳定现象。

2. 碳氢燃料及裂解气的等熵焓降特性

采用上述等熵焓降的计算方法，可对碳氢燃料及裂解油气的等熵焓降进行计算。正癸烷膨胀起始温度为 450～1000K，压力分别为 5MPa、6MPa 和 7MPa，膨胀比为 2 时的等熵焓降如图 4.6 所示。

由图 4.6 可见，在膨胀比不变的条件下，正癸烷在超临界压力下的等熵焓降随膨胀起始温度的升高而增大。当膨胀起始温度低于临界温度时，正癸烷为过压液体，等熵焓降小于 10kJ/kg；当膨胀起始温度高于临界温度后，正癸烷为超临界流体，等熵焓降快速增大，在起始温度为 1000K 时，达到 40kJ/kg。在超临界条件

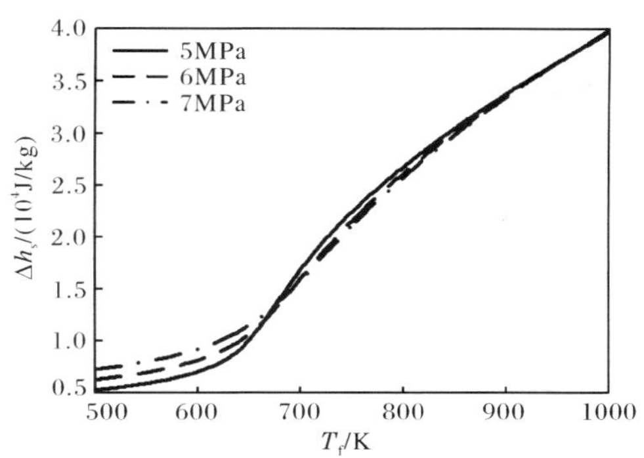

图 4.6　正癸烷等熵焓降随温度变化特性

下，膨胀起始压力对等熵焓降的影响较小。

图 4.7 给出了评价工质膨胀做功能力大小的重要物性参数——比热比的变化规律。燃料裂解混合工质平均比热比随着燃料温度的升高呈现先下降后上升的变化规律，其随温度的这种变化规律与未裂解燃料或裂解产物这种单一物质随温度单调下降的规律不同。这是因为燃料裂解混合工质是一种变工质，其平均比热比既受温度影响，又受裂解混合工质各组分百分比影响，而单一物质的平均比热比仅受温度影响；随着裂解混合工质中小分子气态产物的增多，有助于增大裂解混合工质的比热比。

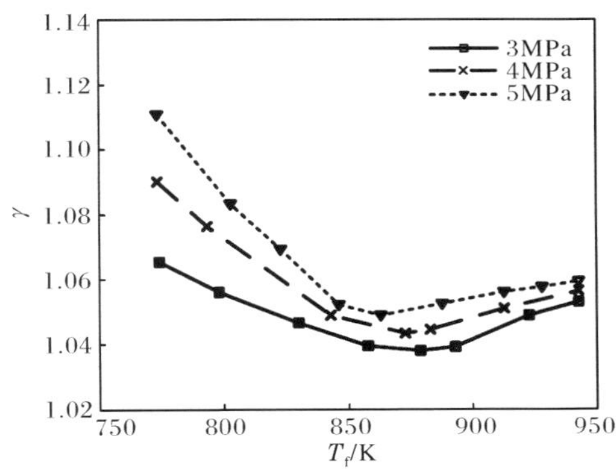

图 4.7　正癸烷裂解气混合工质比热比随温度及压力变化

若考虑燃料裂解过程，则需要对裂解油气的等熵焓降进行计算。以试验测量的正癸烷组分信息为基础，对裂解混合油气的等熵焓降计算结果如图 4.7 所示，计算中，膨胀起始压力分别为 3MPa、4MPa、5MPa，膨胀比为 2。图 4.7 中，带有符号的点表示裂解采样试验的试验数据点，由这些点连成的曲线可以表征真实裂解油气混合物的等熵焓降；而不带符号点的曲线为假设 $C_{10}H_{22}$ 未发生裂解反应时的等熵焓降。

由图 4.8 可以看出，在相同的膨胀比下，当膨胀起始温度约为 950K 时，裂解油气混合物的等熵焓降大约是未裂解正癸烷的 3 倍，可达 110kJ/kg。因此，燃料裂解反应的发生能够显著增强其等熵焓降，也意味着裂解油气具有更强的做功能力。因此，如果裂解油气被选做热功转换环节的工质，预期可获得很好的膨胀做功特性。另外，与不发生裂解的正癸烷相比，初始压力对裂解油气混合物的等熵焓降影响较大。起始的压力越高，等熵焓降也越大。这与试验过程中正癸烷在加热管道内流动裂解耦合特性有关。简单的说，就是压力越高，正癸烷在加热管道内的有效驻留时间越长，反应深度越深，裂解率越高，生成了更多的小分子碳氢化合物，从而更大的提高了裂解混合物的等熵焓降。

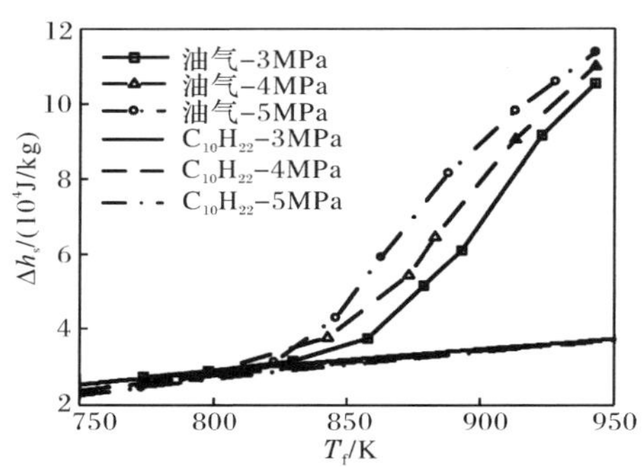

图 4.8 裂解油气混合物的等熵焓降

4.3.3 燃料裂解气混合工质/变工质膨胀做功特性分析

由于冷却循环中，燃料二次冷却带来的吸热量要归功于燃料经涡轮的有用功输出，因此燃料裂解混合工质经涡轮的膨胀做功能力需要首先被考查。随着裂解过程的进行，燃料一次冷却出口裂解率在不断变化，涡轮入口燃料裂解混合工质组成及物性也相应地发生了变化，裂解混合工质的膨胀做功特性也将相应地发生变化，燃料裂解混合工质在第二段冷却通道内的吸热特性也将发生变化。因此，首先来考查一下燃料裂解气混合工质/变工质的膨胀做功能力。

图 3.10 和图 4.8 的研究结果表明，一旦裂解反应发生后，与燃料裂解混合工质膨胀做功能力相关的物性参数，即比热容和比热比均呈现大幅变化。燃料裂解混合工质、变工质物性的这种大幅变化将影响燃料裂解工质的膨胀做功能力，并最终影响冷却循环提高燃料热沉的能力。

由图 4.9 可见，膨胀比越大，裂解油气等熵焓降越大，做功能力越强。但随着膨胀比的增大，等熵焓降的增幅是逐渐减小的。图 4.9 的计算结果进一步说明了裂解油气具有较强的膨胀做功能力。

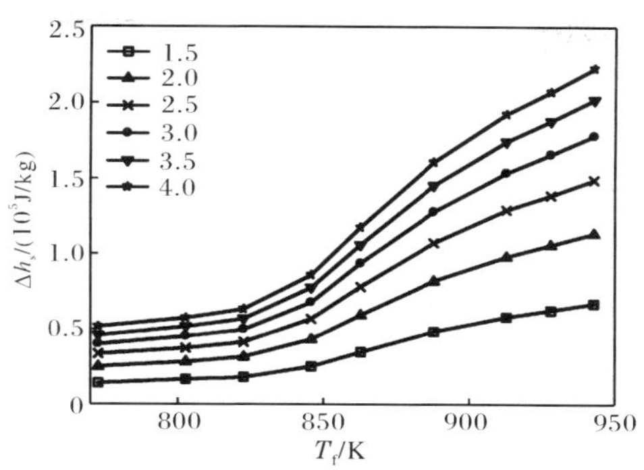

图 4.9　不同膨胀比下裂解油气混合物的等熵焓降

4.3.4　冷却循环性能影响因素分析

为了揭示冷却循环作为变工质、混合工质循环的特殊性，分析冷却循环性能对物性参数和循环参数的敏感性，下面将主要从变工质及混合工质物性和循环参数的角度进行分析。因此，下面主要分析燃料组成及物性变化对冷却循环性能影响。

1. 变工质及混合工质物性的影响

以上分析表明，一旦裂解反应发生后，与燃料裂解混合工质膨胀做功能力相关的物性参数，即比热容和比热比均呈现大幅变化。燃料裂解混合工质、变工质物性的这种大幅变化将影响燃料裂解工质的膨胀做功能力，并最终影响冷却循环提高燃料热沉的能力。下面再来看一下冷却循环性能参数随燃料物性的变化规律。计算中燃料选用 RP-3，改变燃料在第一段冷却通道出口温度来表征燃料在第一段冷却通道出口不同的裂解状态，燃料裂解混合工质膨胀做功特性和二次吸热特性也相应改变。

从图 4.10 可以看出，随着涡轮入口燃料温度的升高，燃料裂解混合工质经涡轮温降先降低后增大，其变化规律与燃料裂解混合工质平均比热容和平均比热比随涡轮入口温度的变化规律一致。燃料裂解混合工质经涡轮温降越大，意味着燃料经涡轮转换的能量越大，燃料裂解混合工质在第二段冷却通道内物理吸热量越大。因此，燃料裂解混合工质经涡轮温降越大，意味着冷却循环带来的物理吸热量增益越大。

从图 4.10 还可以看出，燃料裂解混合气经涡轮的温降特性随燃料温度升高呈现非单调性，而单一工质经涡轮的温降特性随着涡轮入口工质温度的升高而增

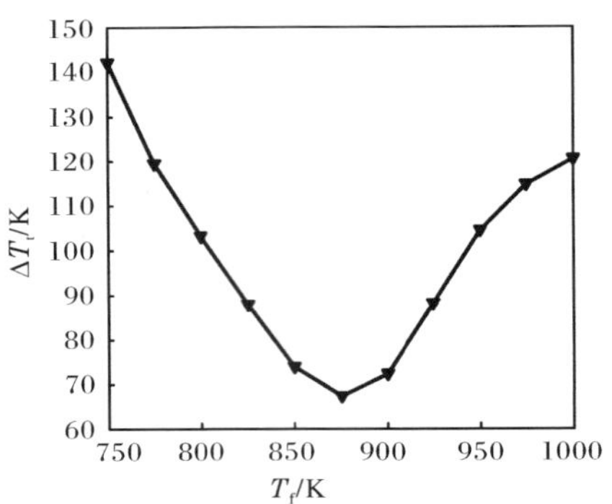

图 4.10 燃料裂解混合工质经涡轮温降随涡轮入口燃料温度变化

大,这说明燃料裂解混合气这种变工质、混合工质的做功特性与单一工质做功特性有很大差别。

从图 4.11 可以看出,燃料裂解混合工质在第二段冷却通道内的总吸热量随着涡轮入口温度的升高而逐渐下降。这主要是因为随着涡轮入口燃料温度的升高,有更多的燃料在第一段冷却通道内发生裂解,燃料在第二段冷却通道内化学吸热量相应地降低。当燃料在第一段冷却通道内裂解率为 1 时,燃料在第二段内的吸热量仅剩物理吸热了。

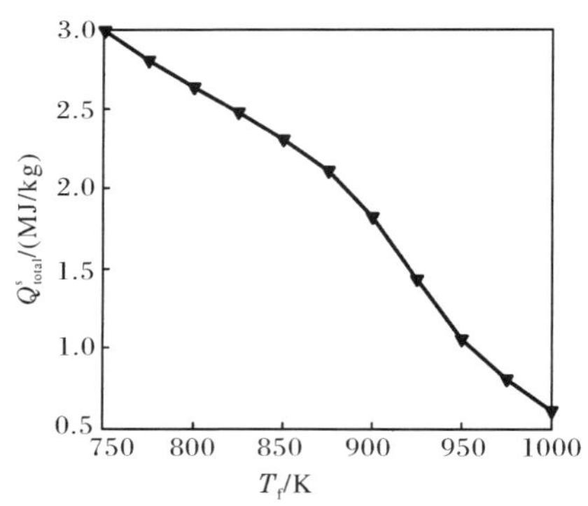

图 4.11 第二段冷却通道内总吸热量随涡轮入口燃料温度变化

从图 4.12 可以看出,冷却循环相对于再生冷却的吸热量增益随着涡轮入口温度的升高,也呈现先降低后增大的变化规律。吸热量增益最大值可达 0.61MJ/kg,对应涡轮入口燃料温度为 1000K,因为此时燃料裂解混合工质比热容和比热比均达到最大值。冷却循环与再生冷却的这种对比是在相同最高加热温度下得到的。这里考虑的冷却循环带来的吸热量增益仅为重复利用燃料物理吸热能力带来的,假定燃料化学热沉可以在第一段冷却通道内自由地、不受限制地被利用。

因此，吸热量增益的数值取决于燃料裂解混合工质经涡轮转换的热量大小。

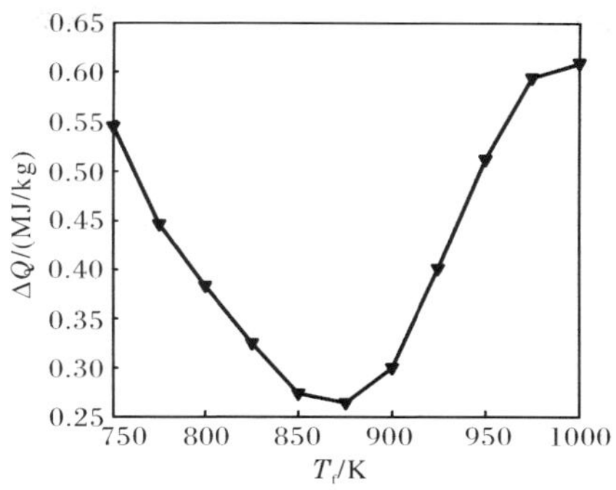

图 4.12 吸热量增益随涡轮入口燃料温度变化

从图 4.13 可以看出，随着涡轮入口燃料温度的升高，燃料热沉倍增率也呈现先降低后增大的变化规律。由此可见，燃料热沉倍增率的变化规律主要由燃料裂解混合工质物性的变化规律所决定，燃料裂解混合工质膨胀做功能力越强，燃料热沉倍增率越大。1000K 时，燃料热沉倍增率最大值可达 16.15%。相应地可计算出相当于节约了 13.9%的冷却用燃料流量。

图 4.14 给出了分别依靠燃料物理吸热、物理加化学吸热和物理加化学加冷却循环吸热三种情况下可用燃料热沉的对比结果。从图中可以看出，引入冷却循环之后，燃料热沉在原有物理热沉和化学热沉基础上又有一定程度的提高；冷却循环提供了除化学热沉之外额外的一种提高燃料热沉的方式，燃料热沉最大值可达 4.38MJ/kg。

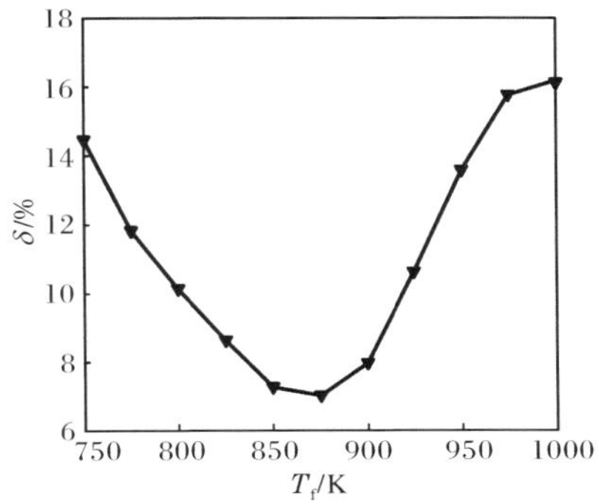

图 4.13 碳氢燃料冷却循环热沉倍增率随涡轮入口燃料温度变化

图 4.15 给出了单位质量流量下不同涡轮入口温度下碳氢燃料冷却循环循环比功的变化规律，其变化规律与冷却循环吸热量增益随涡轮入口燃料温度的变

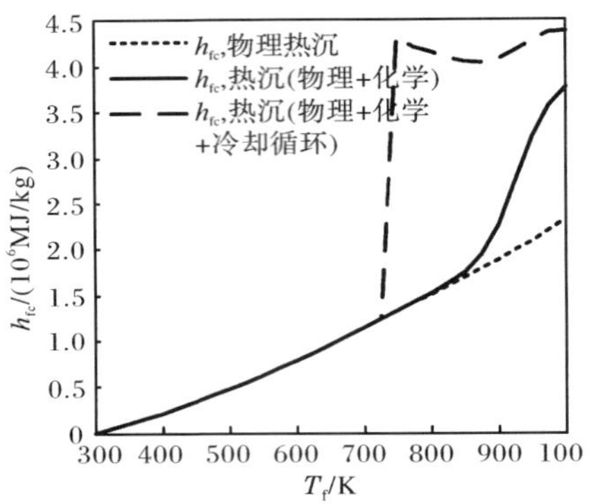

图 4.14 可用燃料热沉随涡轮入口燃料温度变化

化规律一致。这是由于燃料经泵增压为液体增压过程,泵耗功相对较小,且燃料流经泵和涡轮的流量一致。因此,冷却循环比功的变化规律与燃料经涡轮有用功输出的变化规律一致,也主要受涡轮入口燃料温度、燃料裂解混合工质的物性影响。

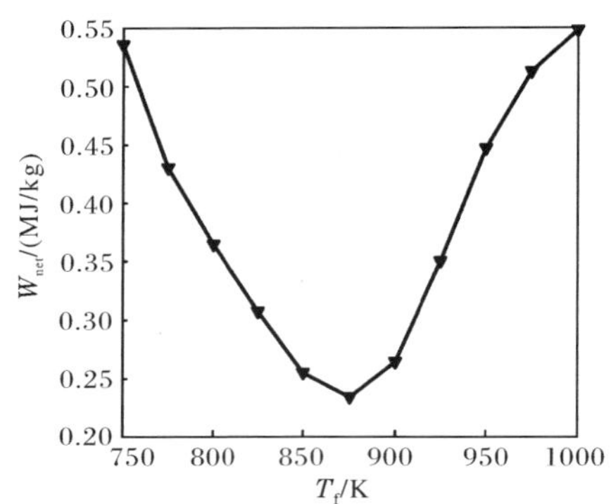

图 4.15 碳氢燃料冷却循环比功随涡轮入口燃料温度变化规律

2. 循环参数的影响

上述计算主要分析了燃料裂解混合工质组成及物性对冷却循环性能的影响,也初步分析了冷却循环提高燃料热沉的能力。为了进一步说明冷却循环潜在的性能及影响因素,下面将着重分析冷却循环的热力过程参数对冷却循环性能的影响。冷却循环主要循环参数涉及第一段和第二段冷却通道出口燃料温度、膨胀比和涡轮效率。同时,注意到第一段冷却通道出口燃料温度为 1000K 时,冷却循环性能参数将取得最大值,这是因为燃料在第一段冷却通道出口温度越高,越有利于发挥燃料在第一段冷却通道内的冷却能力。因此，在下面有关冷却循环性能影响因素的分析中，燃料在第一段和第二段冷却通道出口温度被固定为 1000K。以涡轮膨胀比和涡轮效率为代表，来分析说明循环参数对冷却循环性能的影响。其中，由于氢燃料做功能力大，为了说明冷却循环的性能潜力，且考虑热力过程参数对氢燃料冷却循环和碳氢燃料冷却循环的影响规律大致相同，故计算分析针对氢燃料冷却循环来开展的。

从图 4.16 中可以看出，燃料热沉倍增率随着涡轮膨胀比的增大而增大；燃料热沉倍增率随着涡轮效率的增大而增大。当膨胀比为 10 且效率为 1.0 时，单级冷却循环的燃料热沉倍增率的数值已超过 50%。且燃料热沉倍增率的上升速率随着膨胀比的增大逐渐变缓，这有利于在小的膨胀比情况下获得较高的燃料热沉倍增率。同时注意到，只要 $\pi \neq 1$，便有 $\delta > 0$ 成立，即只要冷却循环存在，燃料热沉倍增率即大于 0。

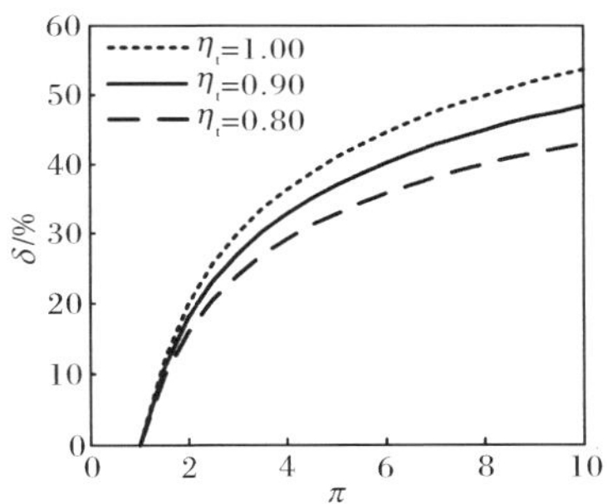

图 4.16　氢燃料冷却循环热沉倍增率随涡轮膨胀比及涡轮效率变化

从图 4.17 中可以看出，冷却循环比功也随着涡轮膨胀比和涡轮效率的增大而增大，即涡轮将热能转换为机械能的能力越强，将有更多的热量被恢复用于产生有用功[12]。

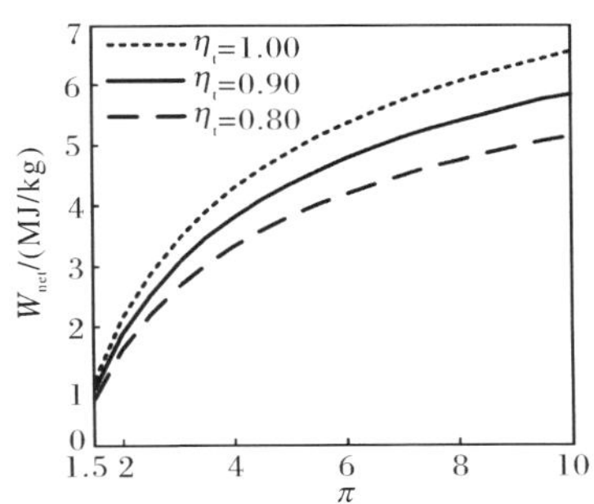

图 4.17　氢燃料冷却循环比功随涡轮膨胀比及涡轮效率变化

4.4 冷却循环性能极限分析

冷却循环除了可看作燃料的再冷过程之外，从热力循环角度还可看作燃料的再热过程，在循环结构形式上与再热式朗肯循环、再热式燃气轮机循环类似。前面分析表明冷却循环能大幅提高燃料热沉，但是分析计算是针对单级再热式开式冷却循环来开展的。对于多级再热蒸汽动力循环和多级再热布雷顿循环而言，随着再冷次数的不断增加，一定质量的循环工质将吸收更多的热量[13,14]。结论对于开式冷却循环也同样适用，如果再冷次数不断增加，燃料的冷却能力将得到多次重复利用，单位质量的燃料将吸收更多的热量，冷却循环的性能也将不断地得到提升。为了进一步说明冷却循环在提高燃料热沉方面的能力，下面将以多级再冷冷却循环为一般意义上的分析模型，开展多级再冷的冷却循环性能分析，以探讨并揭示冷却循环的性能极限。

4.4.1 冷却循环性能极限表达式

为了获得冷却循环的性能极限表达式，下面将首先以多级膨胀、多级加热冷却循环为基本构型，在分析多级冷却循环最佳性能基础上，来推导冷却循环的性能极限。

1. 多级冷却循环工作过程及性能模型

单级冷却循环工作过程如图 4.18(a)所示，过程 1→2 为燃料增压过程，过程 2→3 为燃料一次冷却过程，过程 3→4 为燃料膨胀过程，过程 4→5 为燃料二次冷却过程。过程 5→1 包含燃料燃烧膨胀过程和部分假想的过程。

我们也许可以采用二级或更多级这样的再冷过程，如图 4.18(b)～(d)所示。将这样的循环表示为 M-RCC 循环，称为多级冷却循环，其中 M 表示再冷次数。显然，当 M 趋于无穷时，多级再冷过程和膨胀过程是在等温条件下进行的，称为连续冷却循环。

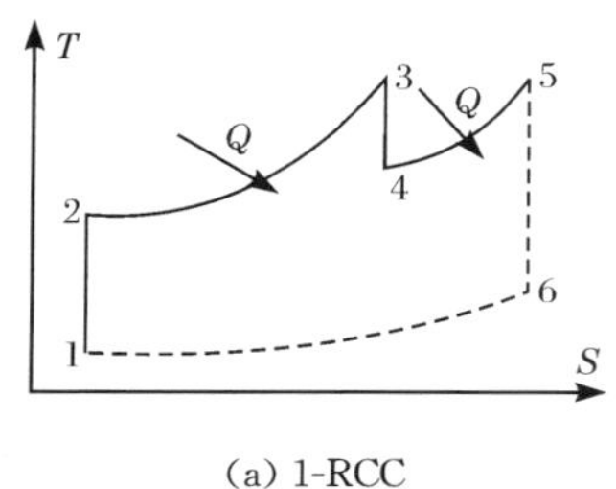

(a) 1-RCC

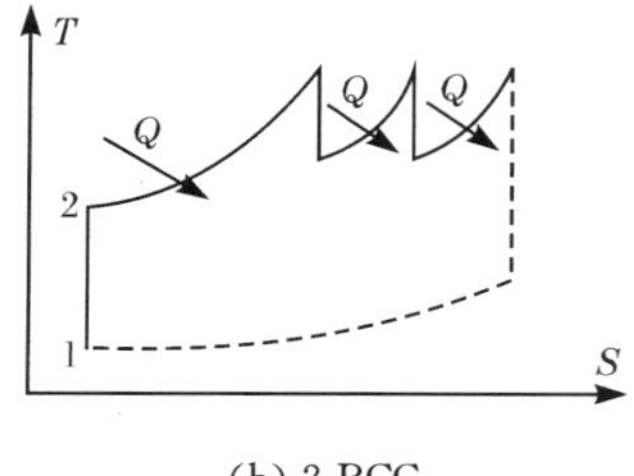

(b) 2-RCC

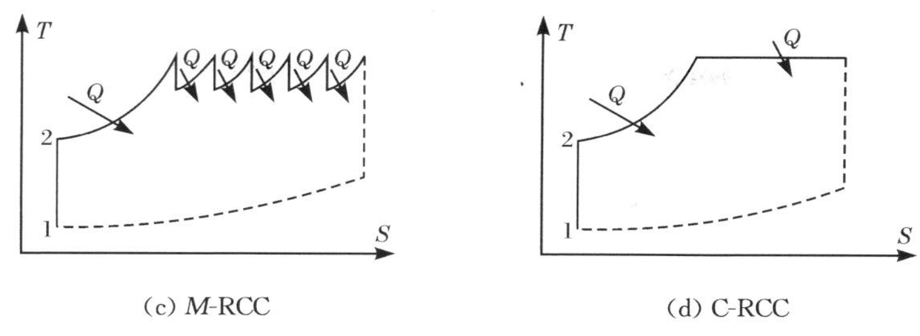

(c) M-RCC　　　　(d) C-RCC

图 4.18　多级冷却循环概念性 T-S 简图

$$\lim_{M \to \infty} M\text{-RCC} = \text{C-RCC}$$

燃料如何增压至高压状态，不是我们所关心的重点，故在下面的分析中着重分析燃料冷却过程和膨胀过程。图 4.19 给出了超燃冲压发动机 M 级再冷开式冷却循环示意图。其中，每一段冷却通道出口的燃料经涡轮膨胀后，进入下一段冷却通道继续进行冷却。再冷的次数取决于多个膨胀过程总压比和每一级膨胀过程压比的分配。

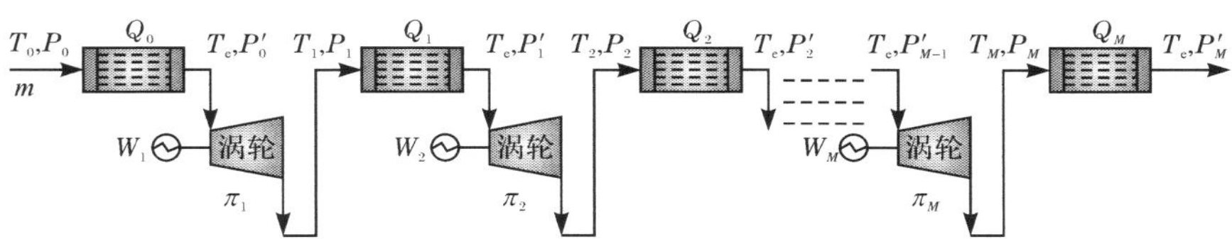

图 4.19　多级冷却循环工作示意图

前面的分析表明，氢燃料冷却循环相比碳氢燃料冷却循环能够实现更高的燃料热沉倍增率。为了说明冷却循环的性能极限，下面以氢燃料冷却循环来进行分析。结合氢燃料开式冷却循环工作温度远高于氢燃料临界温度的特点，在第一段冷却通道之后，氢燃料均以气态工质形式存在。出于简单合理起见，在下述分析中做如下假设：

(1) 氢燃料在整个温度区间内比定压热容取为常数。

(2) 第一段冷却通道之后的工质视为理想气体。

(3) 每一级涡轮中的膨胀过程均是绝热的。

对于每一级燃料冷却过程，对于一定质量流量的氢燃料，有如下热平衡关系式成立：

$$Q_j = mc_p(T_e - T_j), \quad j=0,1,2,\cdots,M \tag{4.25}$$

对于每一级涡轮，涡轮后温度可分别表示为

$$T_e = T_e[1-\eta_t(1-\pi_j^{-n})], \quad j=1,2,\cdots,M \tag{4.26}$$

式中，$n=(\gamma-1)/\gamma$。

由于燃料泵增压所耗功相对于涡轮膨胀功而言，要小得多，故在一般的动力循环分析中，泵耗功通常被忽略。因此，多级再冷循环净功可进一步表达为

$$w_{\text{net}} \approx \sum_{j=1}^{M} w_{\text{tj}} = \sum_{j=1}^{M} c_p (T_{\text{e}} - T_j), \quad j = 1,2,\cdots,M \tag{4.27}$$

针对每一级冷却过程，流动压力损失集中以一个总压恢复系数 $D=P'_j/P_j$ 来表示，易得到各级涡轮膨胀比满足如下关系：

$$\pi_1 \pi_2 \pi_3 \cdots \pi_M = D^{M+1} \frac{P_0}{P'_M} \tag{4.28}$$

这里，我们定义总压比的概念：$\Pi = P_0/P'_M$。且 $P'_M \geqslant P_{\text{b}}$，$P_{\text{b}}$ 为燃烧室工作压力。

由前面的分析，易得到多级再冷开式冷却循环燃料热沉倍增率为

$$\delta = \frac{Q_1 + Q_2 + Q_3 + \cdots + Q_M}{Q_0} = \sum_{j=1}^{M} \frac{Q_j}{Q_0} = \frac{\eta_{\text{t}} T_{\text{e}} \left(M - \sum_{j=1}^{M} \pi_j^{-n}\right)}{T_{\text{e}} - T_0} \tag{4.29}$$

燃料流量节约百分比也可被推导表达如下：

$$\varphi = \frac{\eta_{\text{t}} T_{\text{e}} \left(M - \sum_{j=1}^{M} \pi_j^{-n}\right)}{\eta_{\text{t}} T_{\text{e}} \left(M - \sum_{j=1}^{M} \pi_j^{-n}\right) + (T_{\text{e}} - T_0)} \tag{4.30}$$

同理，循环比功也可被重新推导并表达如下：

$$w_{\text{net}} = c_p \eta_{\text{t}} T_{\text{e}} \left(M - \sum_{j=1}^{M} \pi_j^{-n}\right) \tag{4.31}$$

通过式(4.29)～式(4.31)很容易分析得出，循环各参数对以上三个性能参数的影响规律基本是一致的，故在下面的分析中将着重以燃料热沉倍增率为例来进行说明。引入开式冷却循环的目标是希望燃料热沉倍增率越大越好，下面的分析将围绕着在满足式(4.28)的前提下，各级涡轮膨胀比满足什么关系时 δ 取得最大值，以便于对开式冷却循环的性能潜力进行进一步的分析。

2. 多级膨胀最佳的膨胀比分配

由式(4.29)可以看出，欲求取 δ 的最大值，可转化为求取如下关系式的最小值：

$$\sum_{j=1}^{M} \pi_j^{-n}, \quad M \geqslant 1, M \in N \tag{4.32}$$

同时，各级膨胀比之间又满足式(4.28)的关系式，即乘积一定。当循环初压和循环背压定下来之后，很容易证明当各级膨胀比相等时，式(4.32)将取得最小值。这与各级压缩比如何分配使得压缩机多级压缩耗功最小，属于同一类命题。

故可得到各级膨胀比最佳分配关系式如下：

$$\pi_1=\pi_2=\cdots=\pi_M=\pi=\left(D^{M+1}\frac{P_0}{P'_M}\right)^{\frac{1}{M}} \tag{4.33}$$

即每一级涡轮膨胀比均相等时，吸热量增益取得最大值。故在下面的分析中取每一级涡轮膨胀比相等。且膨胀比 π 与再冷次数 M 满足式(4.33)所示的关系。则式(4.29)可进一步写为

$$\delta=\frac{M\eta_t T_e(1-\pi^{-n})}{T_e-T_0}=\frac{\eta_t T_e}{T_e-T_0}M\left[1-\left(D_{M+1}\frac{P_0}{P'_M}\right)^{-\frac{n}{M}}\right] \tag{4.34}$$

3. 冷却循环性能极限表达式

由式(4.34)可以看出，燃料热沉倍增率随着再冷次数 M 的增大而增大。前面分析已经指出，当 $M\to\infty$ 时，多级冷却循环转变为 C-RCC。此时，冷却循环将获得理论上的性能极限。下面我们就来讨论一下开式冷却循环的性能极限表达式。

为求解方便，设再冷次数 M 为大于 1 的连续正数，则所得结论对于 M 为正整数时必然成立。

如令 $t=D^{-n}(P_0/P_M)^{-n/M}$，则 $M\to\infty$ 时，有 $t\to D^{-n}$。再冷次数可被表示为

$$M=-n\frac{\ln\dfrac{P_0}{P_M}}{\ln D^n t} \tag{4.35}$$

则 $M\to\infty$ 时，燃料热沉倍增率 δ 的性能极限表达式可表示为

$$\delta_\infty=\lim_{M\to\infty}\delta=n\frac{\eta_t T_e}{T_e-T_i}\ln\frac{P_0}{P_M}\lim_{t\to1}\frac{t-1}{\ln D^n t} \tag{4.36}$$

第一种情况，$D=1$，即忽略压力损失，此时 $P_M=P'_M$，式(4.36)可进一步写为

$$\delta_\infty=n\frac{\eta_t T_e}{T_e-T_i}\ln\frac{P_0}{P'_M}=n\frac{\eta_t T_e}{T_e-T_i}\ln\Pi \tag{4.37}$$

第二种情况，$D\neq1$，δ_∞ 的表达式不存在。但是压力损失并不因为冷却循环的出现而增大，相比于再生冷却而言，因为氢燃料流过的通道长度并未改变；同时，压力损失也不因再冷次数的增加而增大。此外，前面已经指出燃料热沉倍增率是随着再冷次数 M 增大而增大的，虽然这一最大值没有确定的表达式。

基于以上分析的综合考虑，为了说明冷却循环的性能潜力，在下面的分析中，选定 $D=1$，此时 δ_∞ 采用式(4.29)的表达式[15]。

此时，燃料节约百分比的性能极限表达式可表达为

$$\varphi_\infty=\frac{n\eta_t T_e\ln\Pi}{n\eta_t T_e\ln\Pi+(T_e-T_i)} \tag{4.38}$$

同理，循环比功的性能极限表达式可表达为

$$w_{\text{net}\infty}=nc_p\eta_t T_e \ln\Pi \tag{4.39}$$

4.4.2 多级冷却循环性能分析

下面给出了一定条件下多级冷却循环的计算结果，来探讨冷却循环的性能极限。下面将主要分析循环总压比和再冷次数的变化对冷却循环性能的影响。超燃冲压发动机燃料供给压力一般可达 20MPa，甚至更高。又鉴于超临界换热的要求，故取 P_0 的变化范围为 2～20MPa。选定氢燃料最高加热温度 $T_e=1000\text{K}$、$T_0=25\text{K}$、$\eta_t=0.8$。

如图 4.20 所示，燃料热沉倍增率随着循环总压比的增大而增大。只要循环总压比大于 1，燃料热沉倍增率就大于 0。当循环总压比为 1 时，燃料热沉倍增率为 0，此时冷却循环自动退化为再生冷却。

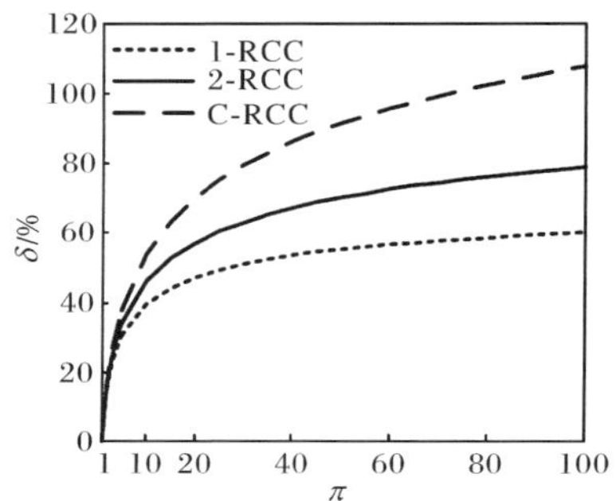

图 4.20 不同级冷却循环燃料热沉倍增率随循环总压比的变化

在相同的循环总压比条件下，燃料热沉倍增率随着再冷次数的增加而增大，并在连续冷却循环处取得最大值，燃料热沉倍增率最大可超过 100%。连续冷却循环表征了冷却循环的理论最大性能，这在前面针对 $M\to\infty$ 分析中可以看出。本质上是由于连续冷却循环去除了施加于燃料上的热量限制。另外，从热力学的角度来看，连续冷却循环表明壁面对燃料的加热是在等温条件下完成的，燃料在涡轮中的膨胀也是在等温条件下完成的。由熟知的卡诺循环分析可知，能量转换过程中的能量损失在等温情况下损失最小，循环将具有最大性能。

此外，在总压比小于 5 时，燃料热沉倍增率随循环总压比的增大上升最快；随着总压比的进一步增大，其上升幅度越来越小。即随着总压比的继续增大，在超过某一值后，冷却循环性能增益的增长幅度将逐渐降低。低压比对应高燃料热沉倍增率，这对于开式冷却循环的实际设计和运行是有利的，因为虽然较大的压比能够带来较高的性能，但其实现起来困难，并将带来较大的重量和尺寸，对于超燃冲压发动机整体性能而言，这将是不利的。而较小压比，实现起来要简单得多。

如图 4.21 所示，燃料流量节约百分比随着循环总压比的增大而增大，且在压比较小的情况下上升较快，其数值也在连续循环处取得最大值。燃料流量节约百分比最大可达 50%，在压比相对较小的时候也能达到 30%左右，这在很大程度上能够缓解冷却用燃料流量不足的现状。

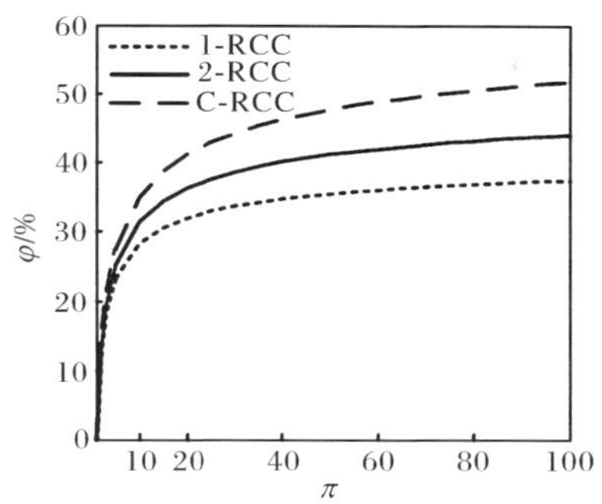

图 4.21　不同级冷却循环燃料流量节约百分比随循环总压比的变化

如图 4.22 所示，当循环总压比一定的情况下，燃料热沉倍增率随着再冷次数的增加而增大；且燃料热沉倍增率随着再冷次数的增大，其变化率将越来越小，并逐渐趋近于一个恒定的值。此外，单级燃料热沉倍增率已达多级情况下燃料热沉倍增率的 70%左右，这一结果对于冷却循环的实际运行和应用是有很大意义的，即单级冷却循环已能实现足够高的燃料热沉增益，无须采用更为复杂的多级冷却循环模式。燃料热沉倍增率随再冷次数变化规律可由图 4.23 得到进一步说明。

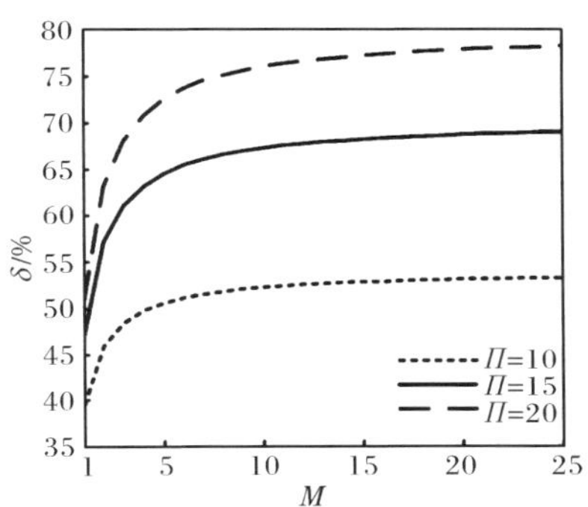

图 4.22　燃料热沉倍增率随再冷次数的变化

如图 4.23 所示，燃料热沉倍增率增加率随着再冷次数的增大逐渐下降；且在再冷次数小于 3 前，燃料热沉倍增率增加率下降最快。尤其是在再冷次数大于 5 之后，燃料热沉倍增率增加率随着再冷次数的增大增加量越来越小。

虽然当 $M\to\infty$时，连续冷却循环(C-RCC)能够获得最佳的性能；但是很显然这是不可能的。一级冷却循环(1-RCC)、两级冷却循环(2-RCC)和多级冷却循环

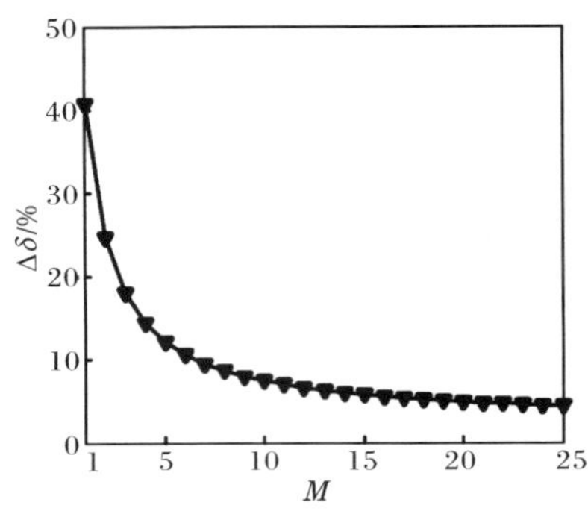

图 4.23 燃料热沉倍增率增加率随再冷次数变化

(M-RCC)刚好填补了再生冷却和连续冷却循环(C-RCC)之间的空白;因为它们也能够获得相对较高的燃料热沉倍增率增益。这一点可从表 4.1 的计算结果中得到进一步说明。

表 4.1 不同级数冷却循环燃料热沉倍增率对比

热沉倍增率	$M=1$	$M=2$	$M=3$	$M\to\infty$
δ	39.55%	46%	48.47%	53.98%
δ/δ_∞	73.27%	85.22%	89.79%	100%

表 4.1 给出了各级冷却循环燃料热沉倍增率与燃料热沉倍增率极限值对比结果,表明冷却循环在级数相对很小时即可获得较好的燃料热沉增益。虽然多级冷却循环相比单级冷却循环能够提高燃料热沉增益,但是考虑到体积重量等限制,由于单级冷却循环已能获得很高的燃料热沉增益,单级冷却循环更适合被采用。同时,冷却循环的级数成为了另一个可控参数,其数值的变化能够进一步拓展冷却循环的使用范围,可用于满足更高的燃料热沉需求的工况,也有利于进一步拓展冷却循环的使用马赫数[16]。

4.4.3 冷却循环极限马赫数分析

前面分析指出碳氢燃料超燃冲压发动机和氢燃料超燃冲压发动机均因为燃料热沉不足而限制了其最高使用马赫数,并指出发展提高燃料热沉的方法是进一步提高其极限马赫数的有效途径。本章前面针对冷却循环性能潜力的分析表明,冷却循环可以大幅提高燃料热沉,从而节约冷却用燃料流量。这表明冷却循环的引入将有助于进一步提高燃料冷却超燃冲压发动机的极限马赫数,下面将做具体分析。

针对氢燃料超燃冲压发动机,以日本著名的高超声速推进研究学者 Kanda

Takeshi 研究员（日本宇航研究开发机构 JAXA 空间运输推进研究与发展中心主任）分析氢燃料超燃冲压发动机极限马赫数的发动机为模型[17]，在相同的最高氢燃料使用温度条件下，对比分析冷却循环引入后对发动机极限马赫数的影响。

从图 4.24 中可以看出，再生冷却模式下，$Ma=10$ 以后便出现了冷却用燃料流量需求大于此时的推进用燃料流量的情况，需要采用额外的冷却用燃料流量来满足发动机的冷却。故 $Ma=10$ 被认为是氢燃料超燃冲压发动机的极限马赫数。

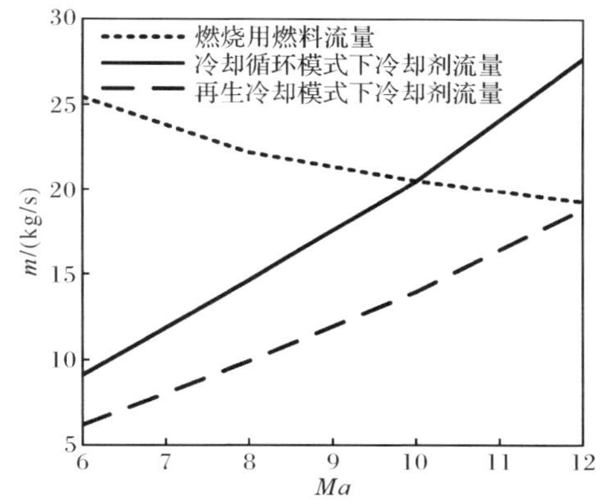

图 4.24 推进用燃料流量与冷却用燃料流量随马赫数变化

在相同的马赫数条件下，冷却循环模式下冷却用燃料流量小于再生冷却模式下冷却用燃料流量；这是因为冷却循环的引入，提高了单位质量燃料的热沉，从而降低了冷却用燃料流量。这样，在 $Ma=10$ 工况下，当冷却用燃料流量为推进用燃料流量时仍能满足冷却需求，$Ma=12$ 时冷却循环仍可实现冷却用燃料流量与推进用燃料流量 1∶1 冷却。因此，由于冷却循环的引入，在不需要增大冷却用燃料流量的条件下，氢燃料冷却超燃冲压发动机的极限马赫数被拓宽了，在当前的计算前提下，最大运行马赫数可超过 12。

以上对比分析是在氢燃料最高使用温度为 700K 条件下得出的，如果氢燃料最高使用温度为 1000K，再生冷却和冷却循环模式下超燃冲压发动机的极限马赫数都将进一步提升。

4.5 冷却循环原理性试验研究

以上理论分析表明冷却循环的引入有助于提高燃料热沉，但是以上分析均是在相对理想的情况下得出的，假定燃料化学热沉的利用在第一段冷却通道内不受限制，未考虑燃料在冷却通道内真实的流动传热情况，未考虑真实传热特性对燃料热沉释放带来的约束，也无法考虑冷却循环工作参数(如压力)、设计参数(如通道尺寸)对冷却循环性能的影响。为了进一步验证冷却循环性能潜力，试验验证再次冷却过程对燃料裂解特性的影响规律，以及冷却循环工作及设计参数对冷却循环性能的影响，下面将介绍开展冷却循环原理性试验研究。

同时，除了燃料热沉能力方面的差别外，也有必要分析、揭示冷却循环在其他方面与再生冷却的差异，以及冷却循环的特殊设计考虑，特别是冷却循环对燃料裂解特性以及通道结构设计的影响。

4.5.1 试验方案及系统

在假定燃料冷却超燃冲压发动机热流周向分布是均匀的且冷却通道间燃料流量分配是均匀的前提下，细长圆管内碳氢燃料流动、传热及裂解过程通常被选定来研究碳氢燃料在实际发动机中的冷却过程，细长圆管与冷却通道的尺寸相当。此外，在地面试验系统中电加热方式被选择用来模拟燃烧加热过程。

基于以上假设并借鉴常见的试验研究方案，冷却循环原理性试验台被建立，其方案图如图 4.25 所示，试验系统与图 3.22 所示化学回热原理性试验系统类似。

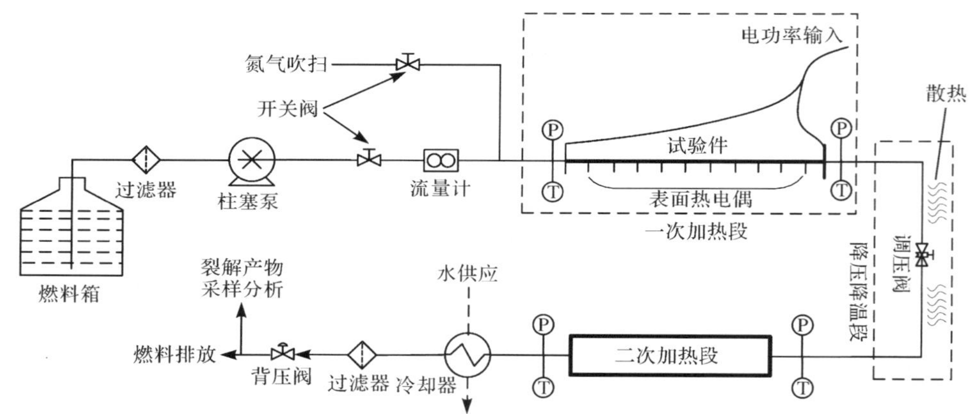

图 4.25 冷却循环原理性试验方案示意图

如图 4.25 所示，冷却循环原理性试验系统采用二级加热方案，来模拟冷却循环中两段燃烧加热过程，二级加热均采用电加热方式，采用两段加热管内燃料流动传热及裂解过程来模拟燃料在两段冷却通道内的工作过程。电加热热流密度与燃烧加热热流密度相当，可达 $1MW/m^2$。由于高温燃料裂解气为工质的涡轮(油气涡轮)研制难度大，故采用功能等效的方式来模拟燃料裂解混合气经油气涡轮的膨胀做功工作过程。两级加热环节之间布置一个截流阀，用来模拟燃料裂解混合气经涡轮的降压过程，燃料裂解混合气流经阀门压降的大小可通过阀门开度的大小来调节；两级加热环节之间布置一段散热段，用来模拟燃料裂解混合气流经涡轮的降温过程。

图 4.26 给出了某一组典型试验条件下采样分析得到的第一段加热管出口和第二段加热管出口正癸烷裂解反应各组分质量百分比的对比结果。

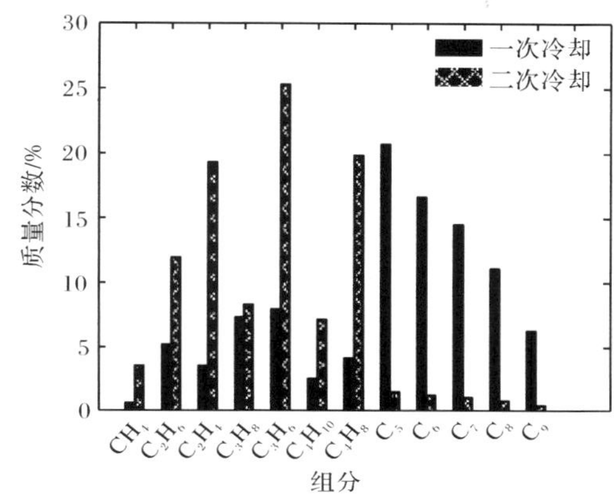

图 4.26　一次冷却和二次冷却裂解产物组分质量分数

从图 4.26 可以看出，相同裂解采样温度下，一次冷却和二次冷却燃料裂解产物组成差别很大，这表明冷却循环模式下一次冷却和二次冷却过程中燃料裂解特性差异很大，即冷却循环对燃料裂解特性有很大影响。

4.5.2　冷却循环热沉提高性能试验验证

为了在真实流动、传热和裂解情况下，验证冷却循环提高燃料热沉的能力，不同第一段加热管出口加热温度下的冷却循环原理性试验被开展。试验过程中，固定两段加热管道的长度来模拟冷却循环实际工作中两段冷却通道长度不变；通过改变第一段加热管出口燃料温度，来模拟带有冷却循环超燃冲压发动机实际的变工况工作过程，即第一段冷却通道出口燃料温度随着热载荷的变化而变化；试验过程中通过调节高温调节阀的开度来保证燃料流经高温阀的压降不随第一段加热管出口燃料温度的变化而变化，即保证高温燃料流经高温阀前后压比一定，用来模拟定膨胀比工作过程；而燃料流经散热段的温降随着第一段加热管出口温度的升高而增大，与高温燃料经涡轮温降随入口温度升高而增大的规律相符。

如图 4.27 所示，燃料在两个加热管内的总裂解率大于燃料在第一段加热管内的裂解率；这样当燃料在第一段加热管尚未裂解完全的情况下，裂解反应可继续在第二段加热管内进行。尤其需要指出的是，对于燃料在第一段加热管出口温度为 923K 左右的情况下，此时燃料热沉释放已基本达到最大值，因为燃料热沉释放碰到了两个限制条件：一是此时加热管壁面温度已高达 1100K 左右（见图

4.28)，壁面温度接近加热管材料的许用温度极限，即燃料热沉能否充分释放受到来自加热管许用温度的限制，以往在加热管出口燃料温度在 923K 左右的试验中就曾出现过加热管破裂的情况；二是燃料在此温度下已处于快速裂解区，继续提高燃料加热温度将可能引发高温结焦现象，以往试验中就多次出现过高温结焦堵塞加热管的情况，故进一步提高燃料的裂解率又受到来自高温结焦的限制。

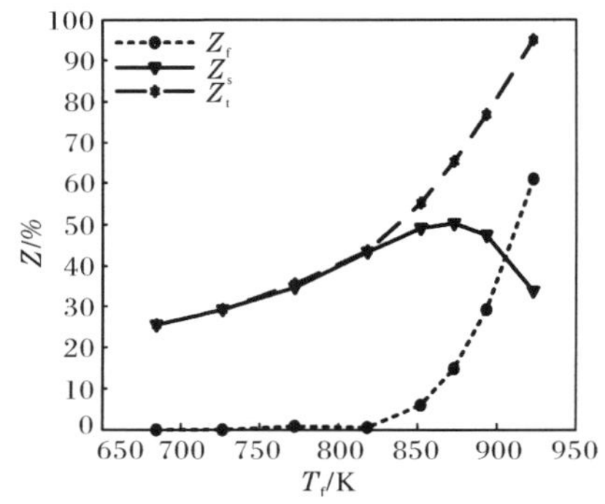

图 4.27　燃料裂解率随不同第一段加热管出口燃料温度变化

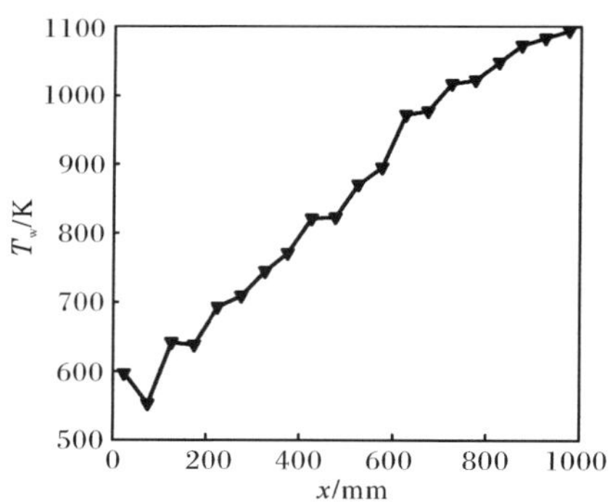

图 4.28　第一段加热管出口燃料温度为 923K 时的壁面温度分布

因此，当燃料热沉释放在一次冷却中受到限制的情况下，冷却循环通过降低燃料温度而带来的二次冷却，提供了燃料热沉得以进一步释放和利用的机会，将有更多的燃料化学热沉被利用。相比于燃料在第一段加热管获得的最高 60% 的裂解率，冷却循环再冷过程引入后燃料裂解率最高将达 90%。

此外，从图 4.27 还可以看出，冷却循环原理性试验中，燃料经两段加热管的总裂解率随着第一段加热管出口燃料温度的升高而增大，因此尽可能提高燃料在第一段加热管出口的温度有利于提高燃料经冷却循环的总裂解率，有利于更多的燃料化学热沉被释放和充分利用。

从图 4.29 可以看出，在再冷过程提供燃料化学热沉进一步释放可能的情况下，由于再冷过程的存在，燃料经两段吸热的总化学热沉始终高于燃料一段吸热的化学热沉。同时，燃料经两段吸热的总化学热沉随着燃料在第一段加热管出口温度的升高而增大，即当燃料化学热沉在第一段加热管内得到充分利用的条件下，可以使得两段吸热后燃料化学热沉取得最大值。相比于一次冷却，当燃料化学热沉释放无法再提高的前提下，二次冷却过程的引入可以使得燃料化学热沉最大值提高约 0.43MJ/kg。

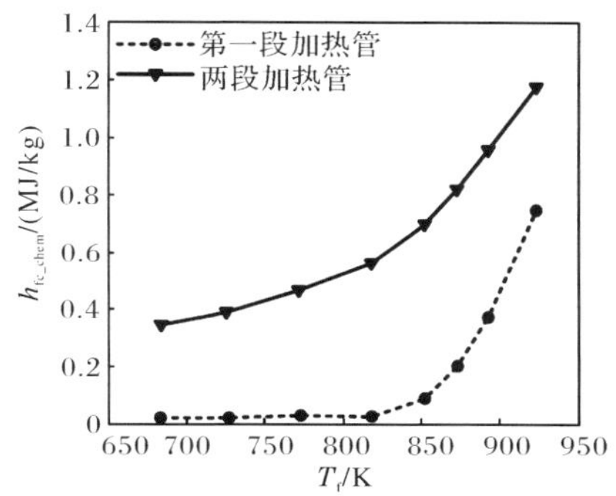

图 4.29　不同第一段加热管出口燃料温度下燃料化学热沉变化

如图 4.30 所示，由于二次冷却的存在，燃料总物理热沉也得到了进一步提升。燃料总物理热沉的提高，归功于燃料裂解混合气经涡轮膨胀做功过程带来的温降，燃料温度降低后在第二段冷却通道通过二次吸热将带来额外的物理热沉增益，燃料物理热沉得到了重复利用。当燃料在第一段加热管出口温度为 923K 时，虽然此时燃料热沉继续释放利用受限，但是由于二次冷却过程的存在，燃料物理热沉还能被进一步提高约 0.25MJ/kg。

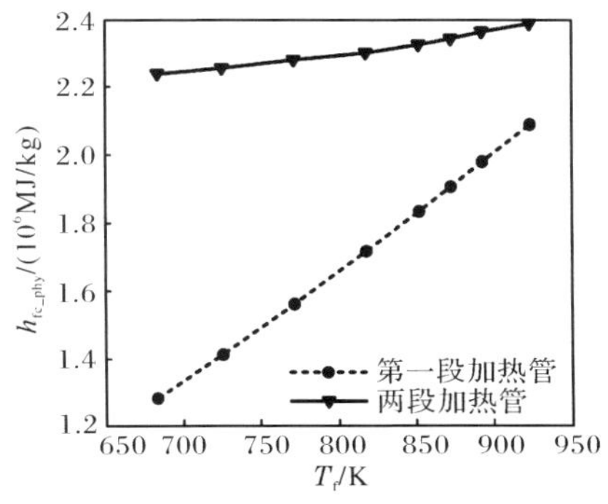

图 4.30　不同第一段加热管出口燃料温度下燃料物理热沉变化

图 4.31 给出了不同第一段加热管出口燃料温度下，燃料经第一段加热管总吸热量与经两段加热管总吸热量的对比结果。可以看出，由于再冷过程的存在，单位质量的燃料总热沉得到了进一步提升。因此，当燃料热沉释放在第一段加热管内受限的情况下，燃料总热沉的提升包含了两部分：一是再冷过程使得燃料物理热沉得到了重复利用；二是再冷过程提供了燃料化学热沉进一步释放的机会。同时，由于燃料在第一段加热管出口的温度的提高，也有利于充分利用燃料在第一段加热管内的物理热沉。因此，提高燃料在第一段加热管出口的温度，有利于提高燃料物理热沉和化学热沉的释放，进而可使燃料热沉利用最大化。

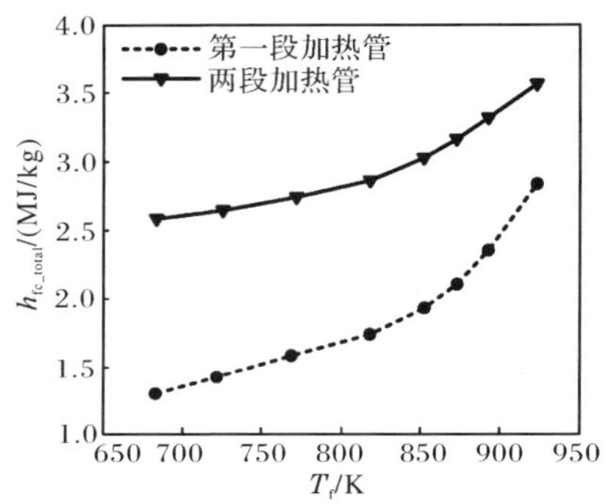

图 4.31　不同第一段加热管出口燃料温度下燃料总热沉对比

图 4.32 进一步验证说明了在燃料物理热沉能力和化学热沉能力基础上，冷却循环通过继续利用化学热沉和重复利用物理热沉，可使燃料总热沉得到进一步提升。在原有燃料化学热沉和物理热沉共同作用的基础上，冷却循环可使燃料热沉最大值再提高约 0.7MJ/kg。此外，由于再冷过程的存在，可以保证冷却循环模式下燃料在两段加热管内的总热沉一直处于较高的水平。

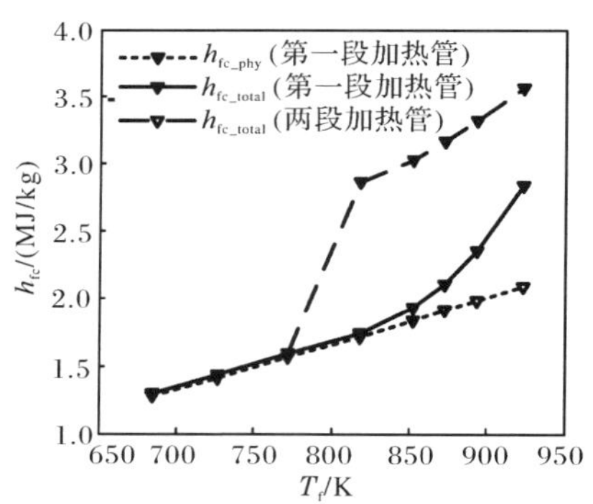

图 4.32　燃料多种热沉特性对比

4.5.3　冷却循环性能影响因素分析试验研究

超燃冲压发动机冷却循环理论分析结果表明，膨胀比等冷却循环设计参数对冷却循环吸热量增益有较大影响，但无法反映冷却通道尺寸等设计参数对冷却循环性能的影响。为了进一步验证冷却循环理论分析的结果，进一步分析冷却循环设计参数对冷却循环性能的影响，分别选取冷却循环两个主要设计参数为研究变量，即膨胀比和第二段冷却通道尺寸，来开展这两个设计参数变化条件下冷却循环原理性试验研究。

1. 膨胀比的影响

基于冷却循环原理性试验台，设计了变膨胀比的冷却循环原理性试验方案：当燃料在第一段加热管出口温度保持不变条件下，通过改变高温截流阀开度，进而来改变第一段加热管与第二段加热管燃料工作压力之比，同时相应地改变散热段的散热量，来模拟膨胀比变化过程中燃料经涡轮压比和温降的变化。

如图 4.33 所示，燃料在第二段加热管内物理热沉随着膨胀比的增大而增大。这是因为在相同的涡轮入口燃料温度下，膨胀比越大，燃料流经涡轮的温降越大，故燃料在第二段加热管入口温度越低，使得燃料在第二段加热管内的吸热温区越大，越有利于更多的燃料物理热沉被重复利用。即膨胀比增大，对燃料物理热沉的重复利用是有利的。

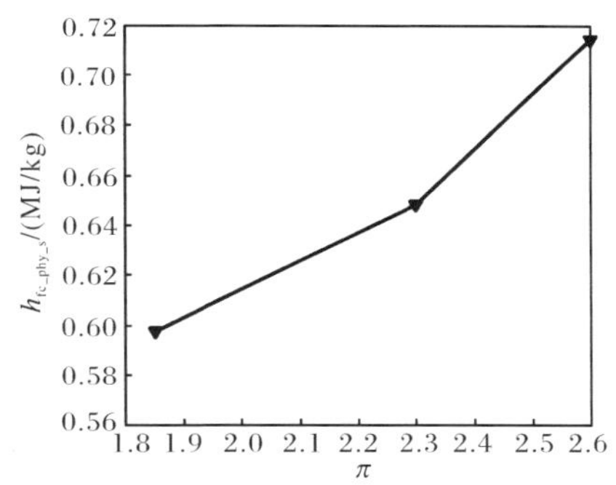

图 4.33　燃料在第二段加热管内物理热沉随膨胀比变化

如图 4.34 所示，燃料在第二段加热管内化学热沉随着膨胀比的增大而减小。这是由于随着膨胀比增大，燃料流经涡轮的压降增大，燃料在第二段加热管内工作压力降低，使得第二段加热管内已经处于气态的燃料密度降低，燃料速度相应地增大，从而使得燃料在第二段加热管内的停留时间减小，进而使得燃料在第二段内化学热沉释放降低。

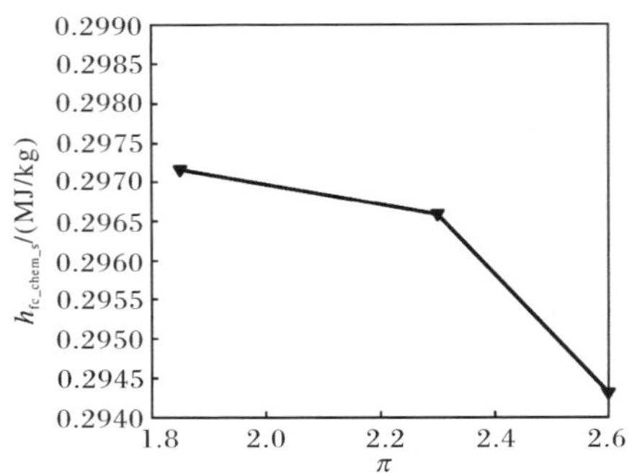

图 4.34　燃料在第二段加热管内化学热沉随膨胀比变化

图 4.35 给出了燃料在第二段加热管裂解率随膨胀比变化的结果，进一步说明了膨胀比增大使得燃料在第二段加热管内停留时间降低，从而使得燃料在第二段加热管内裂解率下降。因此，膨胀比的增大，对继续利用燃料化学热沉是不利的。结合图 4.33 和图 4.34 还可以看出，膨胀比变化对燃料在第二段冷却通道内化学热沉的影响程度较小。

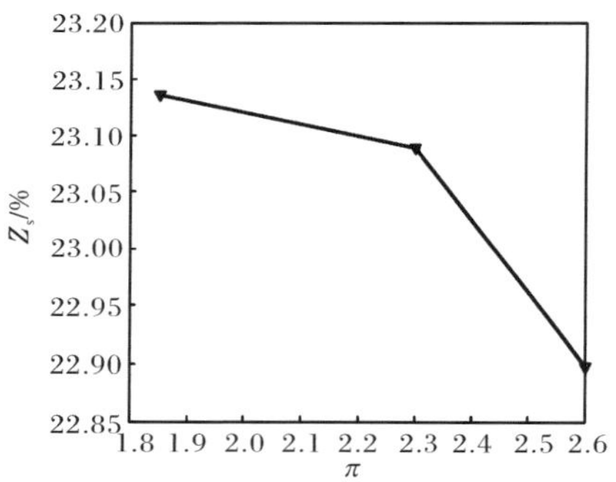

图 4.35　第二段裂解率随膨胀比变化

如图 4.36 所示，燃料经两段吸热裂解的总热沉随着膨胀比的增大而增大。这是由于随着膨胀比增大，燃料在第二段内物理吸热量增加量大于第二段内化学吸热量降低的结果，这可以结合图 4.33 和图 4.34 看出。

综上所述，增大膨胀比对提高第二段加热管内物理热沉是有利的，但会降低第二段加热管化学热沉继续利用的程度，虽然对化学热沉的影响程度很小；但是从总体来看，仍然是有利于总体热沉的提高。

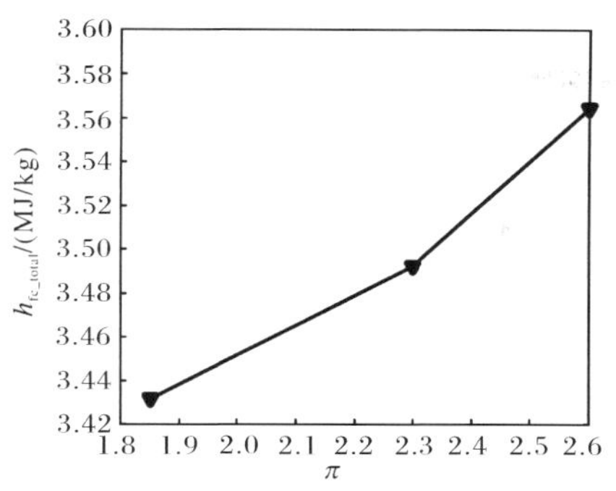

图 4.36　燃料总热沉随膨胀比变化

2. 加热管尺寸的影响

由于冷却通道的尺寸对燃料流动、传热及裂解特性都有很重要的影响，因此冷却通道尺寸是另外一个非常重要的冷却循环设计参数。冷却循环与再生冷却的差异在于涡轮膨胀和二次冷却过程，故第二段冷却通道的尺寸对于冷却循环的吸热性能有着重要的影响。为了进一步说明通道结构尺寸对冷却循环吸热性能的影响，不同第二段加热管尺寸对冷却循环吸热性能影响的试验研究被开展。在对比试验中，仅改变第二段加热管内径，其他两段加热管结构尺寸参数均不变。

由图 4.37 可以看出，燃料经两段加热管吸热的总裂解率随着第二段加热管直径的增大而增大，总裂解率已超过 90%。图 4.38 进一步给出了第二段加热管内燃料裂解率受加热管直径的影响，可以看出第二段加热管内径的增大将大幅度提高燃料在第二段加热管内的裂解率，故第二段加热管尺寸对总裂解率的影响源于其对第二段加热管内燃料裂解率的影响，两种加热管尺寸下裂解率差值可高达 15%。这是因为加热管内径增大有利于降低燃料在第二段加热管内的流速，有利于更多的燃料裂解。

此外，还可以看出冷却循环与再生冷却相比，冷却循环宜采用变截面通道结构设计，第二段冷却通道需要采用不同于第一段冷却通道的特殊设计，以使燃料化学热沉得到更多的释放，从图 4.39 和图 4.40 可以看出。这是因为涡轮膨胀环节的存在，使得第二段冷却通道内燃料工作压力比第一段冷却通道内工作压力低得多，进而使得第二段冷却通道内燃料流速要比第一段冷却通道内高得多，而燃料流速的变化将影响燃料在第二段内的裂解特性。

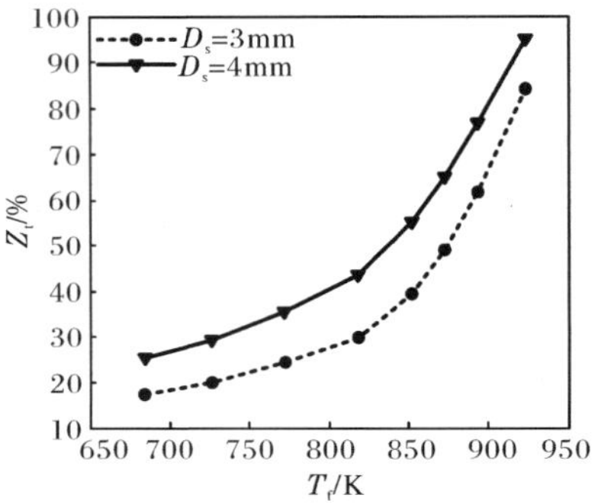

图 4.37　加热管尺寸变化对燃料总裂解率影响

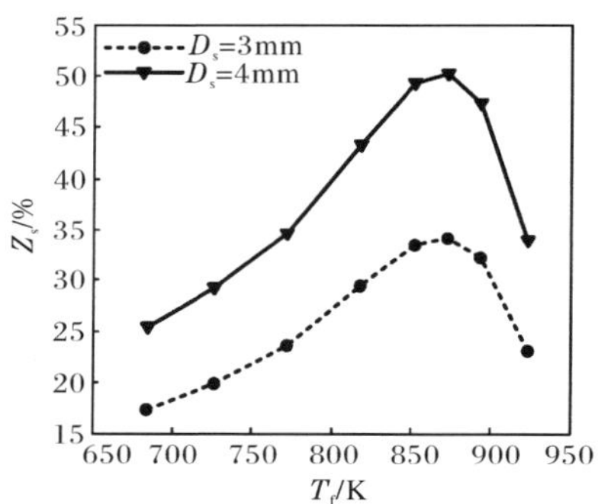

图 4.38　加热管尺寸对燃料在第二段内裂解率影响

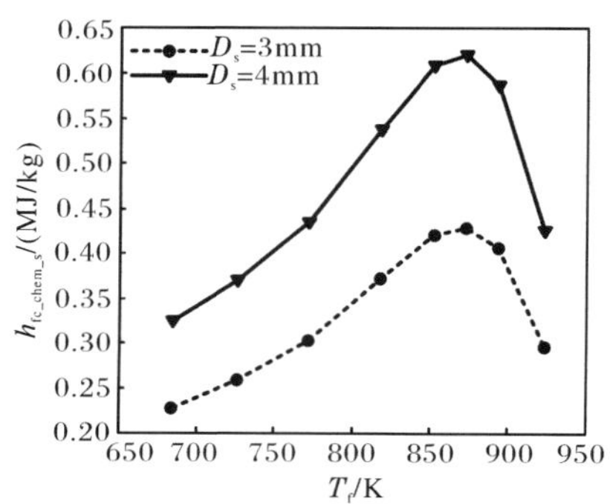

图 4.39　加热管尺寸变化对燃料在第二段内化学热沉影响

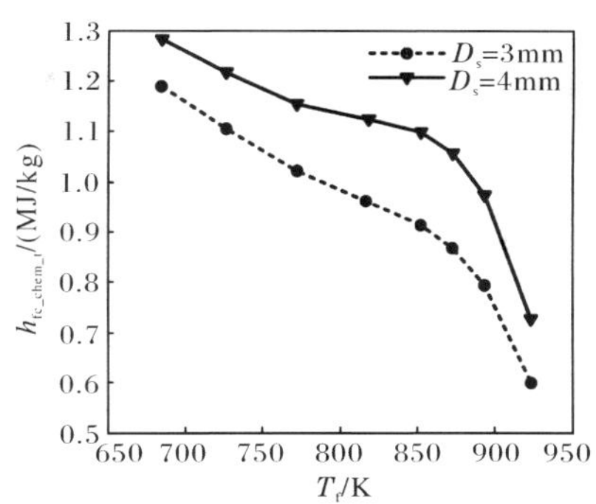

图 4.40　加热管尺寸变化对燃料在第二段内总热沉影响

4.6　小　结

本章介绍了一种提高可用冷源冷却能力，进而解决超燃冲压发动机主动热防护困难的新方法，这是一种间接提高燃料热沉的新方法——冷却循环。针对冷却循环这样一种变工质、混合工质循环，循环热力性能分析和性能极限分析表明冷却循环可显著提高燃料热沉。冷却循环的试验研究进一步表明了冷却循环可突破再生冷却模式下燃料热沉利用的限制，进而大幅提升燃料热沉。因此，冷却循环提供了除化学热沉之外额外的一种提高燃料热沉的方式，燃料总热沉在原有物理热沉和化学热沉基础上又有一定程度的提高。

冷却循环的引入将有助于缓解燃料热沉无法满足冷却需求的现状，为拓展主动冷却超燃冲压发动机马赫数，提供了一种新的可能。对比分析表明，冷却循环可将氢燃料超燃冲压发动机的极限马赫数提高至 12 以上。为发展 $Ma=8$ 以上吸气式高超声速推进提供了一种新的解决方式。

参 考 文 献

[1] Qin J, Zhou W X, Bao W, et al. Thermodynamic analysis and parametric study of a closed Brayton cycle thermal management system for scramjet. International Journal of Hydrogen Energy, 2010, 35(1): 356－364.

[2] Coombs M G, Norman L. Application of the brayton cycle to nuclear electric space power systems//The 3rd Biennial Aerospace Power Systems Conference. Los Angeles, USA, 1964: AIAA-64-757.

[3] Shaltens R K, Mason L S. 800 hours of operational experience from a 2kW solar dynamic system// Space Technology Applications International Forum. Albuquerque, New Mexico, USA, 1999: 1426－1431.

[4] Diao Z G. Performance evaluation of space solar Brayton cycle power systems//The 37th International Gas Turbine and Aeroengine Congress and Exposition. Cologne, Germany, 1992: 92—96.

[5] Fukuda M, Dozono Y. Double reheat Rankine cycle for hydrogen-combustion, turbine power plants. Journal of Propulsion and Power, 2000, 16(4): 562—567.

[6] Zhao H, Peterson P F. Optimization of advanced high-temperature brayton cycles with multiple-reheat stages. Nuclear Technology, 2007, 158(2): 145—157.

[7] Qin J, Bao W, Zhou W X, et al. Performance cycle analysis of an open cooling cycle for a scramjet. Proceedings of the Institution of Mechanical Engineers, Part G: Journal of Aerospace Engineering, 2009, 223(6): 599—607.

[8] Qin J, Zhou W X, Bao W, et al. Irreversible cycle analysis of a recooled cycle for a scramjet. Proceedings of the Institution of Mechanical Engineers, Part G: Journal of Aerospace Engineering, 2010, 224(8): 919—926.

[9] Qin J, Zhang S L, Bao W, et al. Experimental study on the performance of recooling cycle of hydrocarbon fueled scramjet engine. Fuel, 2013, 108(6): 334—340.

[10] Cengel Y A, Boles M A. Thermodynamics: An Engineering Approach. New York: McGraw-Hill, 2011.

[11] Qin J, Bao W, Zhou W X. Comparison analysis between expander cycle and recooling cycle for a scramjet. Journal of Aerospace Engineering, 2011, 25(3): 347—355.

[12] Qin J, Zhou W, Bao W, et al. Thermodynamic optimization for a scramjet with recooled cycle. Acta Astronautica, 2010, 66(9): 1449—1457.

[13] Fukuda M, Dozono Y. Double reheat Rankine cycle for hydrogen-combustion, turbine power plants. Journal of Propulsion and Power, 2000, 16(4): 562—567.

[14] Chen G, Hoffman M A, Davis R L. Gas-turbine performance improvements through the use of multiple turbine interstage burners. Journal of Propulsion and Power, 2004, 20(5): 828—834.

[15] Bao W, Qin J, Zhou W X, et al. Performance limit analysis of recooled cycle for regenerative cooling systems. Energy Conversion and Management, 2009, 50(8): 1908—1914.

[16] Bao W, Qin J, Zhou W, et al. Parametric performance analysis of multiple re-cooled cycle for hydrogen fueled scramjet. International Journal of Hydrogen Energy, 2009, 34(17): 7334—7341.

[17] Kanda T, Masuya G, Wakamatsu Y. Propellant feed system of a regeneratively cooled scramjet. Journal of Propulsion and Power, 1991, 7(2): 299—301.

第 5 章　超燃冲压发动机能量旁路循环

超燃冲压发动机能量旁路循环，作为一种新型的热力循环动力装置，其热力性能和推进性能是首要关注的问题。本章针对超燃冲压发动机能量旁路循环开展分析，讨论热力性能的主要影响因素，分析其推力特性，探讨多因素组合下的发动机推力优势及存在条件。

5.1　超燃冲压发动机能量旁路循环的热力循环分析

超燃冲压发动机能量旁路循环的热力循环结构和传统冲压发动机的布雷顿循环相比具有明显的差异。作为一种新型的热力循环，超燃冲压发动机能量旁路循环结构具有自身的特殊性。关于布雷顿循环的成熟分析结果不再适用超燃冲压发动机能量旁路循环，因此，这就有必要针对此循环开展热力循环分析。

5.1.1　理想条件下的热力循环分析

结合图 5.1 所示的超燃冲压发动机能量旁路循环的理想循环温-熵图，来认识此循环的工作原理：高速来流经过进气道激波压缩（过程 1→2）后进入能量取出通道（过程 2→2m），一部分气流的能量（总焓）被取出；具有较低温度和速度的气流进入燃烧室和燃料混合、燃烧（过程 2m→3）；随后在能量注入通道中将前端取出的能量返回给气流（过程 3→3m），并在尾喷管中膨胀、加速（过程 3m→4）。从结构上讲，在并行于发动机燃烧室处存在一个能量旁路，这使得超燃冲压发动机理想能量旁路循环与冲压发动机的布雷顿循环过程间出现明显差异。

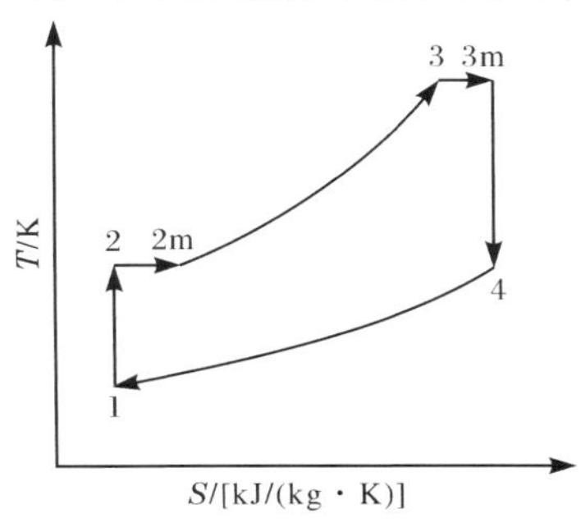

图 5.1　超燃冲压发动机能量旁路循环的理想循环温-熵图

超燃冲压发动机能量旁路循环基本特征是：一部分气流的能量（总焓）分别在燃烧室的前、后端被取出和回注。采取不同的能量取出和注入方式，对应不同的气流气动状态变化；从能量转化的角度来看，这意味着气流动能、内能间存在着不同的平衡关系。这里借鉴带有能量旁路的思想描述[1]：取出/注入的能量主要是和气流动能发生转化，气流的内能几乎不变，即在衡温下实现能量的取出/注入，这种方式对于燃烧室中的能量注入是有利的。依据此，定义理想条件下带有能量旁路的冲压发动机的循环如下：

（1）等熵压缩过程（过程 1→2）。

（2）等温能量取出过程（过程 2→2m）。

（3）等压燃烧过程（过程 2m→3）。

（4）等温能量注入过程（过程 3→3m）。

（5）等熵膨胀过程（过程 3m→4）。

借鉴航空发动机的性能分析知识[2,3]，发动机的单位推力 F_{sp}、比冲 I_{sp} 和循环热效率 η_{th} 之间的关系为

$$\begin{cases} I_{sp}=\dfrac{h_{pr}}{g_0 v_1}\eta_{th}\eta_p \\ F_{sp}=\dfrac{f h_{pr}}{v_1}\eta_{th}\eta_p \end{cases} \tag{5.1}$$

式中，η_p 为发动机的推进效率；v_1 为来流速度；f 为燃烧过程的燃空比；h_{pr} 为燃料燃烧的热值；g_0 为重力加速度。

明显地，提高循环热效率 η_{th} 对于发动机的 F_{sp} 和 I_{sp} 均有利。

在上面所定义的理想条件下，燃烧室中的释热量对于固定的来流是确定的。随着取出/注入能量的增加，能量旁路系统部件的自身损失不断增加；定量地来看，过程 2→2m 和过程 3s→3a 的熵增 $\Delta S_{2\text{-}2m}$ 和 $\Delta S_{3s\text{-}3a}$ 随着取出/注入能量的增加而增加。熵增 $\Delta S_{2\text{-}2m}$ 和 $\Delta S_{3s\text{-}3a}$ 的增加会引起过程（4→1）的平均放热温度提高。因此，随着取出/注入能量的增加，循环的平均放热温度不断升高，由于循环的释热过程保持不变，即循环平均吸热温度不变，循环热效率 η_{th} 不断降低，以致发动机的 F_{sp} 和 I_{sp} 不断降低。

下面以采用磁流体设备的能量旁路系统为例，分析等温条件下能量的取出/注入过程。能量旁路系统部件的熵增为

$$\begin{cases} \Delta S_{2\text{-}2m}=\dfrac{Q_{2\text{-}2m}}{T_2}=\dfrac{\left(\dfrac{1}{\eta_{eg}}-1\right)N_g}{T_2} \\ \Delta S_{3s\text{-}3a}=\dfrac{Q_{3s\text{-}3a}}{T_{3s}}=\dfrac{(1-\eta_{ea})N_g}{T_{3s}} \end{cases} \tag{5.2}$$

式中，$Q_{2\text{-}2m}$ 和 $Q_{3s\text{-}3a}$ 是由于焦耳效应所产生的热量；N_g 为取出/注入的能量；η_{eg}、

η_{ea}分别为磁流体发电装置和磁流体加速装置的电效率。

分析式(5.2),能量旁路系统部件的熵增 $\Delta S_{2\text{-}2m}$和 $\Delta S_{3s\text{-}3a}$与取出/注入的能量 N_g之间呈线性关系;提高 N_g会增加 $\Delta S_{2\text{-}2m}$和 $\Delta S_{3s\text{-}3a}$,这意味着循环的平均放热温度会提高,其对于循环热效率 η_{th}和发动机单位推力 F_{sp}、比冲 I_{sp}均是不利的。

结合上面分析可得:等温条件下实现能量的取出/注入,会恶化超燃冲压发动机能量旁路循环的热力性能。换一个角度来讲,超燃冲压发动机能量旁路循环相对于传统冲压发动机循环而言,优势的存在是存在前提条件的。同时,由于能量旁路系统的工作会影响进气道、燃烧室和尾喷管的工作,这里并没有考虑到部件间的耦合作用,故此分析无法全面评价此循环的热力性能。

5.1.2 实际条件下的热力循环分析

超燃冲压发动机能量旁路循环的热力循环结构,不仅具有带有能量旁路的冲压发动机的典型特征,也具有其自身的特殊性。实际条件下,循环的温-熵图如图 5.2 所示。

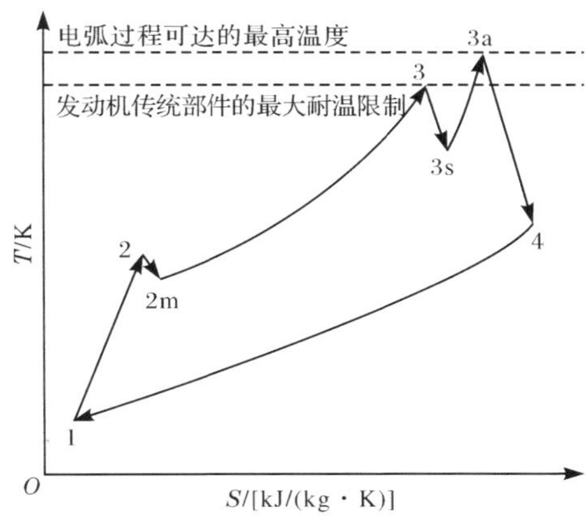

图 5.2 超燃冲压发动机能量旁路循环的实际温-熵图

图 5.2 所示超燃冲压发动机能量旁路循环主要热力过程包括以下几个:

(1) 进气道的压缩过程(过程 1→2)。

(2) 能量取出过程(过程 2→2m)。

(3) 燃烧室的燃烧过程(过程 2m→3)。

(4) 能量回注过程(过程 3s→3a)。

(5) 尾喷管的膨胀、加速过程(过程 3→3s 和过程 3a→4)。

来流经过发动机时,不可避免地会产生损失,这里采用气流总压比 $\pi = p_{t4}/p_{t1}$ 来表示部件的损失程度。下面来度量循环各工作过程的损失程度。

1）进气道压缩过程

来流在进气道激波作用下减速增压，其压缩效率为

$$\eta_{\text{in}}=\frac{h_{\text{x}}-h_1}{h_2-h_1}\leqslant 1 \tag{5.3}$$

式中，h_{x} 是通过等熵过程实现相同静压比对应的出口气流静焓。

变形式(5.3)可得到

$$\frac{T_{\text{x}}}{T_1}=\frac{T_2}{T_1}(1-\eta_{\text{in}})+\eta_{\text{in}} \tag{5.4}$$

由理想等熵过程的 Gibbs 方程$\dfrac{\mathrm{d}p}{p}=\dfrac{\gamma}{\gamma-1}\dfrac{\mathrm{d}T}{T}$积分可得

$$\frac{p_2}{p_1}=\left(\frac{T_2}{T_1}\frac{T_1}{T_{\text{x}}}\right)^{\frac{\gamma}{\gamma-1}} \tag{5.5}$$

由压缩过程的绝热关系可得

$$\frac{p_{\text{t2}}}{p_{\text{t1}}}=\frac{p_2}{p_1}\left(\frac{T_1}{T_2}\right)^{\frac{\gamma}{\gamma-1}} \tag{5.6}$$

联立式(5.4)～式(5.6)可得

$$\pi_{\text{in}}=\frac{p_{\text{t2}}}{p_{\text{t1}}}=\left[\frac{1}{\psi_{\text{in}}(1-\eta_{\text{in}})+\eta_{\text{in}}}\right]^{\frac{\gamma}{\gamma-1}} \tag{5.7}$$

式中，$\psi_{\text{in}}=T_2/T_1$ 为进气道的静温比。

2）能量取出过程

来流所携带能量的一部分被转化成电能输出，引入效率因子[4]，其表征了实现同样压力变化下，总焓的实际改变值$(\Delta h_0)_{\text{actual}}$与理想改变值$(\Delta h_0)_{\text{isentropic}}$（对应于等熵条件工况）之间的比值。

$$\eta_{\text{g}}=\frac{(\Delta h_0)_{\text{actual}}}{(\Delta h_0)_{\text{isentropic}}} \tag{5.8}$$

能量取出率表征了取出的能量占通道入口处气流总焓的比值：

$$\eta_{\text{ex}}=\frac{h_{\text{t2}}-h_{\text{t2m}}}{h_{\text{t2}}} \tag{5.9}$$

由总温、总压的定义可得

$$\begin{gathered}\frac{\mathrm{d}T_{\text{t}}}{T_{\text{t}}}=\frac{\mathrm{d}T}{T}+\frac{\mathrm{d}(T_{\text{t}}/T)}{T_{\text{t}}/T}\\ \frac{\mathrm{d}p_{\text{t}}}{p_{\text{t}}}=\frac{\mathrm{d}p}{p}+\frac{\gamma}{\gamma-1}\frac{\mathrm{d}(T_{\text{t}}/T)}{T_{\text{t}}/T}\end{gathered} \tag{5.10}$$

联立式(5.10)和 Gibbs 方程，可得

$$\mathrm{d}S=c_p\frac{\mathrm{d}T}{T}-R\frac{\mathrm{d}p}{p}=c_p\frac{\mathrm{d}T_{\text{t}}}{T_{\text{t}}}-R\frac{\mathrm{d}p_{\text{t}}}{p_{\text{t}}} \tag{5.11}$$

由式(5.11)可得，等熵条件下的积分关系为

$$\pi_g=\frac{p_{t2m}}{p_{t2}}=\left(\frac{h_{t2m}}{h_{t2}}\right)^{\frac{\gamma}{\gamma-1}} \tag{5.12}$$

联立式(5.8)、式(5.9)和式(5.12),可得

$$\pi_g=\left(1-\frac{\eta_{ex}}{\eta_g}\right)^{\frac{\gamma}{\gamma-1}} \tag{5.13}$$

3) 燃烧过程

气流进入燃烧室与燃料混合、燃烧,不可避免地产生热化学反应损失,这种损失表现为 Rayleigh 热量损失。假定为定压燃烧过程,Rayleigh 热量损失对应的总压比关系为[5]

$$\pi_c=\frac{p_{t3}}{p_{t2m}}=\left[1+\frac{\gamma-1}{2}M_{2m}^2\left(1-\frac{1}{T_{t3}/T_{t2m}}\right)\right]^{\frac{\gamma}{\gamma-1}} \tag{5.14}$$

4) 能量注入过程

能量旁路系统中前端取出的电能返回给气流,这里假设能量回注类似于燃烧过程,故满足

$$\pi_a=\frac{p_{t3a}}{p_{t3s}}=\left[1+\frac{\gamma-1}{2}M_{3s}^2\left(1-\frac{1}{T_{t3a}/T_{t3s}}\right)\right]^{\frac{\gamma}{\gamma-1}} \tag{5.15}$$

5) 尾喷管膨胀过程

气流在尾喷管中膨胀、加速,这个过程和进气道压缩都属于绝热过程。类似于进气道的分析,可得

$$\pi_n=\frac{p_{t4}}{p_{t3a}}=\left(\frac{\psi_n-1}{\eta_n\psi_n}+\frac{1}{\psi_n}\right)^{\frac{\gamma}{\gamma-1}} \tag{5.16}$$

式中,$\psi_n=T_4/T_{3a}$为尾喷管中的静温比;膨胀效率 $\eta_n<1$。

值得说明的是,发动机中存在两次膨胀过程(过程 3→3s 和 3a→4),这里仅以过程 3a→4 为例进行细节描述。

6) 发动机的推力

根据总压的定义,发动机尾喷管出口处马赫数 Ma_4满足以下关系:

$$1+\frac{\gamma-1}{2}Ma_4^2=\left(1+\frac{\gamma-1}{2}Ma_1^2\right)\left(\frac{p_{t4}}{p_{t1}}\frac{p_1}{p_4}\right)^{\frac{\gamma}{\gamma-1}} \tag{5.17}$$

由上述各部件的总压比关系可知 $p_{t4}/p_{t1}=\pi_\Sigma=\pi_{in}\pi_g\pi_c\pi_a\pi_n$,故

$$Ma_4=\sqrt{\frac{2}{\gamma-1}\left[\left(1+\frac{\gamma-1}{2}Ma_1^2\right)\left(\frac{p_{t4}}{p_{t1}}\frac{p_1}{p_4}\right)^{\frac{\gamma}{\gamma-1}}-1\right]} \tag{5.18}$$

发动机出口速度 v_4 满足以下关系:

$$v_4=Ma_4\sqrt{\gamma RT_4} \tag{5.19}$$

冲压发动机的推力取决于很多的因素,例如,附加阻力和外部阻力等。在这里,以未安装推力 F 定义为发动机的总推力(完全膨胀状态下 $p_1=p_4$)。发动机的

比推力为

$$F_{sp} = v_4 - v_1 = \sqrt{2c_p(T_{t1} + \Delta T_t)\left[1 - \frac{1}{\left(1 + \frac{\gamma - 1}{2}Ma_1^2\right)(\pi_\Sigma)^{\frac{\gamma}{\gamma - 1}}}\right]} - Ma_1\sqrt{(\gamma - 1)c_p T_1} \tag{5.20}$$

式中，ΔT_t 为燃烧释热所产生的总温变化量。

发动机的比冲可由 $I_{sp} = F_{sp}/f$ 得到，其中 f 为燃空比。

依据上述推导，循环各过程的总压比和燃烧释热总温升确定后，可直接计算出发动机性能。同时，可以直观地分析各部件参数、结构等因素的变化对于发动机性能的影响。

5.2 超燃冲压发动机能量旁路循环的实现方法及性能潜力

超燃冲压发动机能量旁路循环的实现，关键在于高超声速流动环境下的高效、可靠地实现能量的取出和注入。这需要相关学科理论和技术的支持。

5.2.1 超燃冲压发动机能量旁路循环的实现方法

1. AJAX 发动机

要实现与空气工质进行能量交换，就必须考虑工质的气动特性。随着飞行速度的提高，经过激波压缩后的气流温度已达到空气弱电离水平[6~8]。以 Vladimir Fraishtadt 为首的俄罗斯学者指出可以利用电磁场改变电离气流的流场，来实现电磁场与流场间的能量转换，并提出一种超燃冲压发动机能量旁路循环的实现方法——AJAX 发动机[9~12]。

AJAX 发动机中，高速来流经过进气道的激波压缩(循环温-熵图 5.3 中的过程 1-2)，部分气体已发生电离，在此可采用额外方式来促进气流电离。电离的气流在进入燃烧室前首先进入到磁流体发电通道中，电离的气流与电磁场相互作用，所携带的部分能量转变为电能输出(过程 2→2m)；具有较低温度和速度的气流进入燃烧室中和燃料混合、燃烧(过程 2m→3)；随后在磁流体加速通道中，气流与电磁场相互作用，将前端取出的电能返回给气流(过程 3→3m)；并在尾喷管中膨胀、加速(过程 3m→4)。置于燃烧室前方的磁流体发电通道和置于燃烧室后方的磁流体加速通道是一对逆过程，前者实现气流内能向电能的转化，后者实现电能向气流内能的转化;这一对功能相逆的部件构成了 AJAX 发动机的能量旁路。

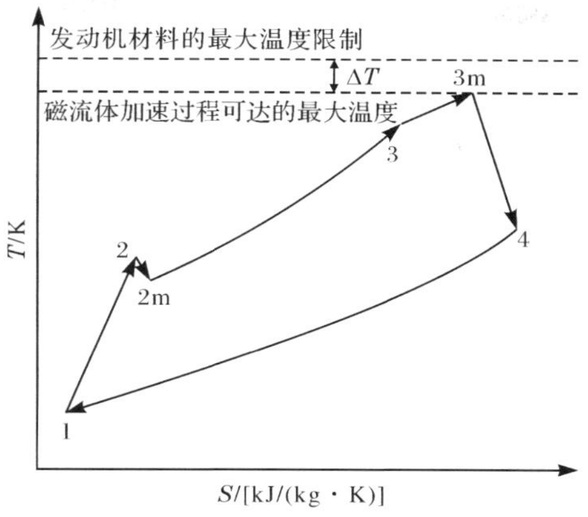

图 5.3　冲压发动机热力循环温-熵图

AJAX 的实现取决于能量旁路高效、可靠的工作。其能量输出技术——磁流体发电技术在 20 世纪已得到了广泛研究,获得了大量的技术理论和经验可供参考[4];而能量输入技术——磁流体加速技术还需要进一步深入的研究。前期的理论分析和试验研究表明[13]:由于受到超声速流动黏性边界层的影响,磁流体加速通道近壁面处的流体速度较小,流体切割磁力线产生的反电动势明显小于中心流场,边界层内的电流密度较大,发热量大,温升高。这种现象被称为磁流体边界层电流短路(electrical current leaks through the boundary layer),也称为哈特曼效应(Hartmann effect)[14],如图 5.4 所示。

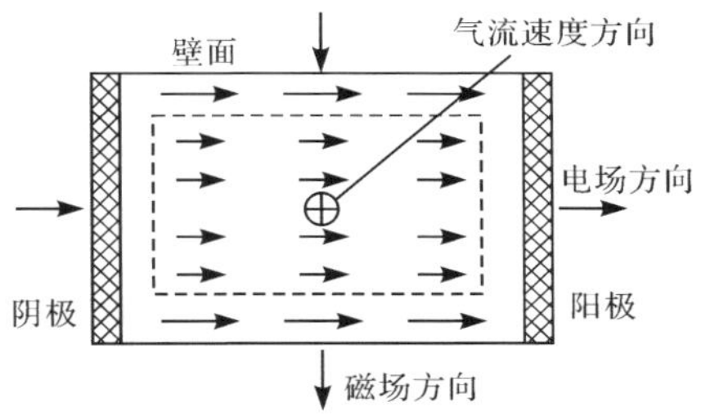

图 5.4　哈特曼效应示意图

哈特曼效应的存在使得加速通道的截面上温升最剧烈处发生于壁面附近。为了满足通道壁面温度不超过材料耐温和冷却极限的要求,经过磁流体加速通道中心流区的大部分气流所获得的温升并不能到达其最高温限。由于受自身工作机理的要求,磁流体加速通道往往安置于燃烧室出口处,此处气流温度高,电导率大,加速性能较好。综合这两个因素,磁流体加速通道出口 3m 点温度没有抵达最高温限,磁流体加速通道的工作特性使得燃烧室出口 3 点温度低于最高温限,其工作过程对应为图 5.3 中的 1→2→2m→3→3m→4 所描述。

因此,AJAX 发动机中的磁流体加速技术限制了燃烧室出口的温度,其并未有效地增大燃烧室中的加热,限制了燃烧室中的允许加热量,进而影响了发动机性能的提高。分析黏性边界层在电磁场下的流动特性是实现磁流体加速技术的理论关键,发展高温超导电磁铁是实现磁流体加速的技术关键,这些都还需要大量的突破。与此同时,探讨新的能量输入方式,与磁流体发电通道一起构成能量旁路,也是一种有意义的尝试。

2. MHD-Arc-Ramjet 联合循环发动机

利用电磁场作用于电离工质来实现工质动能的增加,是磁流体加速通道的电能利用方式;利用置于来流中心的电弧阴极和阳极喷管之间的电弧来加热高速气流,随后通过喷管膨胀来获得所需的推进功,则是电能利用的另一种方式。电弧式能量注入的研究表明[15]:电弧弧柱的中心温度高达 20 000K,弧柱边缘(壁面附近)的温度却不超过 2000K。这就能在保证壁面温度处于材料耐温和冷却限制范围内的前提下,大部分气流在电弧弧柱加热区内获得更高的温度,使加热截面的平均温度超过了最高温限,即电弧式注入实际上可在更高温度下实现能量的注入。电弧式注入的工作并不受气流电离程度的影响,气流通过燃烧抵达最高温限后可先经历一段膨胀过程,再在电弧区中获得能量的回注。

结合目前的技术水平,电弧式能量注入相对于磁流体加速方法具有明显优势。基于相对成熟的磁流体发电技术和电弧式能量注入技术,形成一种新型的高超声速推进系统——MHD-Arc-Ramjet 联合循环发动机。

MHD-Arc-Ramjet 联合循环发动机中,高速来流经过前体压缩后已具有很高的温度,部分气体已发生电离(循环温-熵图 5.5 中的过程 1→2);为保证气流具有足够的电离度以维持磁流体发电通道的有效工作,可以在来流中加入低电离电位的碱金属元素以加强电离或采用非平衡电离的方式;电离的气流进入到磁流体发电通道中,受电磁场作用使气流流场发生改变,气流所携带的部分能量转变为电能输出(过程 2→2m);具有较低温度和较小马赫数的气流进入燃烧室中和燃料混合、燃烧(过程 2m→3);随后利用置于尾喷管中的电弧对气流进行加热,将前端输出的电能返回给气流(过程 3s→3a);并在尾喷管中气流膨胀、加速(过程 3→3s 和 3a→4)。这就是 MHD-Arc-Ramjet 联合循环发动机的基本原理。

MHD-Arc-Ramjet 联合循环发动机具有以下特征:

(1) 由于电弧加热设备并不依赖于气流的电离程度,可在尾喷管中自由安排电弧加热的位置。燃烧室出口的气流在尾喷管中部分膨胀后(过程 3→3s),再利用电弧加热气流(过程 3s→3a)。这样能够保证燃烧室出口温度抵达最高温限

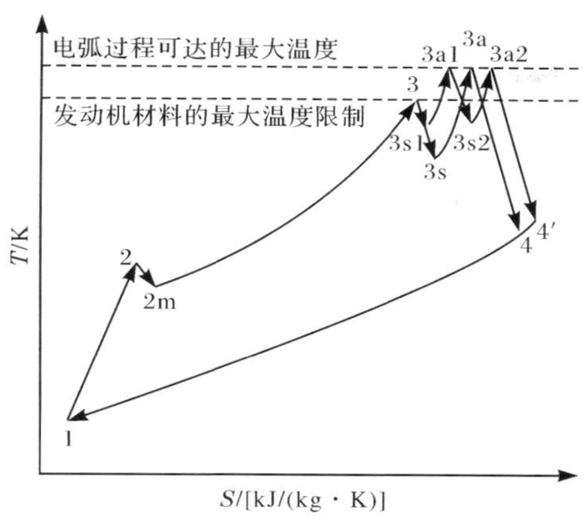

图 5.5　MHD-Arc-Ramjet 联合循环发动机热力循环温-熵图

(3 点温度)，从而扩宽燃烧室中的加热温升。

(2) 在尾喷管中可采用从前到后布置多个电弧的方法来进行能量的注入。随着来流状态的变化，调节能量旁路的能量取出率，转化的电能在尾喷管的不同位置以不同的能量比率进行注入，从而改变气流在尾喷管中的膨胀状态和发动机推力。图 5.5 中给出了采用 1 级电弧和 2 级电弧的发动机工作过程。

(3) 电弧式加热设备利用尾喷管作为电弧的阳极，额外的阴极和附属电路的质量很小。相对于磁流体加速设备而言，电弧式能量注入设备结构简单，质量较轻。

关于 MHD-Arc-Ramjet 联合循环发动机与 AJAX 发动机的对比，现将这两种发动机间的异同点归纳为表 5.1。

表 5.1　AJAX 和 MHD-Arc-Ramjet 联合循环发动机间的比较

发动机类型	相同点		不同点	
	热力循环方面	技术实现方面	热力循环方面	技术实现方面
AJAX 发动机	属于超燃冲压发动机能量旁路循环	能量取出均采用磁流体发电设备	1) 燃烧室出口温度远低于最高温限 2) 磁流体加速通道出口处温度低于最高温限	1) 磁流体加速通道位于燃烧室出口 2) 存在磁流体边界层电流短路现象

续表

发动机类型	相同点		不同点	
	热力循环方面	技术实现方面	热力循环方面	技术实现方面
MHD-Arc-Ramjet 联合循环发动机	属于超燃冲压发动机能量旁路循环	能量取出均采用磁流体发电设备	1) 燃烧室出口温度能够抵达最高温限 2) 电弧加热过程出口处温度能够超越最高温限 3) 能够实现多级能量回注	1) 电弧加热设备可处于尾喷管中的任何位置 2) 电弧加热过程具有特殊的温度场分布 3) 可采用多级电弧进行能量注入

5.2.2 超燃冲压发动机能量旁路循环的性能潜力

基于经典热力学理论开展的超燃冲压发动机能量旁路循环的分析,对于认识其热力循环是有帮助的。由于热力学分析采用了大量中间变量,例如压缩效率,这些参数具有直接的热力学内涵,但实际应用中这些参数的物理意义并不清晰,也很难定量度量。为此,下面在热力循环分析的基础上,以 MHD-Arc-Ramjet 发动机为对象,建立部件内部流动的准一维模型,定量讨论超燃冲压发动机能量旁路循环的性能潜力。

1. 发动机推力分析的准一维模型

MHD-Arc-Ramjet 联合循环发动机的结构示意图如图 5.6 所示。不同特征点参数用下标区分。为了比较,把能量旁路系统不工作的 MHD-Arc-Ramjet 联合循环发动机理解为传统冲压发动机,此时状态 2 和 2m 点,以及 3s 和 3a 点的气动参数分别相等。

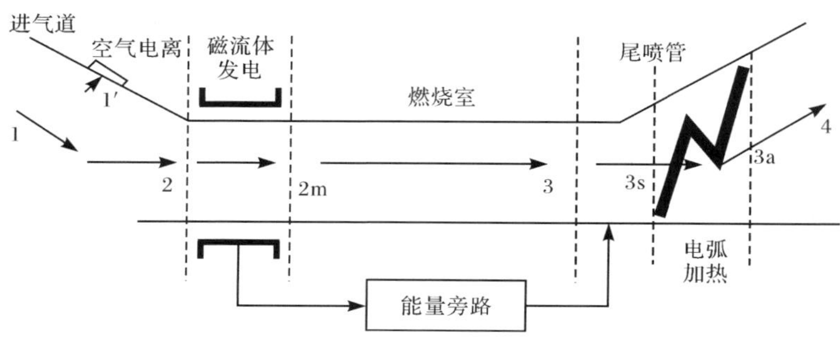

图 5.6 MHD-Arc-Ramjet 联合循环发动机的结构示意图

建模依赖的假设条件为:①通道中参数随时间的变化率很小,视为定常流动过程;②工质为理想气体;③来流在进气道中进行等气流转折角的四道激波压缩过程;④加入碱金属元素过程中不考虑质量、能量的增加以及过程损失;⑤磁流体发电通道为法拉第型;⑥忽略由于燃料注入所引起的质量增加以及由于摩擦和热损失所引起的动量降低,即假设燃烧过程中压力、速度恒定;⑦尾喷管中进行理想的膨胀过程,不考虑膨胀中的耗散[16];⑧采用电弧能量的注入过程等价于热量的注入过程。

由于燃烧室中燃料/空气充分混合和稳定燃烧的需求,燃烧室入口的马赫数应小于上限 Ma_c。受材料耐温和冷却技术的限制,发动机流道中气流最高温度应低于极限值 $T_{\lim}$。依据文献[17]中关于高超声速飞行的动压设计要求,在来流速度 2800～4000m/s 范围内按照等动压条件 $q_1=5\times10^4\text{N/m}^2$ 进行考虑,来流特性参考标准空气特性表[18]。

1) 进气道压缩过程

来流在前体中经过四道激波的绝热压缩和方向转折后进入磁流体发电通道。每一道激波压缩前、后气流参数间的关系可表示为

$$
\begin{aligned}
p_{\text{tn}} &= p_{\text{tm}} \frac{\left[\dfrac{(\gamma+1)Ma_{\text{m}}^2\sin^2\beta}{2+(\gamma-1)Ma_{\text{m}}^2\sin^2\beta}\right]^{\frac{\gamma}{\gamma-1}}}{\left(\dfrac{2\gamma}{\gamma+1}Ma_{\text{m}}^2\sin^2\beta-\dfrac{\gamma-1}{\gamma+1}\right)^{\frac{1}{\gamma+1}}} \\
Ma_{\text{n}} &= \frac{Ma_{\text{m}}^2+\dfrac{2}{\gamma-1}}{\dfrac{2\gamma}{\gamma-1}Ma_{\text{m}}^2\sin^2\beta-1}+\frac{Ma_{\text{m}}^2\cos^2\beta}{\dfrac{\gamma-1}{2}Ma_{\text{m}}^2\sin^2\beta+1} \\
\tan\delta &= \cot\beta\frac{Ma_{\text{m}}\sin^2\beta-1}{Ma_{\text{m}}^2\left(\dfrac{\gamma+1}{2}-\sin^2\beta\right)+1}
\end{aligned}
\tag{5.21}
$$

式中,β 为激波角;δ 为气流转折角;下标 m、n 对应激波前、后的气流状态。

根据激波压缩的机理,进气道出口 2 点的气流参数取决于来流条件和气流转折角 δ。

2) 电离过程

为了保证磁流体发电通道的有效工作,通道入口气流的电导率必须处于 50～100S/m 的量值范围[6]。当气流的电导率不满足这个要求时,可采用加入碱金属元素的方式或非平衡电离方式,来加强气流的电离。Park 等指出[19]:在气流中加入 0.001 质量比例的钾元素来促进气流的热平衡电离,温度达到 3500K 以上时气流电导率可满足上述要求;或者加入 0.003 质量比例的铯元素,2800K 以上时可满足要求。Macheret 等指出[20]:利用电子束向气流注入能量是有效的非热平衡电离方式,所需能量取决于气流电导率。

当采用加入碱金属元素的方式来加强电离时,磁流体发电通道入口温度 $T_2\geqslant$

3000K 时气流电导率满足要求。依据假设条件，碱金属元素加入前后气流的气动参数不变。

当采用电子束注入能量的方式来加强气流电离时，所需能量来源于磁流体发电通道输出的电能。根据 Kuranov 等的研究[21]，用于电子束注入的能量与气流电导率之间的数值关系可表示为

$$\begin{cases} n_e = 1.124 \times 10^{18} \sqrt{q_{ion}} \\ \sigma = \dfrac{e^2 n_e}{m n k_c} \end{cases} \tag{5.22}$$

式中，n_e 为电子浓度，$1/m^3$；q_{ion} 为电子束注入能量的功率密度，W/cm^3；σ 为气流电导率，S/m；n 为中性分子浓度，$1/m^3$；$e=1.6\times10^{-19}$ C，为电子电量；$m=9.11\times10^{-31}$ kg，为电子质量；k_c 为电子分散速率，取值为$2\times10^{-8}\,cm^3/s$。依据电导率 σ 的数值就可推算出电子束注入所需的能量 q_{ion}。

由于在所讨论的电导率水平下，n_e/n 处于10^{-5}的数量级[16]，能量的注入主要是加强和维持占分子数量很小比例的气体发生电离。这里认为能量注入仅提高了气流电导率，其对于气动参数的影响忽略不计。同时，随着气流沿流道向后流动，处于游离态的正离子和电子之间发生碰撞、湮灭，电离消耗的能量会不断转化为热能而释放出来，这里认为电离消耗的能量在燃烧室中全部释放出来。

3）磁流体发电通道

磁流体发电通道中电磁场与导电流体间相互作用包括两个方面：电磁力以及流场与电磁场间的能量交换（如果忽略电磁力所产生的粒子磁化和极化效应，这两个作用就是常说的磁流体动力学效应）。考虑这两个作用的磁流体动力学基本方程组为[4]

$$\begin{cases} \dfrac{\partial \rho}{\partial t} + \nabla \cdot (\rho \boldsymbol{v}) = 0 \\ \rho \dfrac{\mathrm{D}\boldsymbol{v}}{\mathrm{d}t} = -\nabla p + \boldsymbol{J}\times\boldsymbol{B} + \dfrac{\boldsymbol{v}}{\rho}\left[\nabla^2 \boldsymbol{v} + \dfrac{1}{3}\nabla(\nabla\cdot\boldsymbol{v})\right] \\ \rho \dfrac{\mathrm{D}}{\mathrm{d}t}\left(h + \dfrac{v^2}{2}\right) = \boldsymbol{J}\cdot\boldsymbol{E} + \dfrac{\partial p}{\partial t} \\ \nabla\times\boldsymbol{B} = \mu_0 \boldsymbol{J},\quad \nabla\cdot\boldsymbol{B} = 0,\quad \nabla\times\boldsymbol{E} = -\dfrac{\partial \boldsymbol{B}}{\partial t},\quad \nabla\cdot\boldsymbol{E} = \dfrac{e n_e}{\varepsilon_0} \\ \boldsymbol{J} = \sigma(\boldsymbol{E} + \boldsymbol{v}\times\boldsymbol{B}) \\ p = \rho R T \end{cases} \tag{5.23}$$

式中，$\boldsymbol{E}$ 为电场强度；$\boldsymbol{B}$ 为磁场强度；$\boldsymbol{J}$ 为通道中的电流密度；e 为带电粒子所带的电量。

式(5.23)是一个三维、非定常、黏性的方程组，不仅含有复杂的流体动力学源

项，还加上了极复杂的电磁学源项。就目前已掌握的数学分析知识来看，很难解析求解。在这里依据假设条件，式(5.23)简化为一维、定常、无黏方程。

$$\begin{cases}\rho vA=\text{const}\\ \rho v\dfrac{\mathrm{d}v}{\mathrm{d}x}+\dfrac{\mathrm{d}p}{\mathrm{d}x}=-\sigma B^2 v(1-k)\\ \rho v\dfrac{\mathrm{d}}{\mathrm{d}x}\left(c_p T+\dfrac{v^2}{2}\right)=-\sigma B^2 v^2 k(1-k)\\ p=\rho RT\end{cases}\tag{5.24}$$

式中，v 为轴向速度；A 为通道横截面积；B 为垂直轴向的磁场强度；k 为磁流体发电通道的负载系数，等于通道负载与电流环路总负载的比值，其数值反映了通道的电能利用效率。

式(5.23)中方程组包含 8 个变量，显然方程组是不封闭的。通常，磁场强度 B 是给定的；电导率 σ 已在前面讨论给出；负载系数 k 取决于发电通道的电路结构；这样的话，未知变量就减为 5 个。因此，就必须再添加一个方程，否则无法实现求解。关于磁流体发电的理论研究工作中，往往给定参数 p、ρ、v、T、A 中任意一个的变化规律来进行分析[4,14]。

下面在给定通道压力梯度变化规律的前提下，进行解析求解。假定磁流体发电通道中的压力梯度的变化规律为[8]

$$\frac{\mathrm{d}p}{\mathrm{d}x}=\sigma B^2 v\xi(1-k)^2\tag{5.25}$$

依据电磁力的表达式 $f_{\mathrm{B}}=-\sigma B^2 v(1-k)$，式(5.25)的物理含义为通道中的压力与电磁力间存在着线性的关系，其中 ξ 为比例因子。如果给定了通道截面变化规律，可以求得通道内压力梯度的变化规律，以及参数 ξ 的取值；也就是说，不同的通道截面变化规律对应于参数 ξ 的不同取值。

将式(5.25)代入方程组(5.24)，磁流体发电通道的一维、定常、无黏方程简化为

$$\begin{cases}\rho vA=\text{const}\\ \rho v\dfrac{\mathrm{d}v}{\mathrm{d}x}=-\sigma B^2 v(1-k)[1+\xi(1-k)]\\ \rho v\dfrac{\mathrm{d}}{\mathrm{d}x}\left(c_p T+\dfrac{v^2}{2}\right)=-\sigma B^2 v^2 k(1-k)\\ p=\rho RT\\ \dfrac{\mathrm{d}p}{\mathrm{d}x}=\sigma B^2 v\xi(1-k)^2\end{cases}\tag{5.26}$$

式(5.26)中第 2 个和第 3 个方程间相除，可得

$$[1+\xi(1-k)]c_p\frac{\mathrm{d}T}{\mathrm{d}x}=(k-1)(1+\xi)v\frac{\mathrm{d}v}{\mathrm{d}x}\tag{5.27}$$

式(5.27)两边积分，可得

$$[1+\xi(1-k)]C(T_{2m}-T_2)=(k-1)(1+\xi)\frac{v_{2m}^2-v_2^2}{2} \tag{5.28}$$

由通道中的能量守恒关系，可得

$$\left(c_pT_2+\frac{v_2^2}{2}\right)-\left(c_pT_{2m}+\frac{v_{2m}^2}{2}\right)=\left(c_pT_2+\frac{v_2^2}{2}\right)\eta_{ex} \tag{5.29}$$

联立式(5.28)和式(5.29)，可得

$$\begin{cases}\dfrac{T_{2m}}{T_2}=1+\eta_{ex}\dfrac{k-1}{k}(1+\xi)\left(1+\dfrac{\gamma-1}{2}Ma_2^2\right)\\ \dfrac{v_{2m}}{v_2}=\sqrt{1-\eta_{ex}\dfrac{1+\xi(1-k)}{k}\dfrac{(\gamma-1)Ma_2^2+2}{(\gamma-1)Ma_2^2}}\end{cases} \tag{5.30}$$

式(5.26)中第3个和第5个方程间相除，可得

$$-k\frac{\mathrm{d}p}{p\mathrm{d}x}=\frac{\xi(1-k)}{RT}\left(c_p\frac{\mathrm{d}T}{\mathrm{d}x}+v\frac{\mathrm{d}v}{\mathrm{d}x}\right) \tag{5.31}$$

式(5.30)代入式(5.31)，可得

$$\frac{\mathrm{d}p}{p\mathrm{d}x}=\frac{\xi}{1+\xi}\frac{k}{k-1}\frac{\mathrm{d}T}{T\mathrm{d}x} \tag{5.32}$$

式(5.32)两边积分，可得

$$\frac{p_{2m}}{p_2}=\left(\frac{T_{2m}}{T_2}\right)^{\frac{\xi}{1+\xi}\frac{k}{k-1}} \tag{5.33}$$

把状态方程代入式(5.33)，可得

$$\frac{\mathrm{d}\rho}{\rho\mathrm{d}x}=\left(\frac{\xi}{1+\xi}\frac{k}{k-1}-1\right)\frac{\mathrm{d}T}{T\mathrm{d}x} \tag{5.34}$$

式(5.34)两边积分，可得

$$\frac{\rho_{2m}}{\rho_2}=\left(\frac{T_{2m}}{T_2}\right)^{\frac{\xi}{1+\xi}\frac{k}{k-1}-1} \tag{5.35}$$

综合上述分析，可得到磁流体发电通道进、出口参数的解析关系如下：

$$\begin{cases}\dfrac{T_{2m}}{T_2}=1+\eta_{ex}\dfrac{k-1}{k}(1+\xi)\left(1+\dfrac{\gamma-1}{2}Ma_2^2\right)\\ \dfrac{v_{2m}}{v_2}=\sqrt{1-\eta_{ex}\dfrac{1+\xi(1-k)}{k}\dfrac{(\gamma-1)Ma_2^2+2}{(\gamma-1)Ma_2^2}}\\ \dfrac{p_{2m}}{p_2}=\left(\dfrac{T_{2m}}{T_2}\right)^{\frac{\xi}{1+\xi}\frac{k}{k-1}}\\ \dfrac{\rho_{2m}}{\rho_2}=\left(\dfrac{T_{2m}}{T_2}\right)^{\frac{\xi}{1+\xi}\frac{k}{k-1}-1}\end{cases} \tag{5.36}$$

分析式(5.36)，可得到如下结论：

(1) 当参数 k、ξ、η_{ex}和磁流体发电通道入口2处的参数确定后，可解析求得出

口 2m 处的参数。

(2) 参数 ξ 的数值决定了通道中流场的变化规律：当 $\xi=0$ 时，通道中压力保持不变；当 $\xi=k-1$ 时，通道中密度保持不变；当 $\xi=-1$ 时，通道中温度保持不变；当 $\xi=-1/(1-k)$时，通道中速度保持不变；当 $\xi=-1-k/[(1-k)\omega]$时，通道中马赫数保持不变，其中 $\omega=(1-k)Ma_1^2/2-1$。

(3) 气流经过等截面型的磁流体发电通道后，速度降低，温度、压力升高，其参数变化程度与磁场强度相关；改变通道截面型线的变化规律，通道中的气流参数也随之变化。因此，合理地选择磁场强度和截面型线的变化规律，可保证通道内气流状态按一定的规律发生变化。

4) 燃烧室/电弧能量注入

由于燃烧室内部流动非常复杂，除超声速流动下的化学反应外，还包括壁面摩擦、附面层分离和激波作用等，目前主要是通过数值分析与试验分析相结合的方法开展研究。借鉴文献[16]的方法，在假设压力恒定条件下简化分析，燃烧室进、出口气流参数间的关系可表示为

$$\begin{cases}(1+\alpha L_0)h_{t3}=\alpha L_0 h_{t2m}+Q_c+\alpha L_0 h_{t2}\eta_{ex}\eta_{ion}\\ p=\text{const}\end{cases}\tag{5.37}$$

式中，$Q_c=1.20\times10^8\text{J/kg}$，为氢燃料化学热值；$L_0$ 为恰当化学反应当量比；α 为余气系数。方程右端的 $\alpha L_0 h_{t2}\eta_{ex}\eta_{ion}$项是考虑到正离子和电子间碰撞湮灭而释放的能量，其中无量纲因子 $\eta_{ion}=q_{ion}/q_{ex}$表征了电子束注入的能量占磁流体发电通道取出能量的比例。

磁流体发电通道取出的电能除供应电子束注入外，剩余能量利用电弧返回给发动机。电弧能量注入前、后气流参数间的关系可表示为

$$\begin{cases}\left(1+\dfrac{1}{\alpha L_0}\right)(h_{t3a}-h_{t3s})=h_{t2}\eta_{ex}(1-\eta_{ion})\\ p=\text{const}\end{cases}\tag{5.38}$$

考虑到电弧注入流场的特殊性：电弧弧柱中心温度可高达 20 000K，弧柱边缘(壁面附近)温度却不超过 2000K[15]，在壁面安全前提下大部分的气流在弧柱区能够获得更高温度，注入过程的终止温度 T_{3a}可以超过温限 T_{lim}。

5) 尾喷管

不考虑尾喷管中的耗散，完全膨胀过程可描述为

$$\frac{p_4}{p_{3a}}=\left(\frac{T_4}{T_{3a}}\right)^{\frac{\gamma}{\gamma-1}}\tag{5.39}$$

依据上述部件模型，在来流特性以及参数 δ、η_{ion}、η_{ex}、k、ξ、T_{3a}、T_{lim}和 Ma_c 确定时，沿着发动机流道可依次确定各状态点的气动参数，进而直接计算和分析发动机的推力。

2. 发动机推力的影响因素分析

发动机推力取决于四个方面的因素：来流条件、发动机的结构、发动机的部件性能和技术工艺水平下的约束条件。同时，从发动机整体性能优化的角度来看，部件性能的最优化组合并不意味着发动机整体性能的最优化，因此，发动机部件性能应该是考虑部件耦合作用的性能。

根据以上分析，发动机的推力取决于来流特性以及参数 δ、η_{ion}、η_{ex}、k、ξ、T_{3a}、T_{lim}和 Ma_c。分析这些参数可知：气流经过激波后的转折角 δ 对应于进气道的结构，同时也反映了进气道的压缩损失，属于进气道的特征参数；比例因子 η_{ion}决定了电子束注入过程中的能量消耗，属于电离过程的性能参数；能量取出率 η_{ex}决定了磁流体发电通道取出的能量，以及通道出口的气流参数分布，属于磁流体发电通道的性能参数；负载系数 k 表征了磁流体发电通道中电路负载的结构，属于磁流体发电通道的结构参数；比例因子 ξ 决定了磁流体发电通道截面的变化规律，属于磁流体发电通道的结构参数；参数 T_{3a}是电弧加热的末端温度，作为 MHD-Arc-Ramjet 联合循环发动机中能量注入过程的特殊点，属于电弧加热过程的性能参数；参数 T_{lim}和 Ma_c由技术工艺水平所决定，属于约束条件。

下面对这些因素进行依次分析，讨论其对发动机推力的影响。

1) 电离方式/电离能量对发动机推力的影响

当采用加入碱金属元素的方式来加强气流电离时，在温度 $T_2\geqslant$ 3000K 条件下气流电导率满足要求。由于简化考虑碱金属元素加入过程，发动机推力并不受此过程的影响。

当采用电子束注入能量的方式来加强气流电离时，注入的能量来源于磁流体发电通道输出的电能，注入能量的数值取决于气流电导率的需求。图 5.7 给出了参数 η_{ion}与气流电导率 σ 之间的关系，其中 $\delta=13°$，$\eta_{ex}=0.1$，$k=0.5$，$\xi=-3.5$，$T_{3a}=5500$K，$T_{lim}=4500$K，$Ma_c=2$。可见，σ 随着 η_{ion} 单调增加；最小电导率需求 $\sigma=50$S/m下对应着最小值 min(η_{ion})(图中曲线和横坐标的交点)。这表明：随着空气电导率需求的增加，电子束注入的能量不断增加，在最小电导率需求下电子束注入的能量存在最小值。此外，对于来流 $v_1=2800$m/s，当 $\sigma=83.5$S/m 时，$\eta_{ion}=1$，此时磁流体发电通道输出的电能全部用于电子束注入，进一步提高空气电导率的需求，除了磁流体发电通道输出的电能外还需要额外的能量。

图 5.8 给出了 η_{ion}与单位推力的相对值之间的关系，相对单位推力是不同电导率下发动机单位推力 F_{sp}与 $\sigma=50$S/m 下 F_{sp}间的比值，相应参数取值和图 5.6 中相同。可见，随着 η_{ion}的提高，发动机的单位推力不断降低；相同 η_{ion}取值下，来流速度越高，电子束注入能量对于发动机单位推力的负面影响越强。

兼顾到空气电导率需求和发动机性能收益，应该在最小电导率需求下注入最

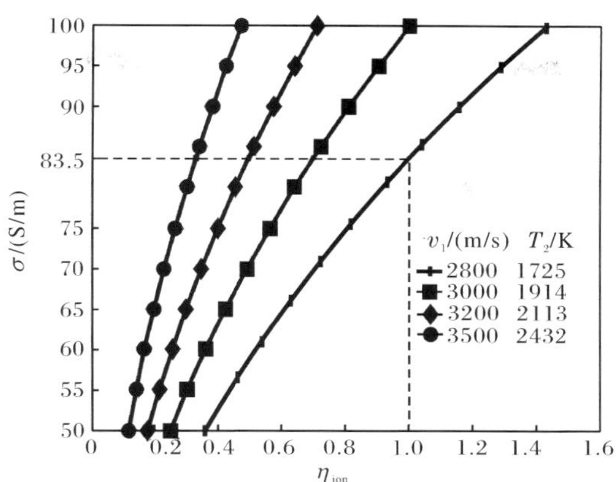

图 5.7　电导率 σ 和参数 η_{ion} 之间的关系

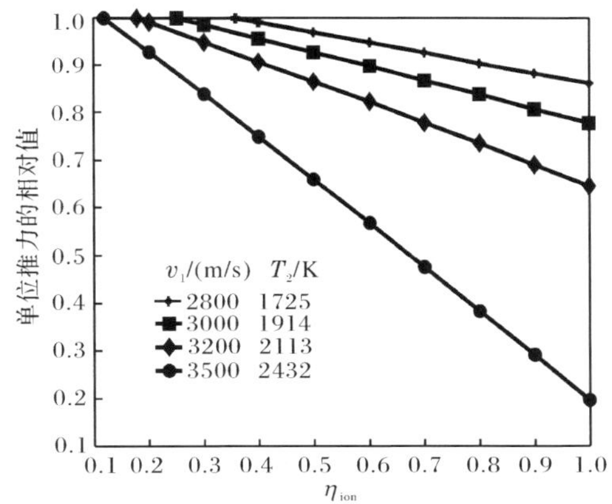

图 5.8　单位推力的相对值和 η_{ion} 之间的关系

少的能量，即 $\eta_{ion}=\min(\eta_{ion})$。需要说明的是，最小电导率需求下磁流体发电通道中的磁场强度及设备质量是值得关注的。

2) 磁流体发电通道的结构参数对发动机推力的影响

负载系数 k 属于磁流体发电通道的结构参数，其数值决定了通道中电磁力的量级、输出能量的功率密度、产生的焦耳热等，并最终影响了通道进出口参数间的关系，同时这个参数的取值依赖于通道的电路结构。

图 5.9 给出了负载系数 k 与发动机单位推力 F_{sp} 之间的关系，其中 $\delta=13°$、$\eta_{ion}=\min(\eta_{ion})$、$\eta_{ex}=0.1$、$\xi=-3.5$、$T_{3a}=5500\text{K}$、$T_{lim}=4500\text{K}$、$Ma_c=2$。

从图 5.9 可以明显地看出，提高参数 k 的取值，对于发动机推力有利，这种正增益效果随着参数 k 的增加而不断减缓；当 $k=0.5$ 时，发动机推力基本不再受参

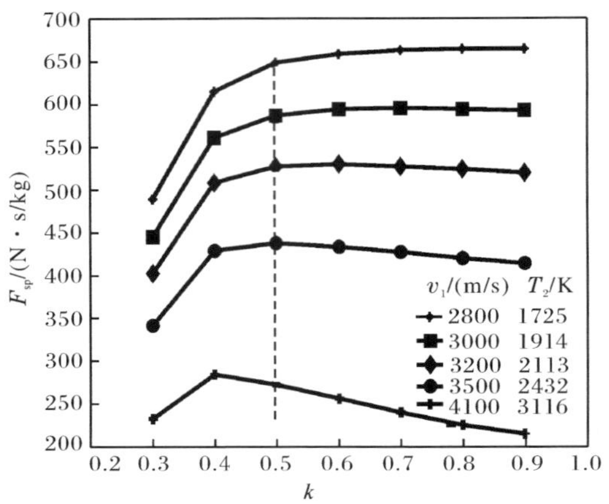

图 5.9　单位推力 F_{sp} 和参数 k 之间的关系

数 k 的影响。因此，下面分析中采用固定参数 $k=0.5$ 进行考虑。值得关注的是，发动机推力随参数 k 的变化在来流速度较小时表现为单调正增益；在来流速度较大后出现了先增后降的现象；$k=0.5$ 对应的发动机推力仍处于较合理的取值区间。

比例因子 ξ 反映了磁流体发电通道内压力梯度的变化规律，也对应了通道截面的变化规律，其必然会影响到发动机下游部件的流场分布以及发动机推力。然而，这里并不进一步讨论比例因子 ξ 与发动机推力之间的关系，这是由于：参数 ξ 决定了通道中的压力梯度的变化规律，同时这个作用也受到通道内电磁场强度 B 的直接影响；电磁场强度 B 会直接决定通道中电磁力的量级、输出能量的功率密度以及通道输出的电能，或者说，磁流体发电通道中电磁场强度 B 的大小反映了能量旁路系统的运行状态。故综合以上两点，并不直接讨论比例因子 ξ 与发动机推力之间的关系，而是把 ξ 的变化影响转化为参数 B（或 η_{ex}）所引起的发动机性能变化而进行考虑。

3）能量取出率对发动机推力的影响

能量旁路系统的运行改变了发动机的循环结构，其必然会影响发动机的性能。能量旁路系统运行状态可以用能量取出率 η_{ex} 进行准确的度量：参数 $\eta_{ex}=0$ 对应于传统冲压发动机的热力循环结构；参数 η_{ex} 取不同数值时对应于不同热力循环参数配置。因此，定量地分析参数 η_{ex} 与发动机推力之间的关系对于深层认识发动机的工作特性有帮助。

图 5.10 给出了能量取出率 η_{ex} 和 F_{sp} 之间的关系，其中 $\delta=13°$、$\eta_{ion}=\min(\eta_{ion})$、$k=0.5$、$\xi=-3.5$、$T_{3a}=5500\text{K}$、$T_{lim}=4500\text{K}$、$Ma_c=2$。不同速度下的 η_{ex} 存在最小值，这是因为磁流体发电通道输出的电能至少要供给电子束的能量消

耗，这个最小值对应于图中虚线标示。对于来流 $v_1=4100\text{m/s}$，由于温度 $T_2 \geqslant 3000\text{K}$，可以采用加入碱金属元素的方式来满足气流电离度的需求，此时 η_{ex} 不存在最小值。

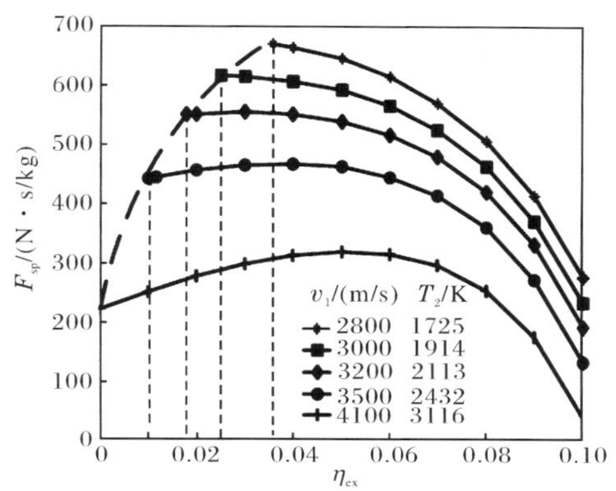

图 5.10 单位推力 F_{sp} 和参数 η_{ex} 之间的关系

从图 5.10 中可以明显地看出，F_{sp} 随着 η_{ex} 的增加出现了先升高后降低的趋势，并且当 η_{ex} 增加到一定值时，F_{sp} 会低于传统冲压发动机（$\eta_{ex}=0$）下的推力。这里的定量结果和前面的理论分析是相似的，即超燃冲压发动机能量旁路循环相对于冲压发动机的推力优势是存在条件的，或者说，能量旁路系统的运行对于发动机推力可能带来正增益影响，也可能带来负增益影响。

这个结果的理论分析为：F_{sp} 取决于 ΔT_t 和 π_{Σ}；提高 ΔT_t 和 π_{Σ} 都是提高 F_{sp} 的有利途径。增加 η_{ex} 有益于提高 ΔT_t；同时内部流动损失 π_{Σ} 随着 η_{ex} 的增加而降低（可定性归因于 η_{ex} 促使 $\pi_{\Sigma}=\pi_{in}\pi_g\pi_c\pi_a\pi_n$ 中的主导成分 π_g、π_a 降低）。综合 η_{ex} 对 ΔT_t 和 π_{Σ} 的影响，η_{ex} 与 F_{sp} 并不是单调变化，而是抛物线变化规律。

4) 电弧注入过程的最高温度对发动机推力的影响

电弧弧柱中心温度远高于弧柱边缘（壁面附近）温度，在壁面安全前提下注入过程的最高温度 T_{3a} 能够超过温限 T_{lim}。更高温度下的能量交换过程中损失较小。因此，T_{3a} 的不同取值会影响到发动机性能。

图 5.11 给出了 T_{3a} 与发动机单位推力的相对值之间的关系，其中相对单位推力是不同 T_{3a} 取值下 F_{sp} 和 $T_{3a}=T_{lim}$ 下 F_{sp} 的比值，参数 $\delta=13°$、$\eta_{ion}=\min(\eta_{ion})$、$\eta_{ex}=0.05$、$k=0.5$、$\xi=-3.5$、$T_{lim}=4500\text{K}$、$Ma_c=2$。可见，提高 T_{3a} 对于 F_{sp} 有利，这种优势在高速来流下表现得更为明显。这是由于当注入总能量一定时，T_{3a} 的取值决定了能量注入过程的损失：提高 T_{3a} 会降低过程的损失（熵增），增加过程的总压恢复系数，这对于 F_{sp} 是有利的。

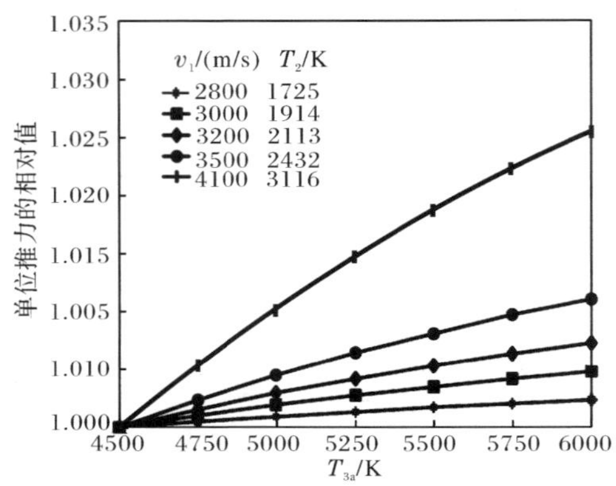

图 5.11 发动机单位推力的相对值与参数 T_{3a}之间的关系

5) 进气道结构对发动机推力的影响

高速来流经过进气道压缩后，进入磁流体发电通道并与电磁场相互作用。相对于传统冲压发动机而言，以往只能通过激波作用改变流场的进气道压缩过程，而在 MHD-Arc-Ramjet 模式下可以和磁流体发电通道结合在一起共同来控制流场。在满足燃烧室入口速度限制条件下势必减轻了进气道中气流压缩程度，降低了进气道压缩损失，这对于发动机性能有利。表 5.2 给出了不同进气道结构下发动机的单位推力，其中 $\eta_{ion}=\min(\eta_{ion})$、$k=0.5$、$\xi=-3.5$、$T_{3a}=5500K$、$T_{lim}=4500K$、$Ma_c=2$。

表 5.2 不同进气道结构下发动机单位推力的比较

发动机类型	v_1/(m/s)	δ/(°)	η_{ex}	Ma_2	$T_2/10^3K$	Ma_{2m}	F_{sp}/(N·s/kg)
冲压发动机	3200	15	—	2.17	2.69	—	—
		16	—	1.90	3.00	—	323.45
MHD-Arc-Ramjet	3200	15	0.02	2.17	2.69	1.95	328.47
		12	0.08	3.04	1.86	1.99	376.67

从表 5.2 中可以看出，对于传统冲压发动机而言，在来流速度 $v_1=3200m/s$、气流转折角 $\delta=15°$下，燃烧室入口马赫数不满足速度限制要求($Ma_2>2$)，此时进气道结构不合理。为了满足要求，必须增加压缩程度($\delta=16°$下，$Ma_2<2$)。对于 MHD-Arc-Ramjet 联合循环发动机而言，来流 $v_1=3200m/s$ 经过 $\delta=15°$的激波压缩后，进入磁流体发电通道中进一步减速，满足了速度限制要求($Ma_{2m}<2$)，并维持了此进气道结构下的发动机推力；此外，进一步降低进气道压缩程度，并提高磁流体发电通道输出能量($\delta=12°$，$\eta_{ex}=0.08$)，可获得更优的发动机单位推力。

6）约束条件对发动机推力的影响

部件性能的提高是发动机部件设计的主要目标，约束条件的突破是发动机技术工艺发展的主要方向。这里来讨论燃烧室入口处马赫数和流道内最高温限这两个约束条件对发动机推力的影响。

表 5.3 给出了不同进气道结构下发动机的单位推力，这里放宽燃烧室入口处马赫数约束为 $Ma_c=2.5$。

表 5.3　不同约束条件下发动机单位推力的比较

发动机类型	v_1/(m/s)	δ/(°)	η_{ex}	Ma_2	$T_2/10^3$K	Ma_{2m}	F_{sp}/(N·s/kg)
冲压发动机	3200	15	—	2.17	2.69	—	407.83
		13	—	2.73	—	—	—
MHD-Arc-Ramjet	3200	13	0.02	2.73	2.11	2.47	476.73
		10	0.07	3.67	1.45	2.50	503.11

传统冲压发动机在 $v_1=3200$m/s、$\delta=15°$和 $Ma_2=2$ 下，燃烧室入口马赫数不满足速度限制要求($Ma_2>2$)，此进气道结构不合理；放宽燃烧室入口处马赫数约束后，来流 $v_1=3200$m/s 经过 $\delta=15°$的进气道压缩后，仍能满足燃烧室入口马赫数约束条件。同时，进一步降低进气道的压缩程度($\delta=13°$)，传统冲压发动机的进气道结构又将不合理。MHD-Arc-Ramjet 联合循环发动机中，来流 $v_1=3200$m/s 经过进气道压缩($\delta=13°$)和磁流体发电通道的共同作用($\eta_{ex}=0.02$)，满足了速度限制要求($Ma_{2m}<2.5$)，并维持了此进气道结构下的发动机推力；进一步降低进气道的压缩程度，并提高磁流体发电通道输出的能量($\delta=10°$，$\eta_{ex}=0.07$)，在满足速度限制前提下可保证发动机更优的单位推力。

流道内最高温限 T_{lim}对应于燃烧室中的允许加热温升，结合发动机的性能分析可知，提高参数 T_{lim}意味着增加了发动机中可注入的热量，提高了发动机热力循环的平均吸热温度，必将增加发动机的做功量和发动机的推力。这里不再定量讨论 T_{lim}的影响效果。这里所指出的约束条件突破问题是和发动机技术工艺的发展水平紧密相关的，但其分析结论却为发动机技术工艺的发展指明了方向。

7）影响因素的讨论总结

综合上述分析，可得到以下结论：

(1) 当磁流体发电通道入口温度 $T_2<3000$K 时采用电子束注入能量的方式来加强气流电离，此时兼顾到电导率需求和发动机性能收益，应该在最小电导率需求下注入最少的能量，即 $\eta_{ion}=\min(\eta_{ion})$；当 $T_2\geq3000$K 时采用加入碱金属元素的方式来加强电离，即可以满足电导率需求。

(2) 随着能量取出率 η_{ex}的增加，发动机单位推力先升高后降低。这是因为由于参数 η_{ex}的增加，有利于燃烧室温升的提高，但同时也增加了发动机的部件损失。综合这两个方面的影响，在一定 η_{ex} 取值范围内，MHD-Arc-Ramjet 联合循环发动机的单位推力才会相对于传统冲压发动机出现正增益。

(3) 提高电弧加热的末端温度对于发动机推力有利。

(4) 在燃烧室入口速度限制条件下，发动机的进气道和磁流体发电通道结合在一起来控制燃烧室前端的流场。合理选择进气道的压缩程度和磁流体发电通道的工作状态(即合理选择参数 δ 和 η_{ex})，可在满足约束前提下保证发动机更优的单位推力。

(5) 发动机的结构参数(k、ξ)和约束条件(T_{lim}、Ma_c)也会影响发动机的推力，这里的分析结论为发动机的结构设计和技术工艺的发展指明了方向。

3. 发动机的推力优势及存在条件

基于上面的分析，超燃冲压发动机能量旁路循环的推力依赖于来流特性及部件参数组合。由于发动机部件间强耦合作用的存在，这些参数的取值往往相互关联。这使得发动机推力优化问题成为一个多变量、带约束的极值问题。

显性地把各变量的耦合关系表达出来，是求解这个优化问题的关键，也是问题的难点。这里我们并不采用最优化理论方法进行求解这个问题，而是在上述分析基础上，合理地选择各变量的取值，并兼顾各约束条件，来获得发动机的最优推力性能。

图 5.12 给出了不同来流速度下发动机的最优单位推力。这个最优值是在满足约束前提下，在参数 δ 和 η_{ex} 取值范围内寻找到的最大 F_{sp}；其他参数选定为 $k=0.5$、$\xi=-3.5$、$T_{lim}=4500\text{K}$、$T_{3a}=5500\text{K}$；当温度 $T_2\geqslant 3000\text{K}$ 时，采用加入碱金属元素的方式来加强电离；否则，采用电子束注入能量的方式来加强气流电离，$\eta_{ion}=\min(\eta_{ion})$。

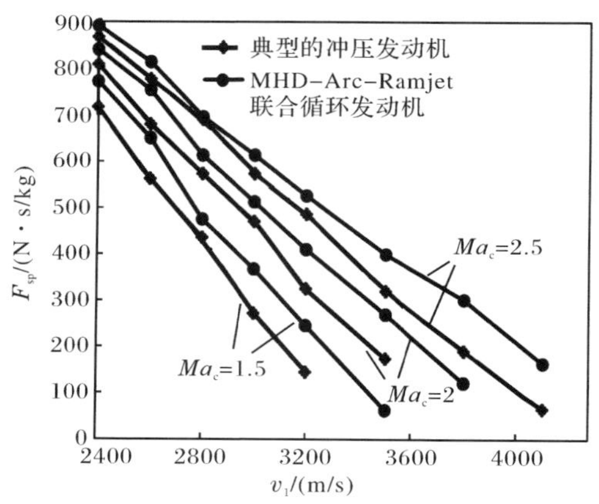

图 5.12　发动机最优单位推力与来流速度之间的关系

从图 5.12 中可见，合理选择参数组合，在很宽的来流速度范围（2400～4200m/s）内超燃冲压发动机能量旁路循环的单位推力均高于传统冲压发动机；在不同的燃烧室入口速度限制下，当来流速度高于一定值时，传统冲压发动机的单位推力衰减到很低的水平，而超燃冲压发动机能量旁路循环还能提供一定的性能。定量分析的结论表明，超燃冲压发动机能量旁路循环相对于传统冲压发动机，在改善发动机在高速区内的推力性能，以及扩展发动机的运行范围方面具有明显的优势。需要客观地说明：这种性能优势是以部件参数的合理选择为前提的。

下面将讨论推力优势的存在条件。当能量旁路不工作（能量取出率 $\eta_{ex}=0$）时，超燃冲压发动机能量旁路循环将蜕化为传统的布雷顿循环；当参数 η_{ex} 确定后，能量旁路系统的部件工作状态以及部件进出口之间的数值关系也是确定的。因此，可以把能量取出率作为独立变量，来讨论发动机推力的变化规律。

借鉴了文献[1]的描述方法，直接地给出超燃冲压发动机能量旁路循环的推力优势存在条件的第一种描述为

$$\left.\frac{\partial F_{sp}}{\partial \eta_{ex}}\right|_{\eta_{ex}\to 0}>0 \tag{5.40}$$

式(5.40)的物理意义是，超燃冲压发动机能量旁路循环中能量旁路的作用引起发动机的单位推力出现正增益；或者说，从传统冲压发动机模式向超燃冲压发动机能量旁路循环模式的转换，对单位推力产生正增益影响。明显地，这种推力优势存在条件的描述是非常直观的。

超燃冲压发动机能量旁路循环推力优势存在条件的第二种描述是基于式(5.20)给出的。当来流条件、燃烧室中的燃空比及各部件的总压比确定后，发动机的推力也将确定，这对于比较发动机推力是有帮助的。超燃冲压发动机能量旁路循环推力优势存在条件就可表示为

$$(\pi_{in}\pi_c\pi_n)_{ramjet}<(\pi_{in}\pi_g\pi_c\pi_a\pi_n)_{energy\text{-}bypass} \tag{5.41}$$

式(5.41)的物理意义是，能量旁路系统的工作使得总压比提高，将产生发动机推力的正增益。进一步地，由于尾喷管性能往往保持在较高的水平，π_n 接近于 1；进气道的总压比 π_{in} 取决于来流条件和进气道结构，其基本不受能量旁路系统的影响。式(5.41)可进一步的简化为

$$(\pi_c)_{ramjet}<(\pi_g\pi_c\pi_a)_{energy\text{-}bypass} \tag{5.42}$$

这意味着：如果能量旁路系统的工作使得 $\pi_g\pi_c\pi_a$ 相对于原来的燃烧室总压比 π_c 有所提高，那么就将产生发动机推力的正增益。

4. 发动机推力的性能极限

以上分析表明：能量传递旁路的运行将明显地改变发动机的热力循环结构，

这有利于改善发动机的性能，扩展发动机的运行速度范围。尾喷管中电弧数目的配置将引起发动机的循环结构出现细节变化，进而影响发动机的性能。电弧数目的配置对发动机性能的影响，是 MHD-Arc-Ramjet 联合循环发动机的特殊问题。本节将分析随着电弧数目增加所产生的推力增益，讨论电弧数目趋近于无穷大时的推力极限。

1) 多级电弧对发动机推力的影响

为了分析的普适性，下面讨论电弧数目由 k 级增加到 $k+1$ 级时发动机的性能增益。采用多级电弧的特殊之处，在于能量以不同的比例在不同位置的电弧处实现能量注入。这里在保持燃烧室出口以前发动机结构、部件性能以及来流状态均不变的情况下，考察由于电弧数目的增加所引起的发动机性能变化，分析过程依赖于以下假设条件：

(1) 工质为理想气体。

(2) 发动机来流在进气道中进行等激波角的四道绝热压缩过程；忽略由于燃料注入所引起的质量增加以及由于摩擦和热损失所引起的动量降低，假设燃烧过程中压力、速度恒定；尾喷管中进行理想的膨胀过程，不考虑膨胀中的耗散。

(3) 磁流体发电通道中气流动能和电能之间的转换在等温条件下进行，发电环路中内阻产生的热量导致此过程出现熵增。

(4) 电弧能量注入过程相当于燃烧室中的能量注入过程。

基于上述假设，采用不同级电弧的发动机热力循环温-熵图如 5.13 所示。电弧注入过程为 3→3s1→3a1→…→3si→3ai→…→3sk→3ak，其中第 i 级膨胀过程为 3a(i−1)→3si，第 i 级电弧注入过程为 3si→3ai。

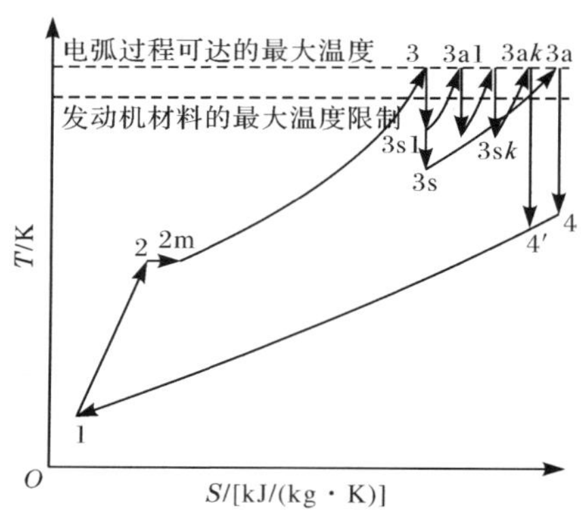

图 5.13　采用不同级电弧的发动机热力循环温-熵图

根据能量守恒原理可得，第 i 级膨胀、电弧注入过程 3a(i−1)→3si→3ai 中，

$$\eta_i\eta_{\rm arc}N_{\rm g}+h_{3{\rm a}(i-1)}+\frac{v_{3{\rm a}(i-1)}^2}{2}=h_{3{\rm a}i}+\frac{v_{3{\rm a}i}^2}{2} \tag{5.43}$$

式中，η_i 为第 i 级电弧注入过程中能量分配比例（$\sum_{i=1}^{k}\eta_i=1$）；$\eta_{\rm arc}$ 为电弧能量注入的能量利用率；$N_{\rm g}$ 为磁流体发电通道中取出的电能。

综合考虑各级电弧的注入过程，可推导得

$$(\eta_1+\eta_2+\cdots+\eta_k)\eta_{\rm arc}N_{\rm g}+(h_3-h_{4'})=\frac{v_{4'}^2}{2}-\frac{v_3^2}{2}$$

$$\longrightarrow \eta_{\rm arc}N_{\rm g}+(h_3-h_{4'})=\frac{v_{4'}^2}{2}-\frac{v_3^2}{2} \tag{5.44}$$

可见，在电弧注入的总能量 $N_{\rm g}$ 一定的情况下，发动机出口速度（v_4 或 $v_{4'}$）仅仅依赖于发动机出口处的静焓（h_4 或 $h_{4'}$）。

整个注入过程（3→3s1→3a1→…→3si→3ai→…→3sk→3ak）中的熵增为

$$\Delta S=\sum_{i=1}^{k}\frac{\eta_i}{\overline{T}_i}\eta_{\rm arc}N_{\rm g} \tag{5.45}$$

式中，$\overline{T}_i$ 为第 i 级电弧注入过程的平均温度。明显地，$\overline{T}_i<T_{\rm lim}$。

下面考虑电弧数目由 k 增加到 $k+1$ 级所引起的发动机性能改变。假设这种增加仅仅是把第 j 级电弧注入的能量 $\eta_j\eta_{\rm arc}N_{\rm g}$ 以比例 $\eta_{j'}$ 和 $\eta_{j'+1}$ 分别在两级电弧中注入。明显地，$\eta_{j'}+\eta_{j'+1}=1$。

当采用 k 级电弧实现能量注入时，其中第 j 级电弧注入的熵增为

$$\Delta S_j=\frac{\eta_j}{\overline{T}_j}\eta_{\rm arc}N_{\rm g}=\left(\frac{\eta_{j'}}{\overline{T}_j}+\frac{\eta_{j'+1}}{\overline{T}_{j+1}}\right)\eta_j\eta_{\rm arc}N_{\rm g} \tag{5.46}$$

同理，当采用 $k+1$ 级电弧实现能量注入时，可得

$$\Delta S_{j'}+\Delta S_{j'+1}=\left(\frac{\eta_{j'}}{\overline{T}_{j'}}+\frac{\eta_{j'+1}}{\overline{T}_{j'+1}}\right)\eta_j\eta_{\rm arc}N_{\rm g} \tag{5.47}$$

在电弧能量注入过程中，能量的注入导致温度的提高。明显地

$$\Delta T_j>\Delta T_{j'},\quad \Delta T_j>\Delta T_{j'+1} \tag{5.48}$$

考虑到电弧注入过程均加热气流到达材料耐温和冷却的极限温度 $T_{\rm lim}$，对应于发动机最大性能，结合式(5.48)可得

$$\overline{T_j}<\overline{T_{j'}},\quad \overline{T_j}<\overline{T_{j'+1}} \tag{5.49}$$

联立式(5.46)、式(5.47)和式(5.49)，可得

$$\Delta S_j>\Delta S_{j'}+\Delta S_{j'+1} \tag{5.50}$$

可见，电弧数目由 k 增加到 $k+1$ 级进行能量注入，会引起电弧注入过程的总熵增减小。这就意味着图 5.13 中 4′点位于 4 点的左侧。明显地

$$h_3-h_{4'}>h_3-h_4 \tag{5.51}$$

由联立式(5.44)和式(5.51)可知，$v_{4'}>v_4$。根据发动机单位推力的定义$F_{sp}=v_{ex}-v_i$(v_i、v_{ex}分别为发动机入口和出口速度)，可得在电弧数目从 k 级增加至 $k+1$级进行能量注入，会导致磁流体超燃冲压发动机的单位推力出现正增益。

由 k 取值的任意性可知，磁流体超燃冲压发动机中增加用于能量注入的电弧数目均会引起发动机的单位推力出现正增益。

2) 采用多级电弧的发动机推力极限

电弧数目 k 的增加会引起发动机的单位推力出现正增益，那么当 $k\to\infty$时发动机的单位推力是趋于无穷大，还是存在极限值，这是需要回答的问题。

当电弧数目 $k\to\infty$时，相当于存在无穷多级的电弧微元，每一级电弧微元均实现无穷小量的能量注入，即$\lim\limits_{k\to\infty}\eta_k=0$；无穷小量的能量注入意味着注入过程的温度变化量趋于零，即$\lim\limits_{k\to\infty}\Delta T_k=0$；依据式(5.48)和式(5.49)的分析，温度变化量趋于零意味着注入过程是在最高温度下进行的，即$\lim\limits_{k\to\infty}\overline{T_k}=T_{\lim}$。综合可见，电弧数目 $k\to\infty$的条件下电弧注入过程具有以下特征：

$$\lim_{k\to\infty}\eta_k=0,\quad \lim_{k\to\infty}\overline{T_k}=T_{\lim},\quad \lim_{k\to\infty}\Delta T_k=0 \tag{5.52}$$

这就是说，$k\to\infty$时相当于存在无穷多级的电弧微元，每一级电弧微元均在最高温度下实现无穷小量的能量注入，其过程中温度的变化量趋于零。或者说，在最高温度 $T_{\lim}$下把能量直接转化为工质的动能，工质的内能不变(温度不变)，所对应的发动机性能与 $k\to\infty$情况下的性能是相等的。在温度不变情况下把能量直接转化为工质的动能，是能量旁路系统的一种特殊工作状态；此状态下发动机具有确定的单位推力。

因此，随着电弧数目 k 的增加，发动机的单位推力不断增加；当 $k\to\infty$时发动机的单位推力趋近于一个极值。

电弧数目趋于无穷大时，发动机单位推力不断增加，并趋近于一个极值，这在理论上是有意义的。然而工程上电弧数目不可能趋于无穷大，往往存在一个加工、制造的极限，在这样的条件下应选用多少电弧呢。这里定量分析给以说明。依据 5.2.2 节的准一维模型和特征参数的取值，图 5.14 给出了发动机单位推力的相对值与电弧数目 k 之间的关系，其中多级电弧注入时每级电弧的能量分配比例是均等的，来流按着等动压条件 $q_1=4.5\times10^4\ \text{N/m}^2$ 进行考虑。

计算结果表明，随着电弧数目的增加，发动机的单位推力不断提高，并趋近于一个极值，这和上面的理论分析是一致的；这种规律与来流速度和部件特征参数的取值无关。同时也可以发现，当电弧数目较小时增加一级电弧所带来的单位推力增益非常明显；这种单位推力的增加量随着电弧数目的增多而不断减缓。例如，对于 $Ma_1=9.537$ 的来流，$k=2$ 时发动机单位推力相对于 $k=1$ 时增加了 0.61%，占极限条件下总增量的 54.46%；$k=3$ 相对于 $k=2$ 时增加了 0.19%，占

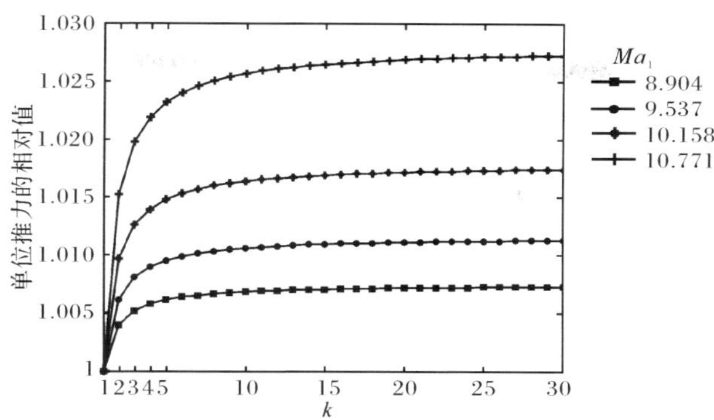

图 5.14　发动机单位推力的相对值与电弧数目之间的关系

极限条件下总增量的 16.78%。单位推力的增加量随着电弧数目的增多而不断减缓的现象，随着来流马赫数的提高而更加剧烈。

5.3　超燃冲压发动机能量旁路循环的部件试验

作用于航空推进装置中高速气流的 MHD 效应的实现水平，是需重点关注的问题。磁流体效应的强度可采用无量纲量 $N=\dfrac{\text{洛伦兹力}}{\text{惯性力}}=\dfrac{\sigma B^2 L}{\rho U}$来估计，其物理含义是作用于单位流体的洛伦兹力(MHD 作用力)与气流自身的惯性力之比。面向典型发动机内流条件进行估算：若在长度 $L=1\text{m}$ 通道产生强度 $B=5\text{T}$ 磁场，以美国/俄罗斯联合飞行试验条件 $Ma=3.1$，$p=1.1\times10^5\text{Pa}$，$T=570\text{K}$ 来考虑，维持 $N=0.1\sim1$时所需电导率水平 $\sigma=0.4\sim4\text{S/m}$；以典型涡扇发动机燃烧室出口条件 $Ma=0.8$、$p=0.5\times10^5\text{Pa}$、温度 $T=1000\text{K}$ 来考虑，维持 $N=0.1\sim1$ 时所需要的电导率水平为 $\sigma=0.35\sim3.5\text{S/m}$。可见，磁流体效应在航空装置的应用需要在大气压量级、高速气流中实现足够密度且均匀稳定的等离子体。

5.3.1　磁流体通道内高速气流的放电激励方法

磁流体通道在高超声速气流控制中得到广泛关注，主要因为：第一，传统流动控制办法在高超声速气流中往往伴随着严重的流动损失；第二，高超环境下的高温环境有可能产生气流的热电离条件，研究表明，$Ma>12$ 的高速气流在激波压缩或边界层滞止中获取的高温，并辅助以碱金属元素的注入，可实现磁流体效应所需要的气流电离水平。而对于较低马赫数的飞行条件，选用外界激励产生非热平衡等离子体是磁流体应用的必要手段。外部激励技术主要有电子束注入与纳秒脉冲放电，电子束注入因为需要很好的真空环境而有其固有的缺陷，所以目前主要采用纳秒脉冲放电产生所需要的等离子体。

纳秒脉冲放电有一些比较独特的特点:研究表明,在产生等离子体的方法中,电子束的能量效率是最高的,通常每电子能量花费为 20～40eV,纳秒脉冲放电每电子能量花费约为 100eV,而直流与射频放电每电子能量花费为 20 000～30 000eV,所以对于纳秒脉冲放电而言,能量利用效率非常高,这主要是因为纳秒脉冲的快速上升沿,使放电空间被施加了很高的过电压,导致放电空间有很高的约化电场(E/n,E 电场强度,n 气体密度),所以电子可以获得很高的能量,导致电离效率的提高。此外,和直流与射频放电不同的是,纳秒脉冲放电除了鞘层区的强电场可以产生高能电子外,其正柱区也有比较高的电场,而正柱区的约化电场与 Stoletov 点基本对应,所以不像直流与射频放电电离主要发生在鞘层区,纳秒脉冲放电除了鞘层区,正柱区(严格意义上讲,此时不应该称为正柱区)也会产生很强的电离,从而产生大体积高密度均匀放电模式,这一点对于 MHD 效应而言正好是非常合适的。

5.3.2 高速流动中大气压体放电的机理试验

1. 高速流动中大气压体放电试验方案

为实现高速流动、大气压空气在磁流体通道内实现均匀的非平衡电离,并实现其加速。结合国内外相关研究和技术状态,初步确定试验通道电离技术方案,试验段如图 5.15 所示。采用介质阻挡放电,通道的上下分别放置一个铜质脉冲电极,电极夹在云母陶瓷和丙烯酸塑料外壁之间,两电极间距为 20mm,电源特性为最大电压 8kV,脉冲半脉宽 10ns,脉冲重复频率为 1～10kHz。通道的左右分别放置一个铜质直流电极,电极嵌在硼氮化合物中。磁场方向为上下方向。直流电极的作用是为了维持等离子体中的电流,当加上上下方向的磁场时,等离子可以得到洛伦兹力的加速效果。

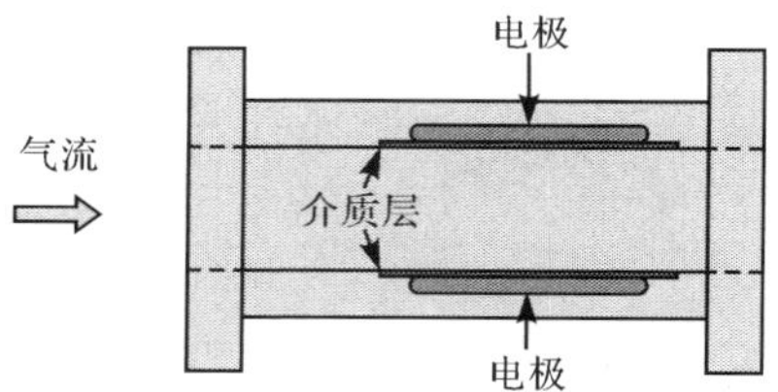

图 5.15 板板电离方案

高速气流环境中流动输运作用为放电通道的维持带来不确定性。为了进一步增加电离,并形成流动环境中放电通道的维持。初步确定在试验通道的上游增加非平衡预电离技术,形成预电离+电离试验段的分段电离方案,方案如图 5.16

所示。采用针板放电电离，上部为铜质针尖区域，下部为平板电极，铜质电极嵌在云母陶瓷中并用硅胶填充，针尖与平板间距离约为 15mm，高频高压电源为 6kV、20kHz。预电离区的作用主要是当试验段内产生等离子体浓度不够时，提高入口处的等离子体浓度。

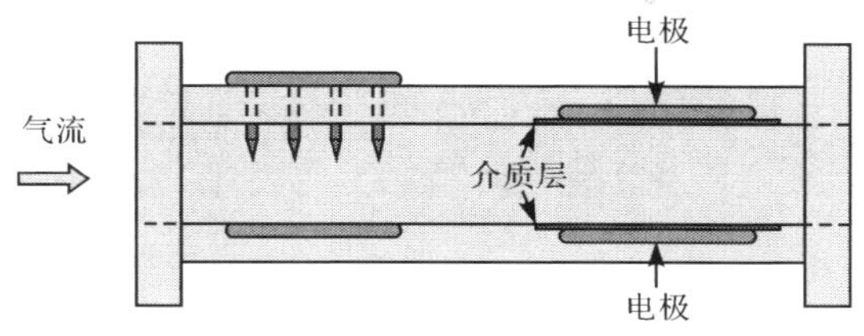

图 5.16　预电离下的板板电离方案

2. 高速流动中大气压体放电试验评估

高速气流环境中大气压均匀等离子体产生机理试验结果如图 5.17 所示。静止空气中，板板间存在不均匀的放电模式：无数条非常亮的放电通道。当 30m/s 的气流速度作用到放电区时，通道进口区内仍表现为放电丝，通道中部区出现了扩散均匀的放电。通道出口仍会出现放电丝，这是由于电极边缘的不均匀电场所引起的。

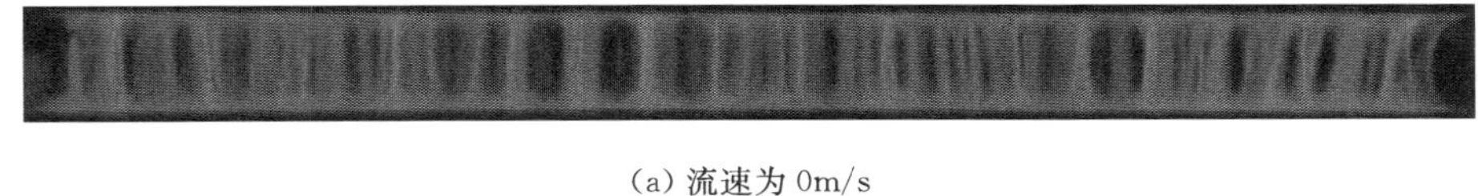

(a) 流速为 0m/s

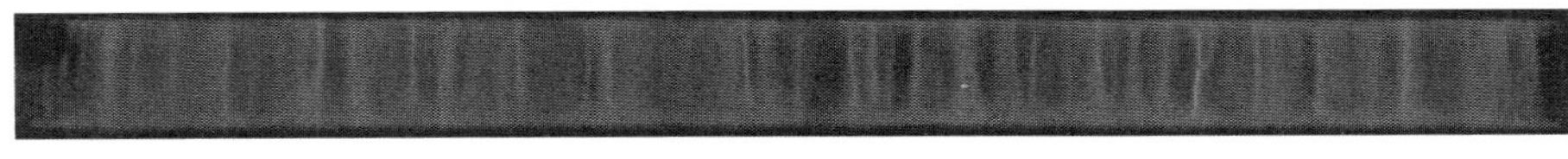

(b) 流速为 5m/s

(c) 流速为 10m/s

(d) 流速为 15m/s

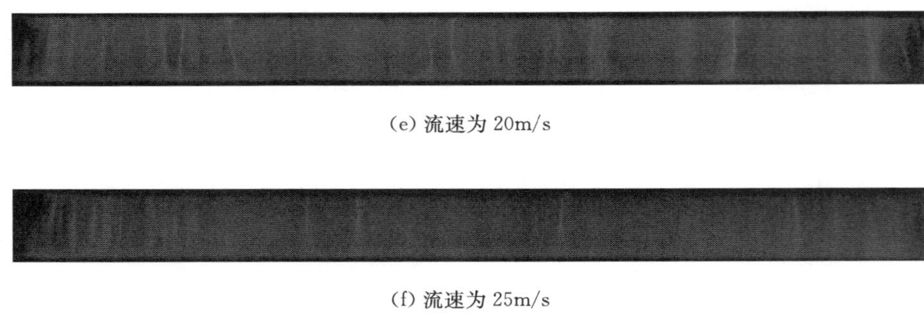

(e) 流速为 20m/s

(f) 流速为 25m/s

(g) 流速为 35m/s

图 5.17　不同试验条件下的典型放电效果图(见彩图)
(极板间隙 6mm，脉冲重复频率 1kHz,曝光时间为 1/1250s)

图 5.18 为脉冲电压为 50kV、脉冲重复频率为 1kHz、放电间隙为 6mm 时的典型放电电压和放电电流波形图。从图中可以看出，放电电流的振幅从几十伏到几百伏不等。放电电流的无规则分布表明了放电的不稳定性，这归因于间隙放电击穿与复杂动力学的随机性。

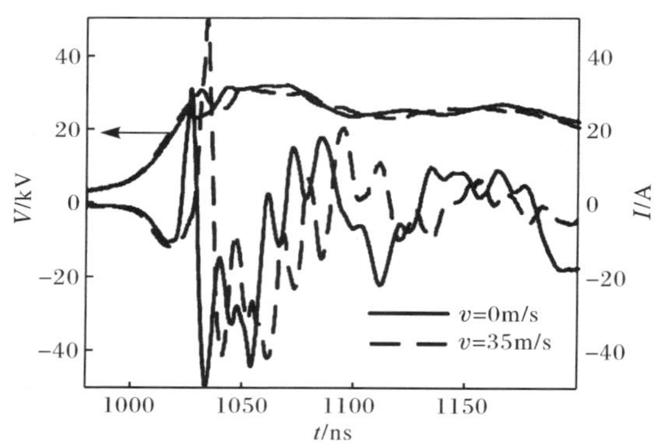

图 5.18　不同气流条件下体放电的电流波形图

在任何板板间距下，高速流动下放电模式实现由丝状放电向扩散均匀放电过渡的趋势。不同的板板间距下，每一个脉冲周期内的放电特性具有不同的特性。气流的存在使得每一个脉冲周期内放电时刻滞后，以获取更大的放电击穿电压和对应更高的放电电流。5mm 的板板间距下，气流的作用下击穿电压基本维持，放电电流则不断增加。6mm 的板板间距下，气流的作用下击穿电压基本维持，对应的放电电流则先增加后急剧降低。7mm 的板板间距下，气流的作用下击穿电压基本维持，对应的放电电流呈振荡降低趋势。

随着风速的增加，气体放电模式也发生了变化，从丝状放电向均匀放电转变。但随着间隙的增加，风速对放电电流又有着不同的影响。在很小的间隙里，随着风速增加放电也逐渐变增强；间隙变大时，随着风速增加放电电流先增加后降低；进一步加大间隙，放电电流随着风速的增加而降低。造成这种现象的可能原因是：绝缘层表面电荷的吹出（对放电有利）、亚稳态离子的吹出（对放电不利）。不同的风速下，这两个因素被影响的程度发生着交替变化：低速下核心区的第二因素占主导，高速下第一因素占主导。这是有待进一步探索的。

5.3.3 高速流动中大气压热平衡放电的机理试验

1. 大气压流动中热平衡放电的试验方案

由于磁流体效应对试验硬件的要求非常高，热平衡体放电等离子体源往往是和高焓气源、激波风洞以及试验件设计紧密相关的。这里介绍一下国内空军工程大学开展的试验工作[22]。

采用氦气驱动氩气模式的激波风洞，在低压段加入 K_2CO_3 粉末，设计喷管与试验段，建立了磁流体加速试验系统。试验系统示意图如图 5.19 所示。它主要由激波管、喷管与试验段、真空罐、控制与测试系统、电离种子注入装置、磁铁等构成。

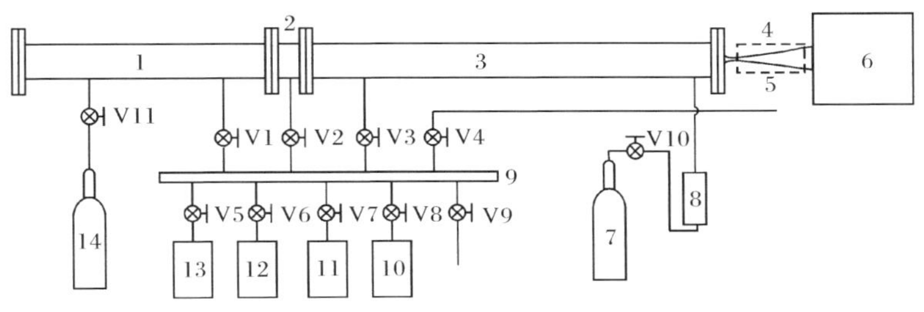

图 5.19　试验系统的结构示意图

1. 风洞驱动段；2. 波风洞缓冲段；3. 风洞被驱动段；4. 试验段；5. 磁场；6. 正空罐；7. 氩气源；8. 种子注入装置；9. 气体调节装置；10. 压缩机；11. 真空泵；12. 压力测量；. 13. 真空度测量；14. 氦气源

在气体中加入适量的电离电位较低的碱金属电离种子，可以在相对较低的温度下获得导电流体。电离种子可以是碱金属，也可以是碱金属的盐类物质，如 K_2CO_3、CsOH、KCl、CsCl 等，其加入量一般是气体质量的 1%～2%。本试验系统中选用 K_2CO_3 粉末作为电离种子。图 5.20 为低压段氩气与 K_2CO_3 粉末混合的注入装置。K_2CO_3粉末与被驱动气体混合注入前，采用球磨机进行研磨，使平均粒径在 5μm 左右，过大的粒径会出现粉末沉积的现象。

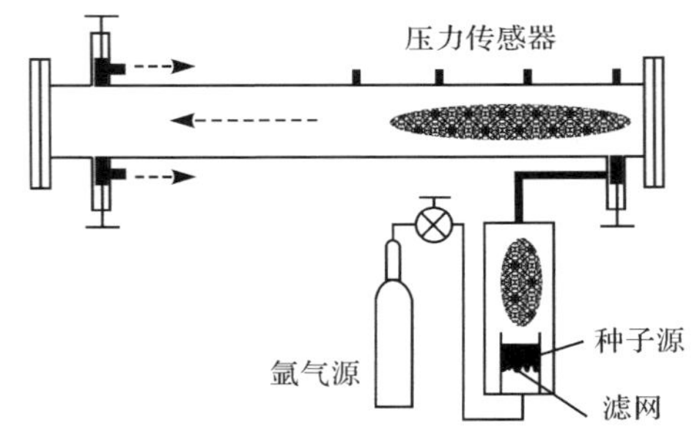

图 5.20　低压段氩气与 K_2CO_3粉末混合注入示意图

导电流体经超声速喷管喷出后，进入磁流体加速试验段，喷管与试验段采用直连的方式。考虑磁场的布置，喷管为二元拉瓦尔喷管，喷管出口 $Ma=1.5$，喷管喉道高 8.037mm，出口高 10mm、宽 20mm。考虑壁面边界层的影响，试验段采用 0.5°的扩张角。试验段采用分段法拉第型通道，通道由 20 对电极构成，电极宽 8mm，电极间距 4mm，其中，1# 电极上下高 11.76mm，5# 电极高 13.02mm，10# 电极高 14.58mm，15# 电极高 16.16mm，20# 电极高 17.72mm。试验段的结构如图 5.21 所示。电极材料采用铜，采用两块铷铁硼稀有永久磁铁提供磁场，通道内中心位置磁场强度约为 0.5T，磁铁两端的磁场强度约为 0.3T（测点距磁铁边缘 10mm）。由于试验需要高电压绝缘，喷管与试验段材料采用有机玻璃加工。

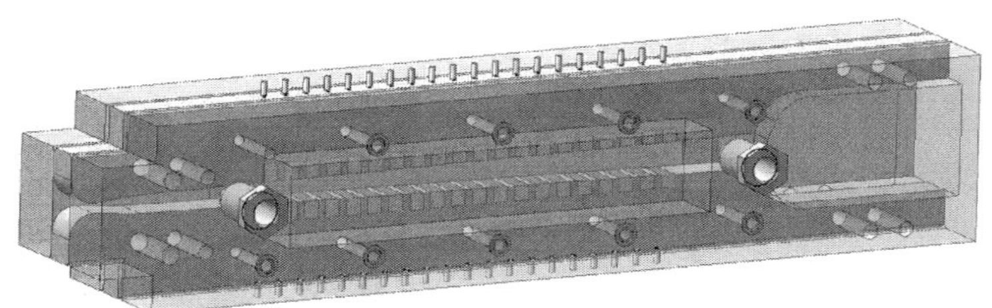

图 5.21　MHD 试验段的示意图（见彩图）

2. 大气压流动中热平衡放电的试验评估

试验过程中，每个外界电容通过一个 2Ω 无感电阻与试验通道的电极相连。1# ～18# 电容的充电电压为 400V，电容在 0.5ms 释放电量，电压从 400V 释放电量后降至 320V，电极间电流维持在 120A 左右。图 5.22 是 10# 电极的电压、电流测量结果。

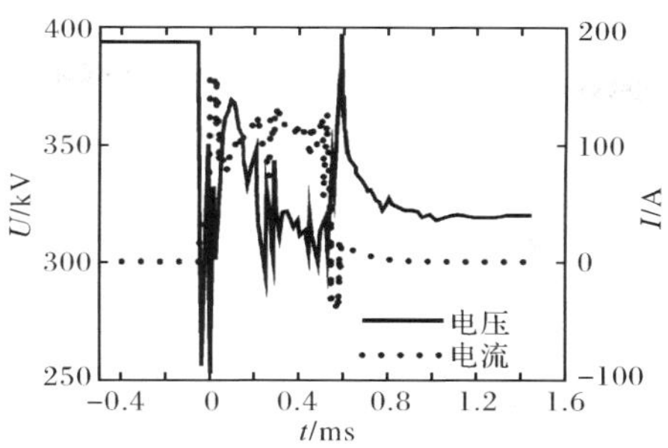

图 5.22 10# 电极的电压电流测量值

气流电导率的测量转化为通道截面的电阻率测量。通过测量响应截面的阻抗特性、截面的几何尺寸来推算,结果如图 5.23 所示。可见,10# 电极处的电导率约为 15S/m。由于通道前的电极产生的焦耳热会使温度上升,10# 电极下游位置的气流电导率会稍高。需要指出,此电导率是在磁场作用下的测量结果,由于受磁场的约束作用,导电流体内的带电粒子受到与其运动趋势相反的磁场力作用。相比于没有磁场作用时,电导率应相对减小。

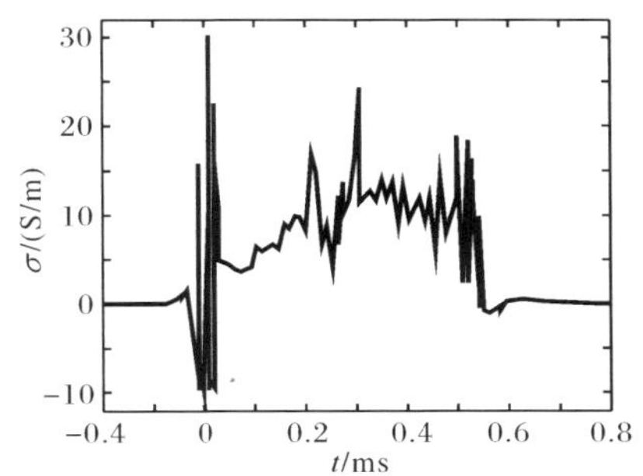

图 5.23 10# 电极所在截面的电导率测量值

5.4 小　　结

超燃冲压发动机能量旁路循环作为一种具有特殊循环结构的新循环,是本章讨论的重点。利用经典热力学理论,在理想和实际条件下开展了热力循环分析,展示了此循环的性能特征。在准一维模型基础上,讨论了发动机推力的影响因素及作用机理,定量展示了此循环相对于冲压发动机在改善高速区内的推力,以及扩展发动机运行速度范围方面具有明显优势,并给出了此循环存在推力优势的条件描述。最后展示了循环实现的关键技术——大气压高速气流放电的试验研究进展。

参考文献

[1] Heiser W H, Pratt D T. Comment on analysis of the magnetohydrodynamic energy bypass engine for high speed airbreathing propulsion. Journal of Propulsion and Power, 2005, 21(6): 1140—1140.

[2] Moses P L, Bouchard K A, Vause R, et al. An airbreathing launch vehicle design with turbine-based low-speed propulsion and dual mode scramjet high-speed propulsion//The 9th International Space Planes and Hypersonic Systems and Technologies Conference. Norfolk, VA, USA, 1999: AIAA 1999—4948.

[3] 廉筱纯,吴虎. 航空发动机原理. 西安:西北工业大学出版社,2005.

[4] 居滋象. 开环磁流体发电. 北京:北京工业大学出版社,1998.

[5] Seiner J M, Dash S M, Kenzakowski D C. Historical survey on enhanced mixing in scramjet engines. Journal of Propulsion and Power, 2001, 17(6): 1273—1286.

[6] Park C, Bogdanoff D W, Mehta U B. Theoretical performance of a magnetohydrodynamic bypass scramjet engine with nonequilibrium ionization. Journal of Propulsion and Power, 2003, 19(4): 529—537.

[7] Brichkin D I, Kuranov A L, Sheikin E G. MHD technology for scramjet control//The 8th AIAA International Space Planes and Hypersonic Systems and Technologies Conference. Norfolk, VA, USA, 1998: AIAA-98-1642.

[8] Fraishtadt V L, Kuranov A L, Sheikin E G. Use of MHD systems in hypersonic aircraft. Technical Physics, 1998, 43(11): 1309—1313.

[9] Kuranov A L, Sheikin E G. Magnetohydrodynamic control on hypersonic aircraft under "AJAX" concept. Journal of Spacecraft and Rockets, 2003, 40(2): 174—182.

[10] Gurijanov E P, Harsha P T. AJAX: New directions in hypersonic technology//The 7th International Space Planes and Hypersonic Systems and Technologies Conference. Norfolk, VA, USA, 1998: AIAA-96-4609.

[11] Bityurin V A, Lineberry J T, Potebnia V G, et al. Assessment of hypersonic MHD concepts//The 28th Plasmadynamics and Lasers Conference. Atlanta, GA, USA, 1997: AIAA-97-2393.

[12] Tang J F, Bao W, Yu D R. A new manner for energy reintroduction in AJAX//The 14th AIAA/AHI Space Planes and Hypersonic Systems and Technologies Conference. Canberra, Australia, 2006: AIAA-2006-8101.

[13] Brichkin D I, Kuranov A L, Sheikin E G. MHD technology for scramjet control//The 8th AIAA International Space Planes and Hypersonic Systems and Technologies Conference. Norfolk, VA, USA, 1998: AIAA-98-1642.

[14] 谭作武,恽嘉陵. 磁流体推进. 北京:北京工业大学出版社,1998.

[15] 毛根旺,韩先伟,杨涓,等. 电推进研究的技术状态和发展前景. 推进技术,2000,21(15): 1—5.

[16] Chase R L, Mehta U B, Bogdanoff D W, et al. Comments on an MHD energy bypass powered spaceliner//The 9th International Space Planes and Hypersonic Systems and Technologies Conference. Norfolk, VA, USA, 1999: AIAA-99-45521.

[17] Litchford R J, Cole J W, Bityurin V A, et al. Thermodynamic analysis of magnetohydrodynamic bypass hypersonic airbreathing engines. Journal of Propulsion and Power, 2001, 17(2): 477—480.

[18] Anonymous U S. Standard Atmosphere. Washington, DC: USA Government Printing Office, 1976.

[19] Park C, Mehta U B, Bogdanoff D W. Magnetohydrodynamics energy bypass scramjet performance with real gas effects. Journal of Propulsion and Power, 2001, 17(5): 1049—1057

[20] Macheret S O, Shneider M N, Miles R B. Electron beam generated plasmas in hypersonic MHD channels. AIAA Journal, 2001, 39(6): 1127—1138.

[21] Kuranov A L, Sheikin E G. Magnetohydrodynamic control on hypersonic aircraft under "AJAX" concept. Journal of Spacecraft and Rockets, 2003, 40(2): 174—182.

[22] 李益文. 高超声速飞行磁流体动力技术原理研究[博士学位论文]. 西安: 空军工程大学, 2011.

第 6 章　涡轮冲压组合动力循环

每一种类型的航空发动机都有其最佳的工作范围，且超燃冲压发动机无法实现自启动。随着人们航空、航天活动的增加，希望航空发动机能够在更宽速域范围内均具有很好的性能。如果将不同速域范围内性能不同类型的航空发动机进行有机组合，将克服不同类型航空发动机单独工作时的工况限制，以便充分利用各种发动机在其最佳工作范围内的优势，拓展各种航空发动机单独工作的应用范围，使得这种组合航空发动机在更宽速域范围内都能保持性能最优。

图 6.1 中列出了各类发动机在燃用不同燃料时的比冲随马赫数的变化规律。从图中可以发现，大气层内飞行时，吸气式发动机比冲比火箭发动机大很多，然而任何一种单独的发动机都不能在大马赫数范围内一直保持高效率的飞行。因此如何提高吸气式航空发动机在更广泛的马赫数范围内的适应性，是当前研究的主要问题。

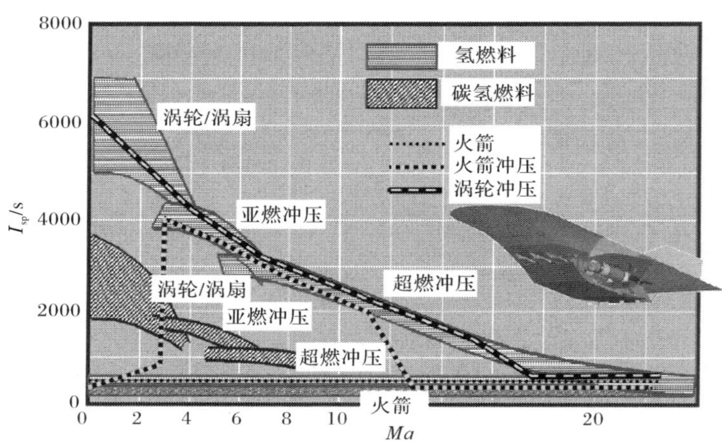

图 6.1　各类航空发动机的比冲

涡轮基组合发动机(turbine based combined cycle，TBCC)是一种新型的航空飞行器动力装置。它可以由零初速度起飞，通过涡轮发动机和冲压发动机的联合循环工作，达到很高的马赫数，克服了涡轮发动机和冲压发动机单独工作时的工况限制。

就目前各种航空发动机发展现状而言，高超声速推进系统可采用以涡轮、火箭、冲压、脉冲爆震等发动机为基础的各种形式的组合发动机，虽然组合动力的方案和类型很多，但从性能、费用、安全性和技术可行性等方面考虑，涡轮基组合循环发动机(TBCC) 和火箭基组合循环发动机(RBCC)是目前最有希望的高超声速飞行器组合动力形式。

6.1 涡轮冲压组合动力循环工作原理

涡轮冲压组合循环发动机 TBCC 是指将涡轮发动机和冲压发动机的工作循环组合在一起，实现变循环工作过程，使飞行器在不同的飞行条件(亚声速、超声速、高超声速)下都能得到良好的推进性能。涡轮冲压组合循环发动机是将涡轮喷气式发动机和冲压发动机进行有机组合，充分利用了涡轮喷气式发动机能够自启动、低速区比冲高的特点；高速区以冲压发动机为动力，充分利用了其高速区比冲高的特点。

从低速到高速飞行的变循环过程中，涡轮冲压组合发动机将先后经历涡轮模态、涡轮/冲压联合模态和冲压模态三个模态。起飞时，关闭冲压发动机涵道，涡轮发动机工作，此时涡轮冲压组合发动机以涡轮发动机模式工作；随着飞行速度的提高，逐步打开冲压发动机涵道，并启动冲压发动机(涡轮/冲压联合模态)；当马赫数接近 3 或更高时，涡轮发动机的进排气口被完全关闭，涡轮发动机停止工作，完全依靠冲压发动机提供推力。

TBCC 发动机变循环过程中不同组合发动机模态间的流道切换，可以通过模态转换阀来实现，这种模态转换方式的工作示意图如图 6.2 所示。

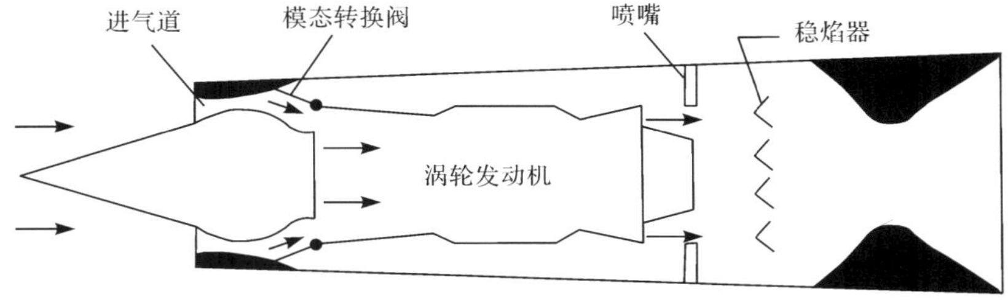

图 6.2 TBCC 发动机模态转换工作示意图

在 TBCC 发动机低速飞行时，气流在模态转换阀作用下全部进入涡轮发动机；在 TBCC 发动机高速飞行时，气流在模态转换阀作用下全部进入冲压发动机，此时组合循环发动机以冲压发动机方式工作。

TBCC 是一种双涵道发动机，主要特点如下：

(1) 高压涵道是涡喷发动机或涡扇发动机或变循环涡扇发动机(VCE)。

(2) 低压涵道是冲压发动机。

(3) 高、低压涵道可共用某些结构部件，如加力燃烧室/冲压燃烧室、共用尾喷管，当然也可以不共用这些部件。

(4) 空气在两个涵道中的流动状态表征了发动机的工作模式和工作状态。

6.2　涡轮冲压组合循环发动机的分类

TBCC 发动机从部件组合形式、部件选型等角度，主要有如下几种分类标准：

(1) 是否有能量在涡轮部件和冲压部件之间交换？主要分为通过风扇传递能量或通过引射器传递能量。

(2) 冲压燃烧室部件是否共用。

(3) 核心机是涡喷还是涡扇。

(4) 串联式还是并联式。

图 6.3 给出了一种涡轮部件与冲压部件之间能量无传递、独立冲压燃烧室的 TBCC 发动机方案构型。图 6.2 给出的是涡轮部件与冲压部件之间能量无传递、共用冲压燃烧室的 TBCC 发动机方案构型。

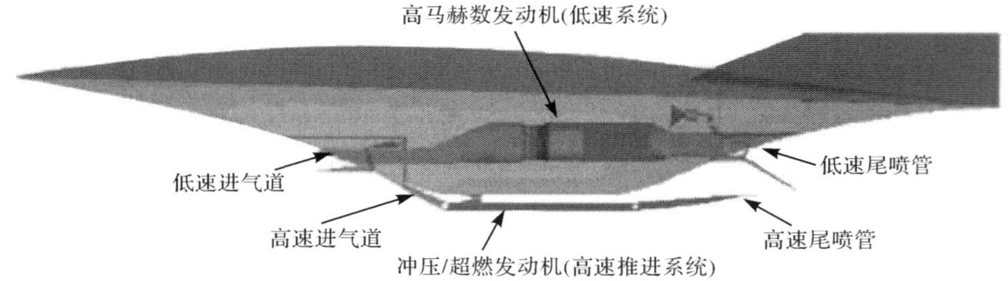

图 6.3　能量不传递且具有独立冲压燃烧室的并联 TBCC 发动机

图 6.3 所示这种涡轮部件与冲压部件之间能量无传递、独立冲压燃烧室的并联式 TBCC 发动机，它的尺寸大、复杂性高、结构重量大。图 6.2 所示这种有一部分能量不传递并且有独立冲压燃烧室的串联式 TBCC 发动机，涡轮核心机共用冲压燃烧室，由于涡喷发动机和冲压发动机通道间的压差很大，导致在低速、中速时不可能同时以两种模式工作，因此必须使用特殊装置关闭冲压发动机管道，然后再用特定调节方式转换成冲压发动机模式工作。

6.3　TBCC 发动机变循环过程分析

TBCC 发动机是一种涡轮发动机工作循环和冲压发动机工作循环共存的组合循环、变循环发动机，TBCC 发动机在大范围变工况工作过程中涉及涡轮发动机工作循环与冲压发动机工作循环相互切换，也存在两个工作循环共同工作的工况范围和变循环过程中的动态问题。因此，需要特别关注 TBCC 发动机变循环过程，来实现 TBCC 发动机全工况工作范围内的性能最优。

6.3.1　变循环转换原理

循环转换又称模态转换，也简称转级，是 TBCC 发动机特殊的变循环过程，它是在涡轮发动机工作循环和冲压发动机工作循环之间进行转换的过程。循环转换分为涡轮发动机工作循环向冲压发动机工作循环进行循环转换(简称正向循环转换)，以及从冲压发动机工作循环向涡轮发动机工作循环进行的循环转换(简称反向循环转换)。

在正向循环转换中，循环转换初始阶段时，TBCC 发动机以涡轮发动机循环工作。循环转换过程开始时，冲压涵道逐渐打开，从进气道进入的压缩空气从冲压涵道直接进入冲压燃烧室前的混合室。进入混合室的空气与涡轮发动机出口的燃气进行混合后，再进入冲压燃烧室参与燃烧，后经尾喷管排出产生推力。随着循环转换过程的不断深入，冲压涵道空气流量逐渐增大，而进入涡轮发动机的流量逐渐减小。最后，当冲压涵道流量增加到适当水平，涡轮发动机进入风车或慢车状态，这就完成了正向循环转换的过程。

在反向循环转换中，循环转换初始阶段时，TBCC 发动机以冲压发动机循环工作，涡轮发动机工作在风车或慢车状态。因此，除了与正向循环转换过程碰到相同的问题外，反向循环转换还涉及涡轮发动机在风车、慢车状态下的启动问题。无论是正向循环转换还是反向循环转换过程中，来流空气的总流量保持不变。

6.3.2　变循环转换基本问题

TBCC 发动机变循环过程中涡轮发动机和冲压发动机同时参与工作，发动机的动作复杂，存在以下问题。

(1) 发动机压力匹配问题。发动机正常的循环转换时，气流从冲压涵道入口进入，沿着冲压涵道进入冲压燃烧室。如果此时涡轮出口气流压力过大，将有可能导致冲压涵道出口处的混合气流压力大于冲压涵道入口气流压力。这时候气流会从冲压燃烧室沿冲压涵道倒流进入涡轮发动机前，出现回流，如图 6.4 所示。

回流的气体会被涡轮发动机压气机吸入，影响涡轮发动机和进气道的正常工作，因此必须避免发生回流。

(2) 流量匹配和推力连续问题。在循环转换过程中，发动机工作点参数动态变化较大，容易出现发动机循环转换过程中流量的波动变化过大和循环转换前后发动机的流量需求变化过大的情况。因此，在循环转换阶段，发动机的流量匹配

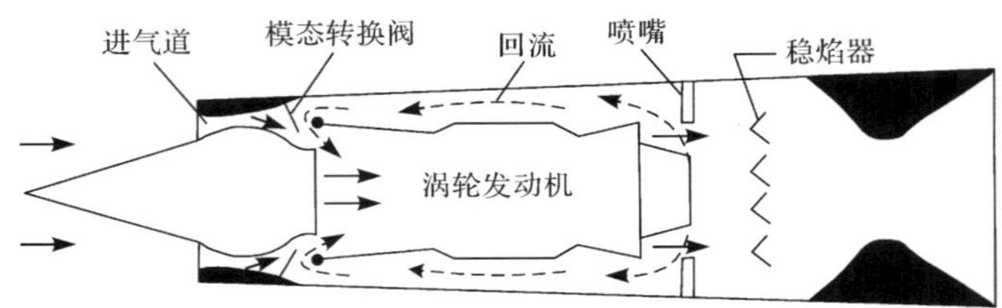

图 6.4 冲压涵道回流原理图

成为一个主要问题。同时,飞行器在飞行过程中,需要发动机推力保证飞行器的飞行速度和姿态。故在循环转换过程中,需要避免推力减小或者推力波动。因此,在循环转换前后及过程中,发动机的空气流量和推力应当保持不变。

(3) 循环转换过程控制时序安排。由于循环转换过程中会产生发动机流量和推力波动,不利于性能控制,因此循环转换过程应当尽快完成。但是如果循环转换过程过快,会引起发动机动态过程参数变化更剧烈,使发动机更容易出现危险工作状态。因此需要合理安排 TBCC 发动机循环转换过程控制时序,保证发动机循环转换过程中的性能。

6.3.3 变循环转换点的选取

正向循环转换在 TBCC 发动机加速阶段进行,应当开始于进气道启动和冲压发动机可以工作之后,终止于涡轮发动机不能正常工作前。反向循环转换应当在 TBCC 发动机减速阶段进行,应当开始于涡轮发动机可以启动进入工作之后,终止于进气道退出启动状态、冲压发动机不能工作之前。循环转换区间如图 6.5 所示。

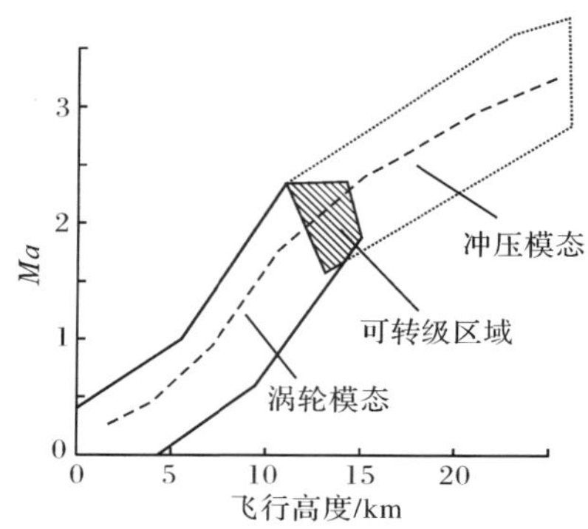

图 6.5 TBCC 的模态转换区域示意图

TBCC 发动机循环转换的基本目标是保证动态过程中发动机的流量和推力的

连续。在不同飞行条件下循环转换对发动机流量和推力连续会造成不同影响，不恰当的循环转换点会造成循环转换控制困难，或难以实现流量和推力同时连续。同时，在循环转换过程中，涡轮发动机、冲压发动机和冲压涵道各活门都需要进行一系列的控制动作，涉及发动机的多个过渡态过程，这些过渡态过程的控制性能，也与发动机的飞行条件有关。因此需要在可以进行循环转换的区域内，研究不同位置进行循环转换时的发动机循环转换性能，进而寻找最优的循环转换位置。

6.3.4　变循环共同工作问题

TBCC 发动机由核心机与进气系统组成。当涡轮发动机工作在较高 Ma 时，发动机进气道启动，为核心机提供激波压缩后的空气。为了使 TBCC 发动机正常工作，在 TBCC 发动机变循环工作过程中，要做好进气系统与核心机的共同工作协调，进气道捕获流量大小要与发动机流量需求相一致。如果 TBCC 发动机的空气流量需求变化超出了进气道的正常可变范围，就会出现进气道和发动机的不正常工作模式。

从图 6.6 可以看出，在 TBCC 发动机变循环工作过程中，发动机空气流量需求与进气道捕获流量分别符合不同的规律，因此需要对发动机和进气道分别进行控制，来保证二者流量一致性。为了保证 TBCC 发动机的安全性裕度，进气道的捕获流量应当大于发动机的流量需求，多余气体由排气装置排出；同时，为保证 TBCC发动机效率，进气道需要工作在低泄漏模态下，尽量减少废气排气量。

由于 TBCC 发动机进气道与核心机分别是两套复杂的系统。进气道的控制方式（如附面层抽吸、活门调节、变几何调节等）与核心机的控制方式难以用统一的控制框架描述，因此进气系统与核心机应当采用分开的控制方法。同时，在发动机工作状态发生变化时，例如，机动飞行改变发动机推力，通常会导致发动机流量发生变化；特别是在发动机循环转换过程中，发动机流量的波动更加明显。

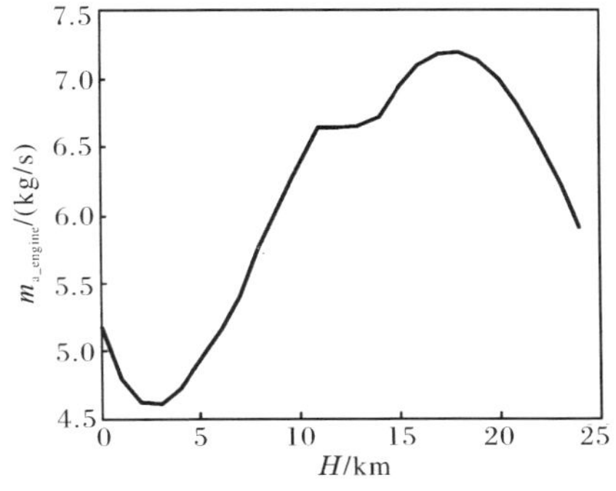

(a) TBCC 发动机空气流量需求特性

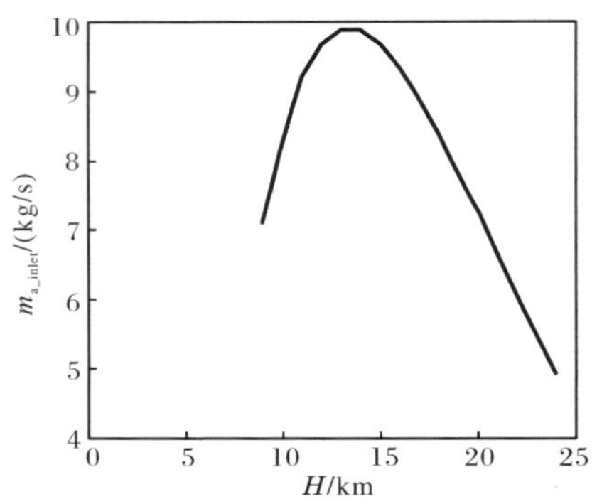

(b) TBCC 固定进气道流量捕获特性

图 6.6　TBCC 的流量需求特性和几何不可变进气道的捕获流量特性

可见，TBCC 发动机变循环工作过程中发动机流量不能发生过大波动，不能超过进气系统容许的空气供给变化范围。因此，应当特殊关注 TBCC 变循环工作中进气系统与核心机的共同工作特性，合理匹配进气系统的流量捕获特性与核心机流量需求特性。

6.4　安全约束下变循环过程性能寻优

TBCC 发动机变循环过程涉及涡轮发动机和冲压发动机两个工作循环的共同工作、循环过程的切换，涉及多个部件工作特性和多个热力过程参数的变化。此外，还要注意到 TBCC 发动机在变循环过程中的安全运行边界。因此，为了保证 TBCC 发动机变循环过程工作最优且可靠工作，需要在满足安全约束的条件下进行变循环过程性能寻优。

6.4.1　变循环优化运行规律

TBCC 发动机在加减速以及巡航过程中，需要对发动机变循环过程进行优化。即在不同的飞行高度和马赫数下，在满足安全约束条件下，在发动机正常工作区域内寻找最优运行规律。图 6.7 给出了考虑一定安全裕度下，以推力最大为循环优化指标的运行规律寻优结果。

如图 6.7 所示，虚线为 TBCC 发动机变循环过程中的安全运行包线，实线为发动机变循环工作特性线。整个 TBCC 发动机变循环工作包线共分为涡轮模态、加力模态和冲压模态 3 个模态。其中，加力模态和冲压模态的交汇区域为涡轮发动机工作循环和冲压发动机工作循环的共同工作区。

TBCC 发动机飞行包线比传统航空发动机更宽，飞行条件变化也更大，同时

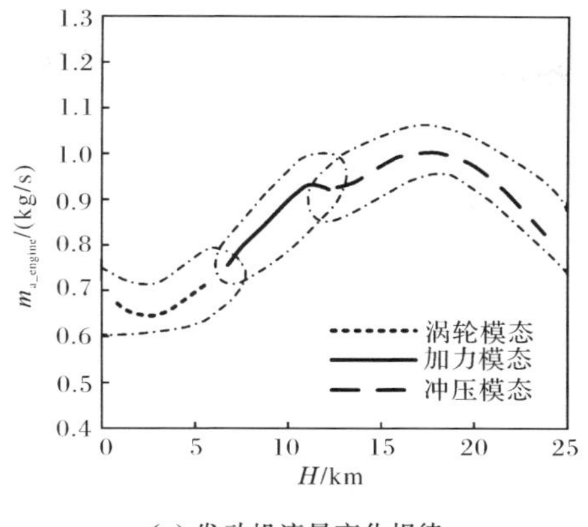

(a) 发动机流量变化规律

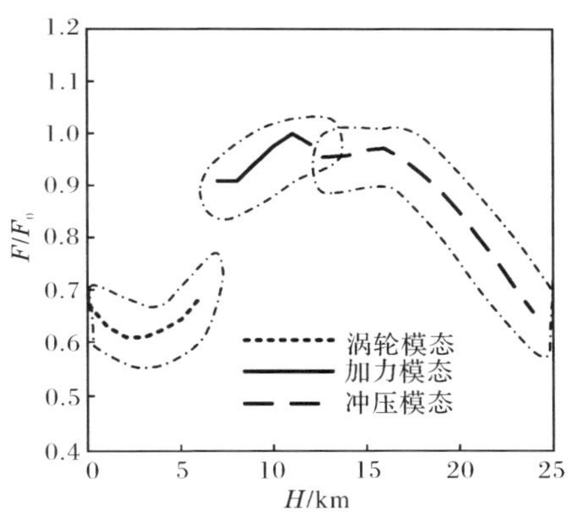

(b) 发动机推力变化规律

图 6.7　TBCC 工作过程中的流量和推力变化规律

TBCC 发动机的性能与飞行条件密切相关。因此在 TBCC 发动机变循环工作过程中，需要根据来流条件和飞行任务不断调整发动机运行规律。例如，涡轮模态下，需要根据飞行条件调整涵道比和发动机空气流量等。并且 TBCC 发动机各模态下运行优化目标不同：加速过程的运行规律的优化目标是，挖掘发动机性能潜力来提高推力，同时防止发动机发生喘振、超温、超转或流动阻塞；巡航阶段运行规律的优化目标是，减小发动机耗油率，增加发动机航程；减速阶段主要需要防止发动机出现熄火。

6.4.2　TBCC 发动机变循环优化运行过程仿真分析

由于 TBCC 发动机的工作过程涉及多个循环过程，各循环过程之间运行工况差异大，为了掌握 TBCC 发动机变循环工作特性，需要对 TBCC 发动机变循环过程中稳态工作特性和动态工作特性分别进行研究。

1. TBCC发动机全工况稳态运行仿真

TBCC发动机全工况优化运行一般以推力最大为优化目标，还要适当兼顾运行经济性，但要在保证发动机安全可靠工作的前提下。为了得到一个TBCC发动机全工况稳态运行规律，可以在发动机推力较大工况下给定优化运行规律。即在涡喷工作阶段和涡喷加力阶段，使涡轮发动机工作在高转速状态。对于加力燃烧室燃油流量，以等余气系数规律给定，可以得到表6.1中的一个全工况稳态运行规律。

表6.1　TBCC发动机典型工况运行规律参数表

飞行高度/km	Ma	冲压流量阀面积/mm²	核心机转速/(r/min)	尾喷口面积/mm²	工作模态
0～5	0～1	0	28 000	0.04	涡喷模态（模态1）
6	1.18	0	28 000	0.05	
7～8	1.36～1.53	0	27 000	0.06	涡喷加力模态（模态2）
9～13	1.69～2.29	0	28 000	0.06	
13	2.29	0	28 000	0.07	
13	2.29	0.315	24 000	0.07	冲压模态（模态4）
14～25	2.42～3.5	0.3	24 000	0.07	

按照表6.1中各个工况点进行全工况稳态仿真，变循环过程中空气流量、燃料流量和推力的仿真结果如图6.8～图6.10所示。

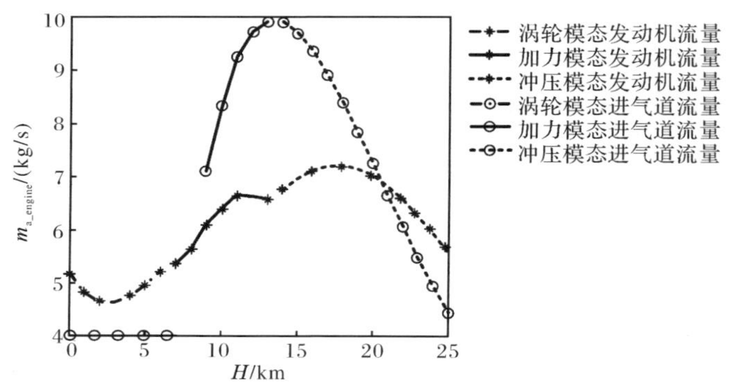

图6.8　变工况过程空气流量匹配特性

由图6.8所示，在涡喷加力模态和冲压模态的部分工况点出现了进气道捕获流量大于此时发动机所需空气流量的情况，在冲压模态部分工况点又出现了进气

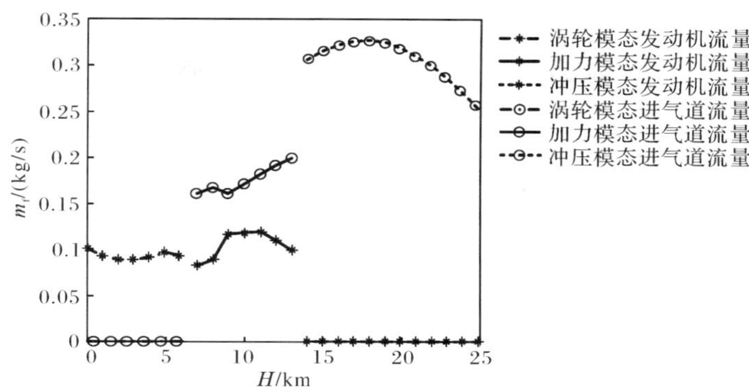

图 6.9　变工况过程燃油流量变化

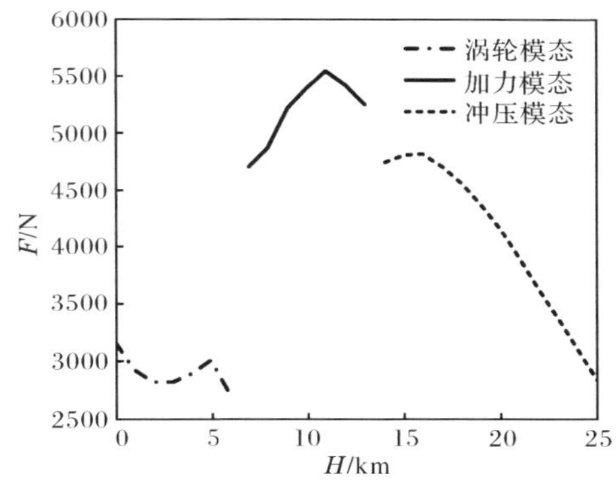

图 6.10　变工况过程推力变化

道捕获流量低于此时发动机所需空气流量的情况。这是由于进气道采用的是定几何结构，进气道捕获流量的变化规律与发动机流量需求的变化规律无法做到所有工况下均能很好地匹配。如果要使发动机所需流量与进气道的捕获流量能够相一致，进气道捕获面积需要具有一定的可调性。

如图 6.9 所示，在 0～6km 飞行空域内 TBCC 发动机工作在涡轮模态，此时冲压燃烧室喷油量为零。在 7～13km 飞行空域内 TBCC 发动机工作在涡轮/冲压组合模态，此时，涡轮燃烧室喷油量和冲压燃烧室喷油量均不为零，且冲压燃烧室喷油量有逐渐上升的趋势，相应地涡轮燃烧室喷油量在组合模态后期有慢慢下降的趋势。在 14～25km 巡航阶段，TBCC 发动机工作在冲压模态，涡轮燃烧室喷油量减为零，仅由冲压燃烧室喷油来提供 TBCC 发动机所需的推力。

如图 6.10 所示，在涡轮/冲压组合模态下，TBCC 发动机处于加速段，发动机推力水平最高；在冲压模态，TBCC 发动机推力逐渐降低，并在 25km 巡航点达到最低，进入巡航工况。

2. TBCC 发动机循环模态转换动态过程仿真

TBCC 发动机变循环过程的实现通常为一系列的时序动作，即对发动机的工作过程进行控制，进而改变发动机的热力过程参数和工作状态。考虑到 TBCC 发动机的各种工作边界，TBCC 发动机变循环过程的实现是在满足安全工作的前提下完成的。表 6.2 给出了一种正向循环转换的时序控制规律，指出了如何通过部件控制和供油量调节，来实现变循环过程。

表 6.2　正向循环转换控制时序表

时序 / 部件	循环转换前期调整				循环转换	循环转换完成
	步骤 1	步骤 2	步骤 3	步骤 4		
涡轮发动机	—	—	—	—	减小供油	进入慢车/风车
冲压发动机	—	点火	—	—	增加供油	正常工作
模态转换阀	—	—	—	开启	—	—
前可变阀门	—	—	关闭（防止回流）	—	匹配调整	—
后可变阀门	—	—	匹配调整	—	匹配调整	—
尾喷口	增大（防止点火失速）	—	匹配调整	—	匹配调整	—

图 6.11 给出了在某种变循环策略下的 TBCC 发动机空气流量和涡轮前燃气温度波动变化。

从图 6.11 可以看出，在 TBCC 发动机变循环过程中，发动机各热力过程工作参数变化剧烈。以 TBCC 发动机空气流量变化为例，涡轮发动机工作循环在向冲压发动机工作循环转变的变循环过程中，在 TBCC 发动机总空气流量基本保持不

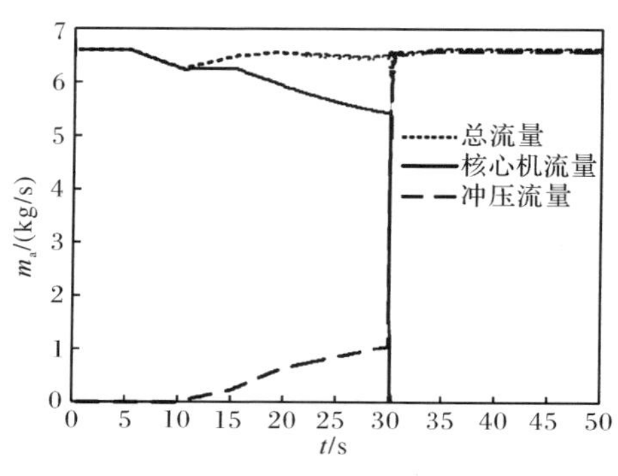

(a) 变循环过程中空气流量变化

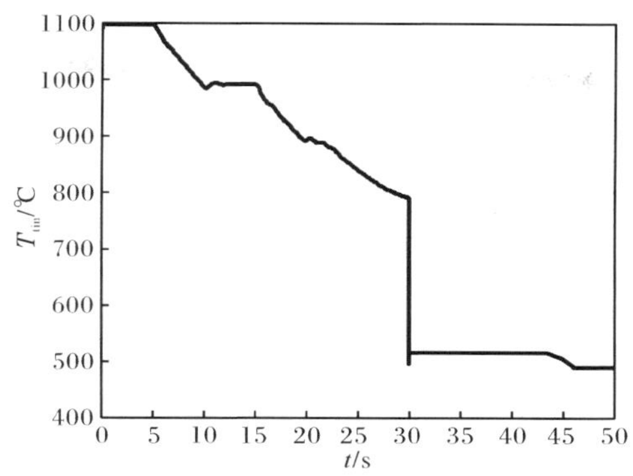

(b) 变循环过程中涡轮前燃气温度变化

图 6.11　TBCC 发动机变循环过程中流量和涡轮前温度波动

变的条件下，涡轮发动机空气流量先是逐渐下降后大幅下降，相应地冲压发动机空气流量先是逐渐增加后大幅增加；变循环过程转换的终点，涡轮发动机空气流量降低至零，涡轮发动机停止工作，相应地冲压发动机开始独立工作。

为保证 TBCC 发动机变循环过程中正常工作，每一步热力循环过程变化过程中都需要保证以下目标：尽可能维持发动机总的空气流量及推力不变；保证风扇与压气机的喘振裕度；冲压燃烧室进口空气速度尽可能低，保证冲压燃烧室稳定燃烧；保证冲压涵道回流裕度等。在反向循环转换中，还需要研究涡轮发动机的风车/慢车启动特性及其控制。

6.5　涡轮冲压组合循环发动机国内外发展现状

TBCC 作为一种革新的吸气式高超声速推进系统概念，各国研究者都对其应用价值给予极高的期望。以美国为代表，空气涡轮冲压发动机方面的研究工作早在 20 世纪 50 年代就已经开始了[1]。尤其是近 20 年来，在 TBCC 组合发动机方面国外取得了许多重要的工作进展。在串联 TBCC 方面，国外已经投入使用或在研的主要发动机型号主要有以下几种[2,3]。

6.5.1　J58 发动机

美国黑鹰 SR-71 飞机的 J58 发动机[4~6]，就是最早投入使用的具有涡轮冲压双模态的变循环发动机。该发动机可以在涡轮喷气和压气机辅助冲压两种工作循环之间进行转换，因此可以看作是一种 TBCC。该发动机由 PW 公司于 1956 年下半年开始设计，1963 年 1 月开始取代 A-12 飞机上的 J75 进行飞行试验，于 1966

年 1 月被交付使用。该发动机主要用于美国洛克希德公司 YF-12A 双发截击机、SR-71A 双发远程战略侦察机(见图 6.12(a))和 SR-71C 双发教练机。到 1990 年全部退役。直到今天,黑鹰仍保持着使用空气发动机的载人飞机的官方最快速度记录。

(a) SR-71A 双发远程战略侦察机

(b) J58D 发动机

图 6.12　SR-71A 双发远程战略侦察机和 J58D 发动机外观

1. J58 的主要部件

整体上,J58 由前端可前后移动的锥形进气罩、冲压发动机、带有外涵道的涡喷发动机、排气阀和气流调节阀等主要构件构成。J58D 发动机的实物照片如图 6.12(b)所示。对于 J58 发动机主体,其部件主要有进气道、外涵道、压气机、燃烧室、涡轮、加力燃烧室和尾喷管。进气口为对开机匣,有可调进口导流叶片;单转子压气机共有 9 级,压比为 8.8,在第 4 级压气机后,辟有 24 个内隐式旁路放气活门;J58 的燃烧室为环管式,由 8 个火焰筒环管构成,有 48 个可调面积双孔喷油嘴;发动机涡轮为 2 级轴流式,对开钢机匣,带有空心导向叶片,第 1 级涡轮叶片为空心、应用气冷方式维持工作温度,第 2 级涡轮叶片改为实心;加力燃烧室短小而扩张，带有气冷外罩、防振隔热衬套，其内部有4个带火焰稳定器的同心喷油环；尾喷管由主喷管和气动引射喷管组成，运用了可调面积喷管技术，它由凸轮滚子机构和4个液压作动器操作的分段构成。

2. J58 的工作原理分析

1) 准冲压模态

J58 发动机是一种变循环发动机，但它的工作模态并不是严格意义上的涡轮模态和冲压模态之间转换。J58 的冲压进气是从压气机第 4 级叶片后的旁路放气活门引入冲压燃烧室的，因此将 J58 的“冲压”模态称为准冲压模态(quasi-ramjet mode)。

对于高速飞行中的普通涡喷发动机而言，排气速度增量小于飞行速度增量造成单位推力下降和调节规律无法适应飞行条件造成超转失控的危险都是存在的，米格-25 飞机的高速飞行就存在发动机超转事故的危险，所以对发动机正常使用的马赫数做了严格的限制。

在一定的技术条件下通过提高涡轮进口温度来改善涡喷发动机速度特性的余地非常小，如果不降低加热，那么总压比增加提高了循环效率，涡轮转速就会上升，涡轮转速上升会使压气机压比上升(在一定的范围内，超出压气机可以正常工作的范围可发生喘振)，总压比进一步上升而促使涡轮转速进一步上升。在这种情况下，发动机转速和涡轮进口温度不断增加，涡轮叶片所承受的应力随转速增加，而涡轮叶片材料强度却随温度升高而降低，这个自激励发散过程的结果会导致涡轮超温发生损坏。

对于 J58 发动机，为达到更高的飞行速度，采用了涡轮-冲压组合循环方式。即通过放出大部分空气绕过压气机后级、主燃烧室和涡轮，大大降低了核心机的流量，以很少的主燃烧室喷油即可维持正常的转速和涡轮出口燃气温度。而旁路空气则由于绕过工作条件不匹配的核心机部分，得以减少压力损失，使加力燃烧室获得很高的进口压强和流量，便于喷入更多燃油提高推力。

2) J58 发动机的工作循环

在 J58 发动机前部进气口处设有一个可前后移动的锥形的进气罩，在地面或低速飞行时，进气罩锁定在最前方的位置，不完全关闭，留一小部分进气口，这时候进气道喉部面积较大；当发动机运行在中马赫数($Ma=2$)时，进气锥位于中部，这时候进气道喉部面积中等；当发动机运行在高马赫数($Ma=3.2$)时，进气锥位于后部，这时候进气道喉部面积最小，进气道内有斜激波系。同时，进气道流量捕获系数最大。

低马赫数下，进入发动机的空气先由激波压缩，然后分成两部分，一部分进入压缩风扇(内涵道气流)，另一部分通过外涵道进入加力燃烧室(外涵道气流)。内涵道气流经过压缩风扇会进一步压缩，此时，旁路放气活门关闭，压气中所有气流进入主燃烧室，以典型的涡轮喷气方式工作。燃料与压缩气流在燃烧室混合燃烧，这时的气流温度非常高。气流在通过涡轮段后，温度稍微下降，内涵道气流和外涵道气流汇合一起进入加力燃烧室。涡喷发动机和后燃器同时产生推力。

当飞机达到 $Ma=3$ 时，气流通过激波与压缩段的压缩后，温度和速度已非常高，这时燃料不再与内涵道气流混合燃烧。发动机仅仅靠加力燃烧室产生的推力来飞行(以冲压发动机的形式提供推力)。利用激波的压缩效果，这时的发动机转变成冲压发动机的模态，旁路放气活门开启，气流主要经由压气机第 4、5 级之间通过六根旁路管道进入冲压(加力)燃烧室。同时涡轮发动机不停机，而会进入慢车状态，将部分流向主燃烧室的燃油通过空转旁路重新引入燃油回路。

综上所述，J58 发动机在低速度时，涡喷发动机与冲压发动机共同工作，产生飞机推力；高马赫数时，涡喷发动机已不再提供推力，发动机以冲压发动机工作方式产生推力。

3. J58 发动机的控制及模态转换控制

J58 发动机有涡轮工作模态和冲压工作模态。在发动机压气机第 4、5 级之间的旁路放气活门，在低速涡轮工作模态时关闭，压气中所有气流进入主燃烧室，以典型的涡轮喷气方式工作；在冲压工作模态时开启，部分气流绕过主燃烧室，通过六根旁路管道直接进入冲压(加力)燃烧室，并主要以冲压工作模态工作，同时涡轮发动机会进入慢车状态运行。

在这些工作过程中，发动机的可控量包括：主燃烧室和加力燃烧室供油量，进气道进气锥位置，可调压气机进口导流叶片(IGV)，压气机处的涡轮旁路管道放气活门，前、中、后三组进放气活门，进气锥的放气活门，可变引射喷管。

在不同的工作阶段，各个可控量的匹配情况见表 6.3。

表 6.3　发动机各工况下各可控量的位置

Ma	进气锥位置	前气门	中心体气门	后放气门	吸气活门	第三级活门	喷管开度
0	前部	开	—	关	开	开	小
0.5	前部	关	放气	关	关	开	小
1.5	前部	按需开启以保证激波位置	放气	关	关	关	大
2.5	中间	按需开启以保证激波位置	放气	开	关	关	大
3.2	后部	按需开启以保证激波位置	放气	—	关	关	大

J58 发动机的变循环通过压气机第 4 级后的内部旁路放气实现。内部旁路放气控制和作动系统包括四个驱动放气阀的双位作动器和一个包含在主燃油控制系统中确定作动器压强的控制阀。控制阀根据主燃油控制系统的机械信号控制放气阀位置。放气阀位置控制信号由主燃油控制系统根据发动机转速和压气机进口温度给出。旁路管道的外部放气控制和作动系统除了使用三个作动器外，与内部放气系统类似。

在加速中，内部旁路放气在压气机进口温度达到 85～115℃时(约 $Ma=1.9$)开启，但是会随发动机转速而变化，在发动机转速较低时，旁路放气在速度较低时就开启。当转速较低而马赫数较高的时候，外部放气就会打开，把多余的空气排入发动机短舱。在内部旁路放气被打开后，进入压气机的空气大部分从放气活门引出，通过管道绕过后面几级压气机和主燃烧室、涡轮直接进入加力燃烧室。这个时候发动机的循环方式实际上是涡轮-冲压组合循环，加力燃烧室以冲压发动机的方式工作，但是主燃烧室也没有停止工作，仍然有部分空气通过压气机压缩进入主燃烧室维持涡喷工作方式。在马赫数较高不能以正常的燃油流量调节维持发动机转速和涡轮出口燃气温度时，发动机会进入飞行空转区域，将部分流向主燃烧室的燃油通过空转旁路重新引入燃油回路。

6.5.2　HYPR 发动机

1. HYPR 计划概况

日本从 1989 年开始实施超声速/高超声速运输推进系统(Hypersonic Transport Propulsion System Research Project，HYPR)计划，总投资约 3 亿美元，该项计划由新能源和工业技术发展组织与 HYPR 协会牵头，日本三菱重工、川崎重工和石川岛播磨重工等本土实力雄厚的研发机构参与，GE 公司、联合技术公司、罗罗公司和 SNECMA 公司等国外公司均支持该计划。该计划采用的推进系统是变循环的涡扇发动机和采用甲烷燃料的冲压发动机的组合动力。目标发动机设计推力 30t，使用 4 个发动机，使得 HST 能够搭载300 个乘客，在 $Ma=5$ 飞行 12 000km。验证发动机是目标发动机的 1/3，推力 3t。目的是为发展飞行速度 $Ma=5$ 的超声速/高超声速飞行器的推进系统奠定技术基础。

该发动机于 1989 年开始研制，为了便于研究、发展与制造，试验用发动机选用 1/3 缩比模型。涡扇部分于 1994 年进行了地面试车，1996 年在 GEAE 公司作了高空台试验，均获成功。此外，还做了噪声、排气污染等试验。到 1999 年 3 月该计划结束时，HYPR 已成功进行了地面验证机试验。

2. HYPR 发动机研制的总体方案

HYPR 前后共论证了 12 种 TBCC 结构形式，最后选择了同轴前后式组合发动机进行研究[7]。出于研究的复杂程度考虑，首先针对试验模型样机开展研究工作。HYPR 计划中，共针对三个缩比 1∶3 的样机进行研究，分别是高温核心机验证机、变循环涡扇发动机验证机和组合循环发动机验证机。

HYPR90 的工作过程是：涡扇发动机经历从高涵道比的涡扇模式到低涵道比的涡喷模式，可以从起飞一直至工作到 $Ma=3$；其中 $Ma=2.5\sim3.0$ 时，是涡扇和冲压可以转级的马赫数；当 $Ma=3\sim5$ 时，进入冲压发动机工作模式。

高温核心机和涡轮发动机的研制从 1991 年分别同时开展，在1997 年进行了组合循环研究，到 1999 年 3 月完成 HYPR 的地面验证试验。HYPR 的主要技术指标见表 6.4。

表 6.4 HYPR 发动机的主要性能指标

系统	目标
冲压发动机	操作范围：$Ma=2.5\sim5$ 燃烧室温度：1900℃水平 SFC($Ma=5$)：约为 $2h^{-1}$
涡轮发动机	操作范围：$Ma=0\sim3$ 燃烧室温度：1700℃水平 SFC($Ma=3$)：约为 $1.5h^{-1}$
高温核心机	涡轮进口总温：1700℃水平 单位推力：约为 1000kW · s/kg

HYPR 计划攻克的核心技术难点有以下三个方面：工作在 $Ma=2.5\sim5$ 的冲压发动机；工作在 $Ma=0\sim3$ 的可变循环涡扇发动机；涡扇发动机与冲压发动机的组合技术。

为验证高温下核心机的工作性能，拆除了低压轴后的核心机，在地面试验中以进口 335℃、$T^{3*}=1700$℃的条件下正常工作了 15min。同时，在其他试验中，变循环发动机的涡轮前温度达到 1873K，涵道比从 0.6 成功地变化到 0.9，并通过改变低压涡轮导向器的角度，在高速高温状态下的推力增加 15%。

3. HYPR 发动机可调节部件及变量

HYPR 发动机共有 8 个控制量，即上述的 6 个几何调节变量和 2 个燃油流量。其中 HYPR90-C 的主要可调部件及其主要用途如下：

(1) 模态转换阀 MSV：来选择涡扇工作模式、冲压工作模式或涡扇-冲压同时工作(接力)模式。

(2) 前可变面积活门 FVABI：控制风扇涵道出口压力，防止气流倒流到冲压进气涵道。

(3) 后可变面积活门 RVABI：是一个面积可变喷管，调整风扇工作点，混合室进口的压力平衡。

(4) 压气机可调静叶 VSV：用于调整压气机工作。

(5) 低压涡轮导向器 NGV：用于调整高低压转子间的功率分配，在起飞状态时关小以加大涵道比、降低排气噪声；高速飞行时，则开大，以加大核心机空气流量、降低涵道比、提高单位推力。

(6) 可变面积二维喷管：调整发动机状态，调整推力及其方向。

4. 变循环过程分析

HYPR 发动机在研制过程中就指出：对于涡轮冲压组合发动机，系统综合问题是一个关键问题，尤其是保证变循环过程中实现平滑稳定的过渡[8]。HYPR 发动机变循环过程涉及 6 个几何可调量和 2 个燃料流量的调节，且指出变循环过程中必须避免任何可能的不稳定，例如，风扇或压气机喘振、冲压进气道回流以及冲压燃烧室燃烧不稳定。

HYPR 发动机通过性能研究和模型测试的研究表明，通过一系列的几何量和燃料流量调节，可以实现稳定的变循环过程。基于部件试验数据的发动机模态转换模型被开发，为了研究 HYPR 发动机变循环过程。从涡轮发动机工作循环向冲压发动机工作循环的转换过程被分为以下几个步骤：

(1) 涡扇发动机在 $Ma=3$ 下工作。

(2) 喷管开度增大，防止冲压点火时风扇失速。

(3) 冲压点火。

(4) 前可变面积活门 FVABI 关闭，增加风扇出口流量，降低 FVABI 出口静压。

(5) 模态转换阀 MSV 打开，控制 FVABI，使得发动机进气道空气流量流向冲压进气道。

(6) 增加冲压发动机供油，减小涡扇发动机供油，直到慢车。

5. 变循环过程优化指标分析

HYPR 发动机变循环过程分为 5 个步骤，其每一个步骤都涉及 8 个控制量的优化问题。因此，变循环过程的优化指标选择就显得尤为重要。HYPR 发动机变循环过程所选取的优化指标如下：

(1) 空气总流量及发动机推力不变。

(2) 保证风扇与压气机喘振裕度。

(3) 冲压燃烧室进口速度尽可能低。

(4) 保证正的回流裕度 RM。

回流裕度定义为

$$\mathrm{RM}=\frac{P_{s2}-P_{s100}}{P_{s2}}$$

式中，P_{s2}为发动机进气道入口静压；P_{s100}为外涵道出口静压。

HYPR 发动机变循环过程优化得到的结论是：变循环全过程中风扇和压气机的喘振裕度大于 10％和 30％，保证了正回流裕度，总流量和发动机推力保持恒定。在 HYPR 发动机变循环过程具体实现方面，通过对模态转换每个步骤的优化，单一几何调整、串联优化的方法被采用，设计出了可行的变循环过程优化运行规律。HYPR 发动机变循环过程优化运行仿真表明，通过变量的合理控制能实现稳定的模态转换。

6. HYPR 发动机优化运行控制难点分析

HYPR 发动机的变循环过程分为涡轮模态和冲压模态，涡轮模态又分为涡扇模式和涡喷模式。控制系统需要保证发动机各个工作阶段的安全性、性能以及模态转换时的安全性。HYPR 发动机变循环过程中遇到的控制问题主要包括以下几种：

1) 涡轮发动机与进气道的流量匹配

TBCC 发动机和进气道所需的流量依据不同的规律产生，对于进气道，捕获流量主要取决于捕获面积；对于 TBCC 发动机，涡轮模态的空气流量取决于发动机特性，冲压模态的流量取决于发动机和进气道的匹配。

前面的分析已指出，特别在涡轮工作模态下，发动机与进气道的流量匹配问题是一个难点。为了保证发动机和进气道流量的匹配，HYPR 发动机采用了如下方案：

(1) 进气道捕获流量大于发动机流量需求，多余流量被排出，称为溢流。发动机主要工作在低溢流状态下。

(2) 涡轮发动机流量控制要求：发动机控制系统需要在发动机推力可调的前提下，保证空气流量能够与进气道流量匹配，主要动态控制目标是在调整推力等参数时，发动机空气流量变化保持在容许范围内。

(3) 发动机控制系统实现方式：由于在低溢流阻力状态下，燃料流量和几何可调量之间高度耦合，发动机控制必须采用多变量控制。HYPR 的核心机采用了带增益调度的基于 Hinf 理论的多变量控制方案，最终能够满足发动机的控制需求。

(4) 涡轮发动机是涵道比可调的变循环发动机，具有涡扇模态和涡喷模态。这两种模态下，采用统一的控制器结构，通过增益调度方法来调整控制器参数。

2) 模态转换问题

在模态转换阶段，采用按时序进行的一系列动作实现模态转换过程。在模态转换阶段，共分为 5 步控制动作，发动机的控制目标是在安全的前提下，每一步动作都能保证发动机性能。

从冲压模态到涡轮模态的转换过程，还涉及涡轮发动机的风车启动问题。涡轮发动机的风车启动是有条件的。经过理论和试验研究，涡轮发动机的再启动实现可以用一个燃料供给规律来表示。

6.5.3　RTA 及其并联 TBCC 发展现状

RTA 是美国正在开发的一种 $Ma=4\sim5$ 的涡轮冲压组合发动机[9~11]，目标用于发展并联 TBCC 方案。RTA 计划的近期目标是基于 RTA 的涡轮-冲压组合发动机可用于高超声速巡航导弹和第一代高超声速攻击战斗机，中期目标是用于全球快速到达/攻击机，远期目标是成为进入太空飞行器的动力[12~14]。RTA 发动机剖面图和典型的设计工作模式如图 6.13 所示。

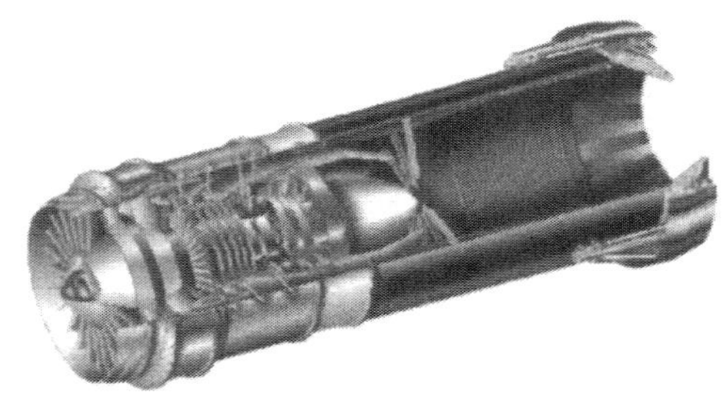

(a) RTA 发动机

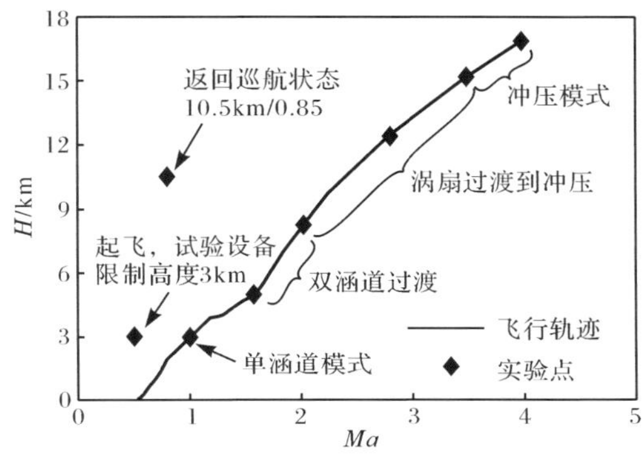

(b) RTA 发动机的设计工作模式

图 6.13　RTA 发动机

1986～1995 年，GEAE 公司在美国空军高速推进评估计划(HiSPA)和 NASA 高马赫数涡轮发动机计划(HiMaTE)支持下，对在 $Ma=4\sim6$ 范围内飞行的推进方案做了大量概念性和综合性研究；1999～2000 年，又在 NASA 支持下做了广泛研究。在这些研究成果和 GEAE F120 变循环加力涡扇发动机的基础上，于 2001 年开始的 ASTP 计划中，NASA 与通用电器等公司签订合同，开发革新的涡轮加速器(RTA)；同时与波音公司签订合同，开发以 RTA 发动机为动力的空间飞行器。

与日本的 HYPR90C 发动机不同，RTA 发动机没有可调涡轮导叶，而且带加力。HYPR90-C 发动机由于不带加力，为满足高速飞行时对推力的需求，发动机径向尺寸大，起飞时推力过大，而 RTA 发动机从起飞到高速飞行都能进行高性能的工作。$Ma=0\sim2$ 时，是以高风扇压比模式工作，跨声速时，加力比约为 50%；然后，转换到低风扇压比模式，加速到 $Ma=3$。达到 $Ma=3$ 后，加力燃烧室转换成冲压燃烧室，涡扇发动机转到近慢车状态，飞行速度达到 $Ma=4$。

在并联 TBCC 方面，为了开发高效益、安全、可靠的新型航天运载器，美国的“下一代发射技术”(NGLT)提出了双级入轨(TSTO)方案[15]（见图 6.14）。该方案在 2003～2004 年期间进行了论证，并确定了以并联 TBCC 作为双级入轨第一级的入轨方案。该方案中的并联 TBCC 由独立的涡轮加速器发动机(RTA)和双模态超燃冲压发动机组成，预计在 $Ma=7$ 的高速飞行。

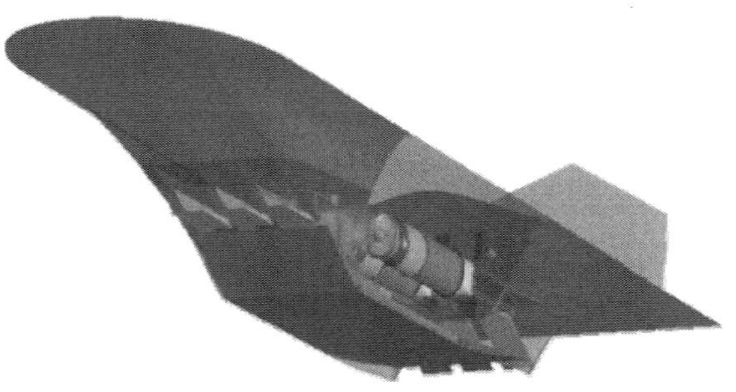

图 6.14 NASA 双级入轨项目(TSTO)中的 TBCC

依托于该计划的 TBCC 建模工作和控制方案设计工作也被开展[16～19]，这项工作称为高马赫发动机变循环转级程序(high Mach transient engine cycle code, HiTECC)，用来模拟 TBCC 推进系统包括模态转换在内的所有操作模态。

6.6 TBCC 发动机关键技术

由于 TBCC 发动机马赫数范围宽广，存在多种工作循环模式及多种工作模态，因此，为了使 TBCC 发动机在宽速域范围内均具有很好的性能，TBCC 发动机需要解决如下关键技术：

1）模态转换技术

TBCC 发动机模态转换技术是组合动力技术的重点和难点之一，TBCC 发动机涡轮模态和冲压模态之间存在一个转换过程（过渡模态），且模态转换是非常复杂的动态过程，如何顺利地实现模态的平稳过渡，关系到组合动力的成败，这涉及部件的匹配设计、流道的协调设计、参数及部件的协调控制等。

以进气道模态转换技术为例，如果 TBCC 进气道不能顺利地进行模态转换，充其量只能称其为变几何进气道，而不是真正意义上的 TBCC 进气道。由此可见，TBCC 进气道模态转换技术是当今 TBCC 进气道研究需要重点发展的技术领域。

2）两个进气道的工作匹配

为使进气道适应不同马赫数下的工作模态，要求进气道能调节涡轮和冲压两个通道的流量分配，以满足 TBCC 发动机不同状态下的流量需求，进而满足飞行器在不同飞行阶段的推力需求。在整个飞行过程中，如何有机地协调进气道各可调部件以使两个进气通道匹配工作，是一大难题。

3）多模态控制技术

由于 TBCC 发动机宽速域、多模态工作，发动机工作变量多，属于多变量控制问题；以模态转换时的控制为例，发动机相当于一个四输入的多变量系统（两个燃油流量、旁路活门开度、尾喷口面积）。因此，TBCC 发动机控制变量多、控制难度大。

4）热管理技术

TBCC 发动机大范围高马赫飞行过程中，需要防热的部件涉及涡轮、涡轮及冲压燃烧室、尾喷管，涉及的冷却剂包括空气和燃料，涉及的冷却方式包括气膜冷却和对流冷却，如何实现大范围变工况工作范围内 TBCC 发动机的可靠工作，使得整个热管理系统设计难度大。特别地，由于 TBCC 发动机涡轮核心机工作马赫数可达 3 以上，因此涡轮核心机的冷却成为 TBCC 发动机必须解决的关键技术之一。

5）进气道宽马赫数工作范围与性能的矛盾

由于 TBCC 发动机的工作范围非常宽广，固定几何的进气道难以满足发动机的工作需要，因而必须采用可变几何的进气道。在不同马赫数下改变进气道压缩面的角度、位置和形状，以适应不同捕获流量和流量分配的需求，同时还要保证进气道在各个马赫数下都有较高的总压恢复系数。这对进气道的气动设计和结构设计都提出了很高的要求。

6.7 小结

TBCC发动机单位推力大，能采用普通的燃料和润滑剂，成本低。以TBCC为动力的飞行器能够水平起飞和着陆，可以避免由于助推火箭或载机发生故障而造成的试验损失，可在太空飞行中实现类似飞机的操作，使用现有的飞机地面设施，从而大大减少费用和提高系统的安全性。是未来很有前途的高超声速动力概念之一。TBCC发动机在军事与民用方面都有其重大意义。TBCC可以作为高速中远程导弹、高速无人飞机、高速载人飞机以及多级入轨航天器的第一级等飞行装置的动力系统，有着广泛的应用前景。

参考文献

[1] 黄一忱，马振. 美国正在发展空气涡输冲压发动机. 飞航导弹，1985，5：34—37.

[2] 陈大光. 高超声速飞行与TBCC方案简介. 航空发动机，2006，32(3)：10—13.

[3] 李刚团，李继保，周人治. 涡轮-冲压组合发动机技术发展浅析. 燃气涡轮试验与研究，2006，19(2)：57—62.

[4] 丛敏. 涡轮冲压发动机. 飞航导弹，2005，11：52—53.

[5] 王冬，陈维，邵锦文，等. 涡轮冲压组合推进技术发展及其临近空间应用. 飞航导弹，2008，8：55—59.

[6] Colville J R，Lewis M J. An aerodynamic redesign of the SR-71 inlet with applications to turbine based combined cycle engines//The 40th AIAA/ASME/SAE/ASEE Joint Propulsion Conference and Exhibit. Fort Lauderdale，Florida，USA，2004：AIAA-2004-3481.

[7] Ohshima T，Enomoto Y，Nakanishi H，et al. Experimental approach to the HYPR Mach 5 ramjet propulsion system// The 34th AIAA/ASME/SAE/ASEE Joint Propulsion Conference and Exhibit. Cleveland，OH，USA，1998：AIAA-1998-3277.

[8] Miyagi H，Kimura H，Cabe J，et al. Combined Cycle Engine Research in Japanese HYPR-Program//The 34th AIAA/ASME/SAE/ASEE Joint Propulsion Conference and Exhibit. Cleveland，OH，USA，1998：AIAA-98-32.

[9] Bartolotta P A，McNelis N B，Shafer D G. High speed turbines：Development of a turbine accelerator (RTA) for space access//The 12th AIAA International Space Planes and Hypersonic Systems and Technologies. Norfolk，Virginia，USA，2003：AIAA-2003-6943.

[10] McNelis N，Bartolotta P. Revolutionary turbine accelerator (RTA) demonstrator//The 13th International Space Planes and Hypersonics Systems and Technologies. Capua，Italy，2005：AIAA-2005-3250.

[11] Douglas G S，Nancy B M，Paul A B. High speed turbines：Development of a turbine accelerator (RTA) for space access//The 12th AIAA International Space Planes and Hypersonic Systems and Technologies. Norfolk，Virginia，USA，2011：AIAA-2011-1383.

[12] 王永寿. 小型高推力空气涡轮冲压发动机. 飞航导弹,2003,5:44—48.

[13] Moses P, Bouchard K, Vause R, et al. An airbreathing launch vehicle design with turbine-based low speed propulsion and dual mode scramjet high-speed propulsion//The 9th International Space Planes and Hypersonic Systems and Technologies Conference. Norfolk, VA, USA, 1999: AIAA-1999-4948.

[14] Bradley M, Bowcutt K, McComb J, et al. Revolutionary turbine accelerator (RTA) two-stage-to-orbit (TSTO) vehicle study//The 38th AIAA/ASME/SAE/ASEE Joint Propulsion Conference & Exhibit. Indianapolis, Indiana, USA, 2002: AIAA-2002-3902.

[15] Snyder L E, Escher D W, DeFrancesco R L , et al. Turbine based combination cycle (TBCC) propulsion subsystem integration//The 45th AIAA/ASME/SAE/ASEE Joint Propulsion Conference & Exhibit. Fort Lauderdale, Florida, USA, 2004: AIAA-2004-3649.

[16] Gamble E J, Haid D A, D'Alessandro S, et al. Dual-mode scramjet performance model for TBCC simulation//The 45th AIAA/ASME/SAE/ASEE Joint Propulsion Conference & Exhibit. Denver, Colorado, USA, 2009: AIAA-2009-5298.

[17] Stueber T J, Vrnak D R, Le D K, et al. Control activity in support of NASA turbine based combined cycle (TBCC) research//Joint Army-Navy-NASA-Air-Force (JANNAF) Interagency Propulsion Committee. La Jolla, California, USA, 2010: NASA/TM-2010-216109.

[18] Gamble E J, Haid D. Hydraulic and kinematic system model for TBCC dynamic simulation//The 46th AIAA/ASME/SAE/ASEE Joint Propulsion Conference & Exhibit. Nashville, TN, USA, 2010: AIAA-2010-6641.

[19] Gamble E J, Haid D. Thermal management and fuel system model for TBCC dynamic Simulation//The 46th AIAA/ASME/SAE/ASEE Joint Propulsion Conference & Exhibit. Nashville, TN, USA, 2010: AIAA-2010-6642.

第 7 章　火箭冲压组合动力循环

随着人类外太空航天探索活动的增多，空天飞机、天地往返运输器等新型航天器的概念不断被提出，图 7.1 和图 7.2 分别为 HOTOL 与 SKYLON 飞行器的外形图。天地往返飞行器由于需要在宽马赫数范围、从地面至大气层外的空间飞行，必须在动力装置的设置上有重大突破，以适应不同的飞行状态[1]。同时，由于各类发动机均不能单独满足所有飞行状态的性能要求，必须采用适应于不同马赫数范围的发动机组合式推进系统，或循环组合而成的组合推进系统。

图 7.1　HOTOL 飞行器

图 7.2　SKYLON 飞行器

目前,组合循环吸气式推进系统主要有涡轮冲压组合发动机(TBCC)和火箭冲压组合发动机 RBCC(rocket based combined cycle)。其中 RBCC 推进系统将高推重比、低比冲的火箭发动机和低推重比、高比冲的冲压发动机有机地组合在一起,促使二者扬长避短,成功实现了航天推进的高效性和经济性的最佳结合,已被世界各国航天推进界所重视,很可能发展成为第三代单极可重复使用飞行器动力装置及一些先进高超声速导弹的推进系统[2]。图 7.3 为火箭冲压组合发动机、火箭发动机、吸气式发动机三种推进系统的推进特性对比。

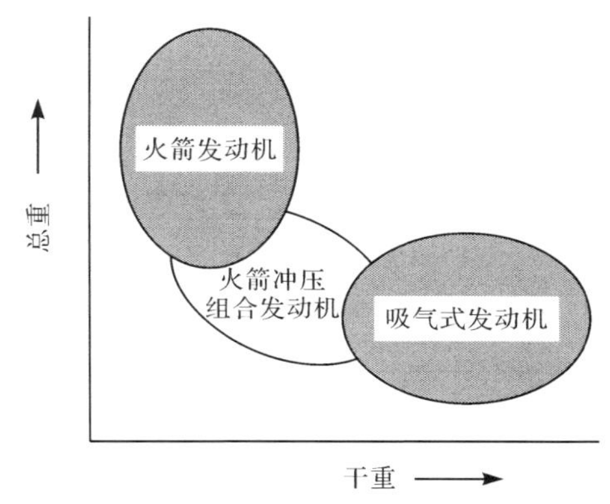

图 7.3 推进特性对比

7.1 火箭冲压组合循环工作原理

RBCC 推进系统将火箭发动机和吸气式推进系统结合在一起,组成了一个一体化的推进系统。RBCC 的基本出发点是结合火箭的高推重比和吸气式发动机的高比冲和高效率,提高航天推进系统的性能。航天推进系统在大气层中工作时采用吸气式推进技术,与全火箭推进系统相比,将减少自带氧化剂的数量。如果 RBCC 推进系统通过减少自带氧化剂所降低的质量超过该系统结构改变所增加的质量,就可以降低推进系统起飞时的总质量,从而进一步提高推进系统的推重比。该推进系统整合了火箭发动机、亚燃冲压发动机和超燃冲压发动机,主要共有四个工作模态:引射模态、亚燃冲压模态、超燃冲压模态和纯火箭模态[3]。

通过在部分轨道上升段使用空气中的氧,以 RBCC 推进系统为动力的飞行器可以获得更高的平均比冲;而且,RBCC 推进系统相当于它的竞争对手——TBCC 具有更高的安装推重比。图 7.4 所示为一个典型的 RBCC 推进系统示意图。典型的 LOX/LH2 的 RBCC 推进系统的推力与飞行速度关系如图 7.5 所示[4]。

RBCC 推进系统亚燃模态与超燃模态的主要区别在于前者的燃烧过程是亚声

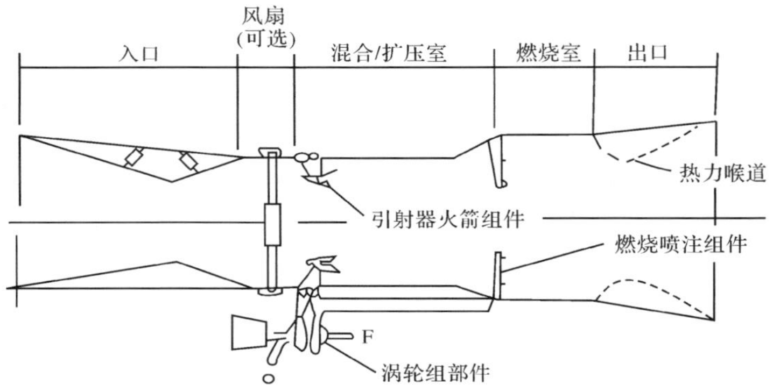

图 7.4　RBCC 推进系统示意图

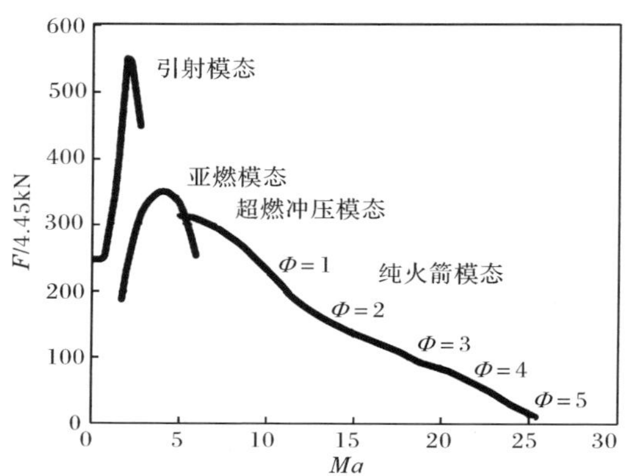

图 7.5　典型的 LOX/LH2 的 RBCC 推进系统的推力与飞行速度关系

速的，而后者的燃烧过程是超声速的。当 $Ma=0\sim3$ 时，采用引射模态工作。在从火箭排出的高温燃气的引射作用下，空气被吸入进气道，空气的总压升高。由于来流动压低，发动机的推力主要由引射火箭提供，引射火箭的工作压力较高。高温燃气与空气进行掺混，在混合气流中喷入燃料，进行补燃燃烧。此时，引射火箭和扩压段均产生推力。在 $Ma=3\sim6$ 时，采用亚声速燃烧冲压模态，火箭的排气量减少，从进气道流入的高速气流在扩压段压力得到恢复。由于气流的总压升高，恢复的压力可以产生足够的推力。在这种情况下，引射火箭工作在高混合比、低燃烧室压力的状态下，可以作为值班火焰。随着马赫数的进一步提高，在 $Ma=5\sim6$时，发动机由亚燃冲压模态转变到超燃冲压模态，进而采用超燃冲压模态。飞行器在超燃冲压发动机的推动下继续加速，理论上超燃冲压发动机模态最高马赫数可达 12；当 $Ma>12$ 时，推进系统转入纯火箭模态，进气道关闭，仅有引射火箭产生推力。

7.2　火箭冲压组合发动机类型

评价航天推进系统性能的一个重要标准是携带氧化剂的数量。航天推进系统的发动机起飞总质量比 WR 与发动机空质量 OWF(起飞总质量减去推进剂质量)、所需燃料质量 W_f 以及自带氧化剂与燃料质量之比(O/F)三种参数之间存在如下关系：

$$\mathrm{WR} = 1 + \frac{W_f}{\mathrm{OWF}} \times (1 + O/F) \tag{7.1}$$

根据 RBCC 推进系统需要自带氧化剂的多少和发动机总质量比的高低，目前，国外已经提出的 RBCC 技术方案大致可以分为管道火箭和火箭冲压发动机、液化空气循环火箭和深冷空气火箭发动机、火箭/双模态冲压组合发动机、液化或深冷空气火箭/超燃冲压组合发动机、液化或深冷空气火箭/双模态冲压组合发动机等几种类型。

1) 管道火箭和火箭冲压发动机

管道火箭利用火箭的高压排气引射空气，但空气与排气掺和后，空气中的氧未被利用进行补燃就排出发动机，这样排气质量虽有增加，但出口速度降低了。火箭冲压和管道火箭的区别在于火箭冲压还进一步利用被引射空气中的氧进行补燃。过去一直认为，这类发动机在起飞助推阶段($Ma=0\sim1$)的推力增益小于 1；但超声速飞行时，推力增益则显著增加。近年来，国外的研究得出起飞助推阶段这类发动机的推力增益同样可以大于 1 的结论，试验结果表明，其推力增益能够达到 1.13。管道火箭和火箭冲压发动机适于在 $Ma<5$ 时工作，能够节省燃料、提高比冲，但不能明显减少自带氧化剂质量。因而还不能显著降低推进系统的起飞总质量。

2) 液化空气循环发动机和深冷火箭发动机

液化空气循环发动机和深冷火箭发动机都用氢燃料冷却空气，利用空气中的氧替代火箭发动机中的氧化剂。这类发动机充分利用燃料的热沉、做功能力和化学能，在热力循环上是一体化的，但在空气冷却的程度上两者有区别：液化空气循环发动机需要液化空气，因而冷却所需的液氢流量通常是最大的；深冷空气火箭发动机只需冷却到液化前的气体状态，可以节省很大的液化热沉。分析认为，当飞行速度为 $Ma<6$ 时，因进气滞止后的温度升高不多，这类发动机能够制备较多的液化或深冷空气，推进系统自带氧化剂数量较少，$O/F\approx1\sim2$；如果在整个发射飞行过程中都采用这类发动机，则推进系统自带的氧化剂较多，$O/F\approx2.5\sim3.5$。

3) 火箭/亚、超燃双模态冲压组合发动机

火箭/亚、超燃双模态冲压组合发动机是国外目前研究最广泛的新型高超声

速推进技术，该发动机随着飞行速度的提高，在几何调节的同一流通通道内，可以先后采用前述的四种工作模态工作。

目前，美国、俄罗斯的火箭/亚、超燃双模态冲压组合发动机已经进入飞行演示验证研制阶段。这类发动机能够达到 $O/F\approx3$，平均燃料比冲 $I_{sp}\approx500s$，结构质量比 PFR≈0.2，总质量比可降低到 WR≈2.5～6，既能够用于大气层内的加速和加速/巡航飞行任务，如高超声速导弹；也能够用于将有效载荷送入地球轨道的航天运输任务。

4）液化或深冷空气火箭/超燃冲压组合发动机

这类发动机可以使 $O/F\leqslant2$，并能更好地实现火箭发动机的大推力与吸气式冲压发动机高比冲的结合，更适合于空天飞机的推进任务。

5）液化或深冷空气火箭/亚、超燃双模态冲压组合发动机

液化或深冷空气火箭/亚、超燃双模态冲压组合发动机采用液化空气分离和提纯系统，在低马赫数飞行时通过液化和提纯将含有 90%氧气的液化空气储存起来，供火箭冲出大气层时使用。而富含氮气的空气作为旁路随即向后排放，提供额外推力。这类发动机在 RBCC 方案中是利用空气中的氧气最理想的方案，可使 O/F 和 WR 均约等于 2.5，但也是研制难度最大的 RBCC 方案。

上述五种 RBCC 方案中，第一类管道火箭和火箭冲压发动机只是在化学能利用方面实现了组合，而对燃料的做功和冷却能力并未充分利用。因此，这类 RBCC 的 WR 虽有降低，但对 W_f、O/F 的影响不大。另外 4 类 RBCC 方案分别有程度不同的一体化循环，即对燃料的冷却、做功和热能综合利用。这些发动机不仅可使 O/F 降低约 50%，而且能降低 W_f，因而使 WR 有更低的下降。

7.3 火箭冲压组合循环热力学循环性能分析

火箭冲压组合循环发动机由火箭发动机和冲压发动机组合工作来完成跨越全空域的飞行任务，然而在亚燃和超燃冲压模态下，火箭流量小，至多作为冲压燃烧室的值班火焰，对整体发动机的热力循环而言贡献不大；在纯火箭模态下，冲压发动机则完全不工作。因此仅有在 $Ma=0\sim3$ 这一阶段的引射模态下才是两种发动机共同工作，因此火箭冲压组合循环的热力学性能分析主要针对引射模态进行。

7.3.1 RBCC 引射模态工作原理

引射模态又称管道火箭模态，或空气增强火箭模态。在此模态下，利用火箭发动机工作时产生的高速气流所具有的引射抽吸作用，引入二次空气流，并喷射附加的燃料，组织二次燃烧，提高整体燃气能量，从而获得比纯火箭更高的推力和

比冲。

典型的 RBCC 引射模态模型如图 7.6 所示。发动机由五部分组成:收敛进气道、等直混合段、扩张段、等直燃烧室、收缩尾喷管。

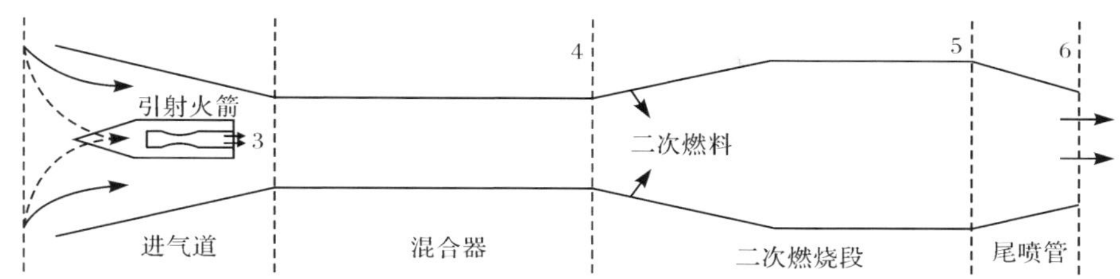

图 7.6　RBCC 火箭引射模态示意图

气流从发动机入口处开始分成两股气流,一股气流(一次流)进入火箭发动机内经过定容压缩、等压加热过程,在火箭尾喷管内绝热膨胀至喷管出口。另一股气流(二次流)被引射入发动机通道内,在混合室完成与引射火箭气流的混合。混合后的气体经过等压燃烧、绝热膨胀排入大气。

上述引射模态的过程,在温-熵图上表示,则如图 7.7 所示。

0-1-2 表示一股气流经过压缩、燃烧过程变成高温高压燃气。

2-3 表示高温高压气体在火箭喷管的等熵膨胀过程。

3-4 和 0-4 表示高温高压的火箭排气与被引射空气的混合过程。

4-5 表示混合气体的等压燃烧过程。

5-6 表示混合气体在发动机喷管的等熵膨胀过程。

6-0 表示混合气体的等压放热过程。

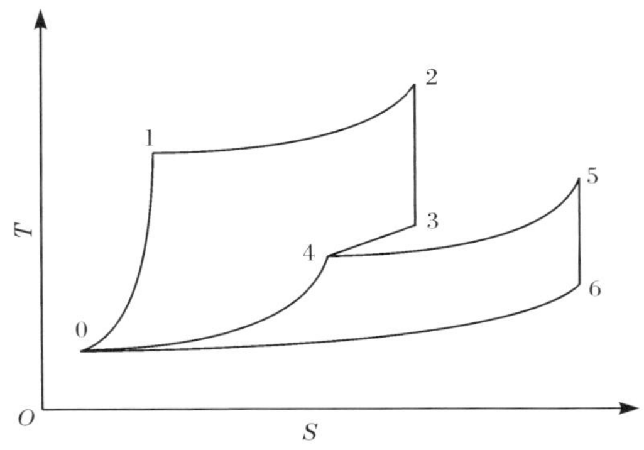

图 7.7　RBCC 火箭引射模态循环温-熵图

7.3.2 RBCC 引射模态热力学过程

为方便进行循环分析，不妨作出以下假设：

(1) 所有气体都是定比热理想气体。

(2) 燃油流量远小于一次流和二次流流量，计算时忽略燃油流量。

(3) 在发动机出口，气体膨胀到周围大气压。

发动机出口的总压 P_{t6} 可以被表示为

$$P_{t6} = p_0 \frac{p_{t0}}{p_0} \frac{p_{t4}}{p_{t0}} \frac{p_{t5}}{p_{t4}} \frac{p_{t6}}{p_{t5}} \tag{7.2}$$

根据等压燃烧过程的假设，截面 5 处的总压 P_{t5} 与截面 4 和 6 处的总压相等。即 $P_{t6}=P_{t5}=P_{t4}$。因此，

$$P_{t6} = p_0 g \frac{p_{t0}}{p_0} \tag{7.3}$$

式中，$g=\dfrac{p_{t4}}{p_{t0}}$。

发动机出口的马赫数 Ma_6 可以被表示为

$$Ma_6^2 = \frac{2}{k-1}\left[\left(\frac{p_{t6}}{p_6}\right)^{\frac{k-1}{k}} -1\right]= \frac{2}{k-1}\left[g\left(\frac{p_{t0}}{p_0}\right)^{\frac{k-1}{k}} -1\right] \tag{7.4}$$

$$\frac{T_{t6}}{T_6}=\left(\frac{p_{t6}}{p_6}\right)^{\frac{k-1}{k}} \tag{7.5}$$

$$\frac{T_6}{T_0}=\frac{\dfrac{T_{t6}}{T_0}}{\dfrac{T_{t6}}{T_6}}=\frac{\dfrac{T_{t6}}{T_6}}{\left(\dfrac{p_{t6}}{p_6}\right)^{\frac{k-1}{k}}}=\frac{\dfrac{T_{t6}}{T_0}}{g\left(\dfrac{p_{t0}}{p_0}\right)^{\frac{k-1}{k}}} \tag{7.6}$$

利用式(7.2)～式(7.6)，发动机出口速度可以表示为

$$v_6 = Ma_6 C_6 = \sqrt{\frac{2}{k-1}\left[g\left(\frac{p_{t0}}{p_0}\right)^{\frac{k-1}{k}} -1\right]}\sqrt{kr\frac{T_{t6}}{g\left(\dfrac{p_{t0}}{p_0}\right)^{\frac{k-1}{k}}}} \tag{7.7}$$

根据假设(3)，发动机尾喷管出口的静压与周围大气压相等，因此推力公式可以写成

$$F=(m_a+m_r)v_6-m_a v_0 \tag{7.8}$$

式中：m_a 为空气流量；m_r 为引射火箭流量。

当飞行速度为零时，推力表达式变为

$$F=(m_a+m_r)v_6 \tag{7.9}$$

所以由单位质量流量的一次流产生的推力：

$$f=\frac{F}{m_a}=(1+n)v_6=(1+n)\sqrt{\frac{2}{k-1}\left[g\left(\frac{p_{t0}}{p_0}\right)^{\frac{k-1}{k}}-1\right]}\sqrt{kr\frac{T_{t6}}{g\left(\frac{p_{t0}}{p_0}\right)^{\frac{k-1}{k}}}} \tag{7.10}$$

由于飞行速度为零，所以，$P_{t0}=P_0$。

$$f=\frac{F}{m_a}=(1+n)v_6=(1+n)\sqrt{\frac{2}{k-1}(g^{\frac{k-1}{k}}-1)}\sqrt{kr\frac{T_{t6}}{g^{\frac{k-1}{k}}}} \tag{7.11}$$

至此推力的表达式已经得到，下面推导循环效率的表达式。

从温-熵图可以看出，吸收热量的过程包括两部分：1-2 和 4-5。因此吸收的热量可以被表示成

$$q_1=h_2-h_1+(1+n)(h_5-h_4) \tag{7.12}$$

在该过程中释放的热量只包括一部分。因此放热量可以被表示成

$$q_2=(1+n)(h_6-h_0) \tag{7.13}$$

因此循环效率的表达式可以写成

$$\eta=1-\frac{(1+n)(h_6-h_0)}{h_2-h_1+(1+n)(h_5-h_4)}=1-\frac{(1+n)T_0\left(\frac{T_6}{T_0}-1\right)}{T_2-T_1+(1+n)T_0\left(\frac{T_{t5}}{T_0}-\frac{T_{t4}}{T_0}\right)} \tag{7.14}$$

尾喷管出口静温可以被表示成

$$\frac{T_6}{T_0}=\frac{T_6}{T_{t5}}\frac{T_{t5}}{T_0}=\left(\frac{p_6}{p_{t5}}\right)^{\frac{k-1}{k}}\frac{T_{t5}}{T_0}=\left(\frac{p_0}{p_{t4}}\right)^{\frac{k-1}{k}}\frac{T_{t5}}{T_0} \tag{7.15}$$

所以，最终可以得到循环效率的表达式为

$$\eta=1-\frac{(1+n)\left[\left(\frac{p_0}{p_{t0}}\frac{1}{g}\right)^{\frac{k-1}{k}}\frac{T_{t5}}{T_0}-1\right]}{\frac{T_2-T_1}{T_0}+(1+n)\left(\frac{T_{t5}}{T_0}-\frac{T_{t4}}{T_0}\right)} \tag{7.16}$$

需要说明的是，当一次流与二次流混合并且没有损失时，质量平均总压为

$$p_{t4}=\frac{m_1p_{t1}+m_2p_{t0}}{m_1+m_2} \tag{7.17}$$

然而实际上由于两股气流总压相差很大，一定存在总压损失。因此定义一个总压恢复系数 σ 来描述这部分损失。

$$p_{t4}=\sigma\frac{m_1p_{t1}+m_2p_{t0}}{m_1+m_2}=\sigma\frac{p_{t1}+np_{t0}}{1+n} \tag{7.18}$$

式中，σ 就是总压恢复系数。所以 g 的表达式为

$$g=\sigma\frac{\dfrac{p_{t1}}{p_{t0}}+n}{1+n} \tag{7.19}$$

7.3.3 RBCC 引射模态热力性能分析

下面计算 RBCC 引射性能随引射系数的关系。给定如下条件：$T_0=300\text{K}$，$k=1.2$，$r=287\text{kJ/(kg·K)}$，$P_{t1}=2.5\text{MPa}$，$T_{t2}=2000\text{K}$，$T_{t5}=1800\text{K}$。

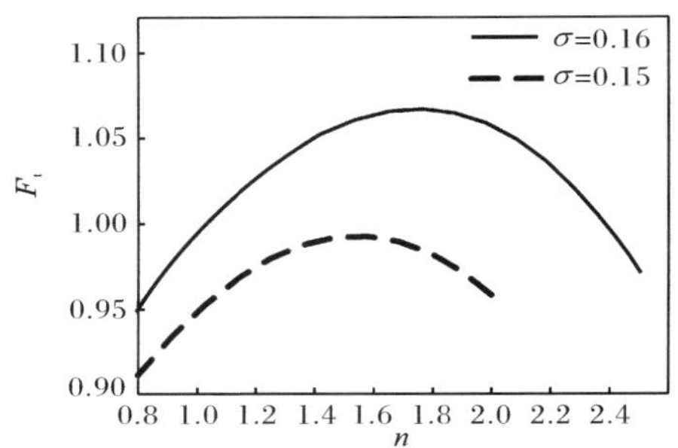

图 7.8 推力比与引射系数间的关系

图 7.8 给出了推力比与引射系数间的关系曲线。如图所示，推力比随引射系数先增大后减小，存在一个最佳的引射系数使得推力比最大。当提高一次流与二次流混合的总压恢复系数时，推力比增加。而且最佳引射系数也随着总压恢复系数的增加而增加。所以在进行引射模态设计时，不一定追求大的引射系数，减小一次流与二次流混合时的总压损失也能提高推力。

最佳引射系数与总压恢复系数的关系可以通过对式 $\partial\left(\dfrac{F}{m_a}\right)/\partial n=0$ 求导得出

$$\sigma\frac{k-1}{2k}\frac{1-\dfrac{p_{t1}}{p_{t0}}}{1+n}+g^{\frac{2k-1}{k}}-g=0 \tag{7.20}$$

图 7.9 给出了最佳引射系数与总压恢复系数间的关系曲线。很明显，随着总压恢复系数的提高，最佳引射系数增大。

图 7.10 给出了循环效率与引射系数间的关系曲线。随着引射系数的增加，循环效率将会降低。因为当引射系数增加时，不仅二次燃烧吸收的热量增加，排气冷却过程的放热量也增加。此外，引射系数增加将导致混合气流总压的降低。类比布雷顿循环可知，当压比降低时循环效率也会降低。

当总压恢复系数提高时，循环效率也会提高。但是随着引射系数的增加，循环效率也会降低。

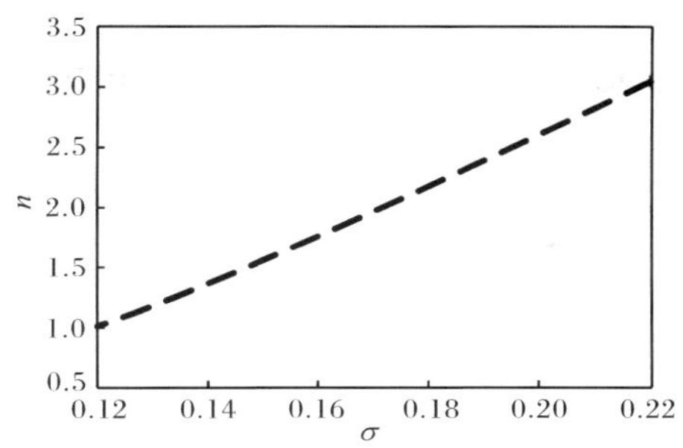

图 7.9　最佳引射系数与总压恢复系数间的关系

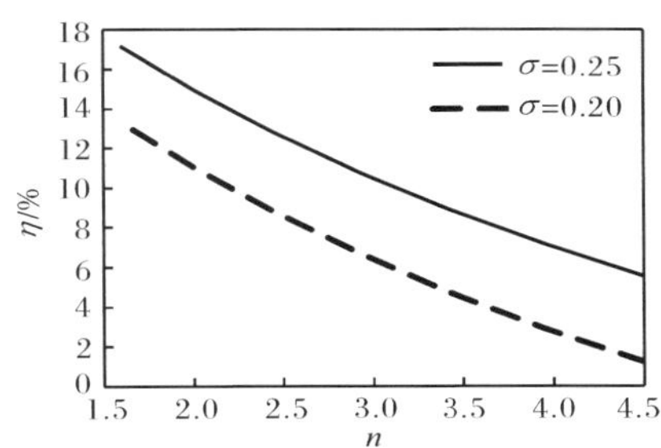

图 7.10　循环效率与引射系数间的关系

7.4　火箭冲压组合循环引射模态燃烧流动过程研究

火箭喷射的高速气流所产生的抽吸引射作用被用来驱使外界的低总压空气向混合室中相对较高的总压环境流动，使被吸入发动机中的空气实现总压和静压的升高，从而实现循环过程中被引射工质气体被压缩的过程。在混合室中，火箭气流和被引射的空气流相互混合，混合过程中的流动相当复杂，涉及两股气流的质量、动量及能量的交换，也涉及许多的物理现象，比如湍流，在超声速引射器中甚至还会出现激波串结构。

7.4.1　火箭冲压组合循环发动机引射燃烧流场模拟

为了研究 RBCC 引射模态流场变化规律，首先对一个基准构型进行仿真，再逐渐改变各种参数，探讨各种设计参数对 RBCC 引射模态性能的影响。基准构型的基本特征是：一次火箭安装在支板尾部，支板安装在进气道中。采用的补燃模式为 DAB 模式（扩散后体燃烧模式）。计算采用的发动机模型如图 7.5 所示。

整个火箭通道为缩放喷管。本节计算分析的工作状态为：飞行高度 0km，

$Ma=0$。一次流和二次流入口均给定总压和总温。基准条件下，主火箭内以氢气和氧气分别为燃料和氧化剂，燃烧产生高温高压气体，并经收扩喷管加速形成超声速气流。为简化计算用高温水蒸气进行代替，并对物性参数进行修正。燃烧室出口总压 4MPa，总温 3500K；二次流入口总压 101 325Pa，总温 300K。

边界条件：发动机入口和一次火箭入口都采用压力入口边界条件，发动机出口采用压力出口边界条件。

7.4.2 混合室长度对引射性能的影响

依次改变混合室的长度，分别为 200mm、250mm、300mm、436mm。其他条件保持不变，研究混合室长度对引射性能的影响。图 7.11 给出了引射系数随混合室长度的变化曲线。

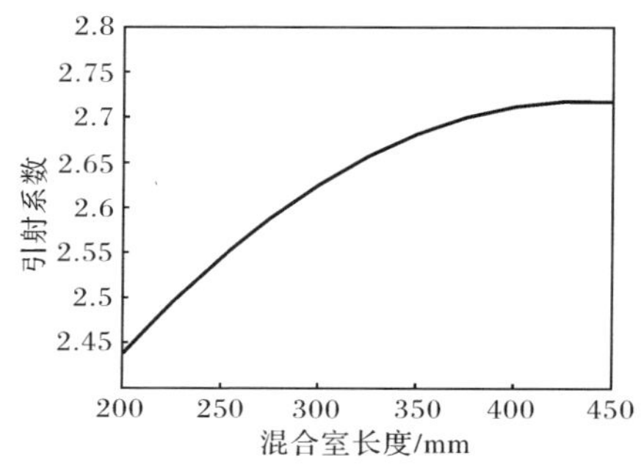

图 7.11 引射系数与混合室长度间的关系

如图 7.11 所示，随着混合室长度的增加，引射系数也会逐渐增加，但是引射系数增加的幅度变小。当增加到一定长度时，引射系数基本不变。这说明此时混合室长度的影响已经很小。从减小发动机长度的角度看，设计时应当寻找一个合适的长度来获得较大的引射系数。

图 7.12 为不同混合室长度下的马赫数分布云图。从图 7.12 中可以看出，当混合室长度加长时，马赫数分布更加均匀，尤其是在燃烧室中。

因为当混合室长度增加时，一次流与二次流在燃烧之前有更长的掺混距离，二者掺混的更加充分。一次流可以将自身更多的能量传递给二次流，两股气流在温度和速度上更加接近，从而马赫数分布更加均匀。

图 7.13 为不同混合室长度下的总压分布云图。从图 7.13 中可以看出，总压分布与马赫数分布类似。当混合室长度增加时，总压分布更加均匀。而且混合室越长，在燃烧室内的总压平均值更高，气流做功能力更强。所以适当增加混合室的长度对增加推力是有利的。

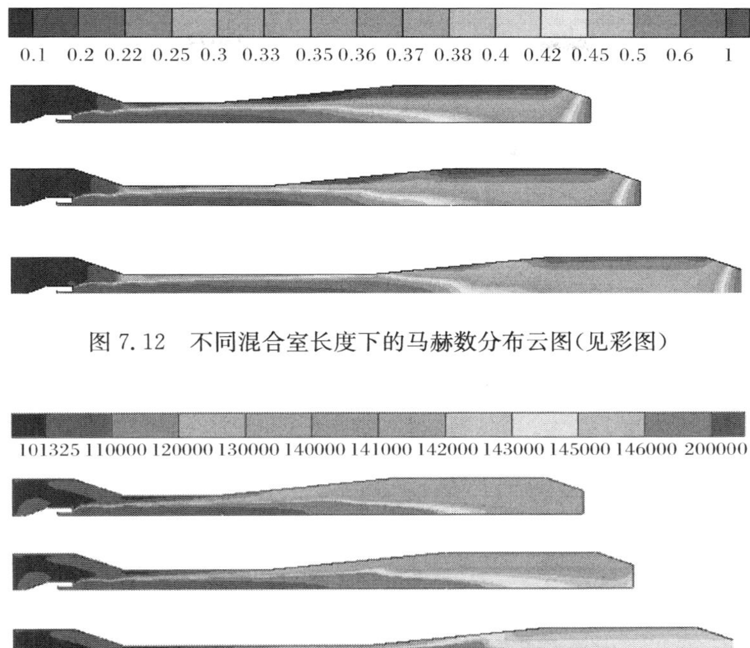

图 7.12　不同混合室长度下的马赫数分布云图(见彩图)

图 7.13　不同混合室长度下的总压分布云图(见彩图)

7.4.3　喷油位置对引射性能的影响

共模拟了 3 个喷油位置。分别为扩张段的入口、中部和燃烧室入口。喷入的燃油流量相同,均保证是富氧燃烧。

如图 7.14 所示,高温位置与喷油位置都存在一段距离。随着喷油位置的向后移动,高温区域的范围越来越小。这意味着喷油位置后移,燃油与气流的混合距离变短,混合效果越来越差,这就导致气体还未充分燃烧,没有释放足够的热量就已经排出进入大气环境,燃烧室性能变差。喷油位置过于靠后,高温核心区会偏离流道中间位置,更加靠近发动机壁面。

从表 7.1 中可以看出,当喷油位置后移时,引射量和发动机出口速度有一定量的增加,但增加幅度并不明显。发动机出口静温基本一致。这是因为模拟的工作状况是马赫数为零,二次流只是靠单纯的火箭引射进入发动机,然后与一次流进行掺混,最终导致混合气流的速度很低,即使喷油位置靠后,燃烧也能较充分的进行燃烧。但当具有一定的飞行速度以后,喷油位置的差别造成的燃烧室性能的差别就会显现出来。所以在引射模态下由于飞行速度较低,可以将喷油位置适当的向后移动,这样能进入较多的空气流量,而且能够保证燃烧较充分,获得较大的

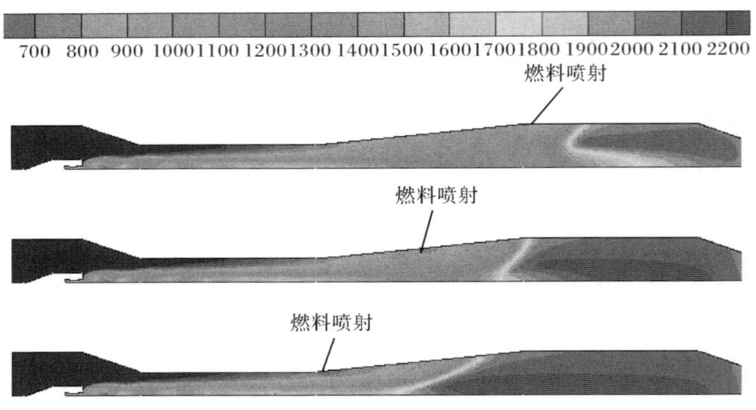

图 7.14 不同喷油位置下的温度分布云图(见彩图)

推力。

表 7.1 不同喷油位置下的发动机出口参数

喷油位置 / 发动机出口参数	扩张段入口	扩张段中间	扩张段结尾
引射量/(g/s)	535.3	546.6	546.7
发动机出口速度/(m/s)	653	660	659
发动机出口静温/K	2058	2055	2055

7.5 火箭冲压组合循环发动机研究现状

世界各国都注意到了火箭冲压组合循环发动机的优势和发展潜力，均制定了相应的研究计划，下面简单介绍一下各国在火箭冲压组合循环发动机方面的研究现状及进展。

7.5.1 美国的研究现状和进展

美国是最早开展 RBCC 研究的国家，早在 1958 年，在美国空军的资助下，Marquardt 公司对 Hyperjet 的火箭引射/冲压发动机进行了飞行试验。该发动机以冲压发动机为基本结构，安装了火箭发动机和阀控进气道，可采用火箭引射模式(进气道关闭、主火箭工作)或冲压发动机模式(进气道打开、只开冲压发动机燃料喷嘴)工作，在海平面静态和高海拔下都可产生推力[5]。20 世纪 60 年代，美国提出了可重复使用运载器研究计划[6]。在该计划的带动下，RBCC 的研究掀起了第 1 次热潮，美国针对 RBCC 组合推进系统开展大规模的系统研究，目的是为可重复使用航天运输系统选择动力，研究能有效融合吸气式和火箭循环的优点和要求的发动机。参加研究工作的机构主要有 Lockheed、Marquardt 和 Rocketdyne 公司等。另外，Martin 公司和 Johns Hopkins 大学应用物理实验室，分别在美国空军和海军支持下，对引射模态进行了一些研究。该阶段对 RBCC 引射模态的研究十分成功，特别是引射模态作为解决 RBCC 低速阶段（$Ma=0\sim2.5$）动力的相关技术得到了广泛关注和研究，包括射流混合及燃烧过程等关键技术。

研究结果认为，与纯火箭系统相比，火箭＋吸气式组合循环系统具有显著优点。尽管由于经费和技术的原因，这些研究没有继续进行，不过其研究获得的大量成果为 20 世纪 90 年代 RBCC 研究工作的再次兴起奠定了坚实基础。

20 世纪 80 年代，由于国家空天飞机计划（National Aerospace Plane，NASP）的开展，高超音速吸气式推进技术得到了快速发展，包括热防护、进气道和超音速燃烧等。NASP 计划结束后，美国在 20 世纪末期又提出了先进空天运输计划（Advanced Space Transportation Program，ASTP）。目的是研究单级入轨技术，提高第 3 代可重复使用空间飞行器的性能，降低发射和维护费用，努力实现航天运输班机化。该计划拟采用先进的火箭/冲压组合循环一体化发动机，通过 RBCC 技术加速飞行器，并使之进入地球轨道。ASTP 计划掀起了第 2 次 RBCC 研究工作的热潮，在多个公司和研究机构展开了大量研究。

这一时期 RBCC 重点研究了冲压、超燃冲压和纯火箭模态。1996 年 8 月，NASA Marshall 航天飞行中心指定 5 个小组负责 RBCC 的研制工作，分别是 Aerojet、Marquardt、Pennsylvania University、Rockwell Aerospace/Rocketdyne 和 United Technologies/Pratt & Whitney[7]。其他如 Rockwell 的 ASTROX 公司、NewMarket 的 Pyro-dyne 公司、Alabama 大学、Georgia 理工学院等也参与了其中研究工作。

1996 年 9 月至 2004 年，美国的各个研究机构主要通过 RBCC 地面试验，对所提出的各个方案进行了论证，完成了地面组件试验，并进行了飞行演示的预设计。该期间的主要工作包括缩比进气道试验、引射器热试车、燃烧室试验、引射火箭试验、流道冷流试验、各种 CFD 分析和自由射流试验等，并形成了多种基本型的 RBCC发动机；另外，针对轻质耐高温材料、主动冷却方法、推进装置气动热设计、发动机循环设计及整体优化方面，也投入了大量研究工作。该阶段的研究结果表明，RBCC 是单级入轨可重复使用航天器最有希望的推进装置，但其潜力的大小与其质量及复杂性息息相关。

其中，Aerojet 公司在 1996 年 9 月提出了支板火箭引射冲压发动机（Strutjet-RBCC）方案。该发动机属于二元式引射冲压/超燃冲压组合 RBCC，其突出特点是采用发动机进气道/二次燃烧室/喷管一体化结构设计和模块化设计技术，3 种动力循环通过支板结构在同一流道中接替工作，平稳转换。Strutjet 所有的工作模态都采用液氢作为燃料，以液氧和空气中的氧作为氧化剂。Aerojet 公司针对 Strutjet-RBCC 进行了上千次地面风洞试验[8]，试验对 RBCC 各个模态下的进气道特性和不同自由射流马赫数下的发动机性能进行了验证，并在 $Ma=2,4$ 的条件下进行了引射/冲压模态过渡试验。

Rocketdyne 公司提出了 A5-RBCC 发动机方案。该发动机采用全固定式流道，利用氢作为燃料，氧作为氧化剂，燃烧室采用主动水冷却方式。该发动机中主火箭安装在发动机侧壁，二次燃料喷嘴在发动机出口附近，由于使用了独特的流向涡混合技术，加强了燃料与空气的混合，燃烧室长度设计得非常短小。截至 2000 年，A5 的模型发动机已进行了 82 次试验，累计工作时间超过 3600s，并于 2000 年在 GASL 成功进行了模拟实际飞行状态下的引射到亚燃模态过渡试验。

另外，美国航空航天局格林研究中心独立进行了一项轴对称 RBCC 飞行器研究开发计划，飞行器是一种垂直起飞、水平着陆的可重复使用的 SSTO(single stage to orbit)概念机，发动机为火箭和冲压/超燃冲压发动机的组合体，可在大范围马赫数下进行工作，有效工作范围从起飞到进入轨道。截至 2000 年年底，已进行了进气道、前体以及吸气模态推进模型的风洞试验；另外，还在格林研究中心的发动机部件研究实验室开展了系列直连试验[9]，试验范围从海平面到 $Ma=2.5$ 的飞行状态。同时，还通过大量数值模拟研究了流道中的燃烧和流动情况。

在以上研究的基础上，NASA 原计划 2002 年进行 RBCC 发动机的小型整机首飞，一种可能的方案是在 D-21（SR-71 改）超音速高空侦察机上安装 RBCC 发动机。在飞行试验时，D-21 飞机由 B-52 飞机投下，RBCC 开始工作直到 $Ma=4$，然后滑翔着陆，从而验证了引射模态与冲压模态之间过渡的可靠性。

同期随着高超音速飞行器研究的逐渐升温，NASA 于 1997 年 1 月正式与兰利研究中心和德莱顿飞行研究中心签订合同，Hyper-X 计划正式启动。其中，X-43B 试验飞行器拟采用 RBCC 发动机来推进，计划飞行演示时由载机从 $Ma=0.7$ 发射，采用自身的火箭发动机加速到 $Ma=3\sim3.5$，之后由亚燃/超燃冲压发动机加速到 $Ma\approx7$，最后滑翔降落返回地面。X-43B 飞行器的 RBCC 推进装置称为 ISTAR(integrated system test of an air breathing rocket)。X-43B 原计划耗资 6 亿美元，但该计划在酝酿时就被终止了。

X-43B 计划终止后，NASA 和美国空军联合开发了一个项目——可重复使用的组合循环飞行验证器(reusable combined cycle flight demonstration，RCCFD)计划，目的是进行组合循环推进技术的演示验证，RCCFD 采用 RBCC 或TBCC碳氢燃料冷却组合循环推进系统，原计划在 2011 年进行最大速度为 $Ma=7$ 的飞行演示试验。值得一提的是，吸气式火箭整体系统验证计划(integrated systems test of an air-breathing rocket，ISTAR)也作为该计划中的一部分。至此，美国对 RBCC 发动机的试验研究全部集中在 ISTAR 发动机上。

2001 年 3 月 19 日，Marshall 航天飞行中心先进空天运输计划（Advanced Space Transportation Program，ASTP）办公室促成 Rocketdyne、Aerojet 和普惠公司组成一个联合研究机构——火箭基组合循环联盟（Rocket Based Combined Cycle Consortium，RBC），并资助其继续进行 ISTAR 发动机的详细设计，目的是形成具有飞行质量的 RBCC 发动机，并在 2015 年左右开发出全尺寸的实用发动机。

ISTAR 发动机基本上是以 Strutjet-RBCC 为蓝本，加入了普惠公司的煤油燃烧技术，采用了可变进气道，燃烧室则为固定结构，采用多级燃料喷注体系进行热力喉道的调节，燃料也主要以 JP-7/H_2O_2 为主。ISTAR 的研究计划中，针对引射和推力增强、火焰稳定和传播、燃料穿透及散布、燃烧室推力潜力和发动机性能优化等方面进行详细探讨，已展开部分工作，如在 NASA 兰利的直连风洞进行了热裂解碳氢燃料喷嘴特性研究，并计划在格林研究中心的风洞进行来流马赫数为 3.5、5、7 的直连燃烧试验和 1/2 缩比发动机的自由引射试验。通过 ISTAR 的研究步骤可看出，美国已不再局限于 RBCC 概念的演示，研究重点开始向工程化样机的实现偏移，并已开始了部件级别的详细研究。

2001 年美国发表的防卫白皮书责令国防部进行改革，要求美国的防御综合能力在包括空间在内的一些关键性领域比对手保持有较大的领先优势。在此背景下，美国制定了更为具体和有步骤的高超音速推进发展计划，目的是建立高超音速可重复使用的天地往返飞行器。目前，3 个计划为 X-51A 超燃冲压发动机飞行演示计划、Robust 超燃冲压发动机计划和组合发动机部件发展（combined cycle engine，CCE）计划。其中，CCE 计划的主要目的是为军事空天飞机提供第 1 级动力，可运送各种使用目的的第 2 级载荷上轨道。美国从 2002 年起已进行了一系列研究，探索了几种组合循环概念的可用性和实际可行性。伴随当前的研究，CCE 的部件开发研究也已经开始。CCE 计划中，以 RBCC 为动力的飞行器叫做 Sentinel。该飞行器以引射模态作为低速段动力垂直起飞，到 $Ma=3.5$ 时，开始以双模态冲压发动机模式进行工作。当 $Ma=8$ 时，第 2 级由一次性的过氧化氢助推火箭推送入轨，而第 1 级则返回地面水平降落。目前，关于 Sentinel 的研究正在进行。其中，飞行器的一体化气动设计和飞行轨迹的优化等工作已部分完成[10]。

7.5.2　其他国家的研究现状和进展

其他国家也对 RBCC 进行了相关研究工作。欧洲航天局提出了未来空间运输研究计划，主要内容是研究可重复使用飞行器系统。研究内容涵盖五大领域，即结构、材料、推进、热管理和空气热动力学。其中，推进部分包含有 RBCC 推进研究，其着眼点主要是低速条件下引射模态的研究。$Ma=0\sim2$ 下引射模态的工作性能方面也开展了试验研究。

1992 年，在法国国防部等单位领导下，法国宇航马特拉公司开始了为期 6 年的国家高超音速研究与技术计划。这项计划旨在通过地面试验，研制和验证 $Ma=4\sim8$的缩比超燃冲压发动机，目标是用于单级入轨航天器。1999 年，该计划的研究工作又延长了 5 年，继续探讨 $Ma=2\sim8$ 的碳氢燃料变几何亚燃/超燃双模态冲压发动机作为一种空射型导弹动力的可行性，导弹总重 1700kg，最大飞行 $Ma=8$。

从 1995 年起，MBDA 法国子公司牵头和莫斯科空军学院联合开发了一种宽马赫工作的变结构双模态冲压发动机，工作 $Ma=2\sim12$，燃料采用煤油和氢；另外，还与 ITAM 公司联合发展了一种可变结构的进气道[11]。1997 年，法国宇航研究院和德国宇航研究院开始为期 4 年的德法联合研究计划[12]。该计划的目的是研制出 $Ma=2\sim12$ 的氢燃料双模态冲压发动机，并进行地面试验；验证一种可在 $Ma=4\sim8$ 下自主飞行的飞行试验发动机。1999～2002 年，MBDA 法国子公司又开展了 PROMETHEE 计划，目的是研究可用于长打击距离空地导弹的变结构双模态冲压发动机。从 2003 年开始，该公司提出了为期 9 年的 LEA 计划[13]，旨在发展一种 $Ma=4\sim8$ 的双模态发动机。

日本从 1992 年开始 RBCC 的研究工作[14]，其总体构型类似于 Aerojet 所设计的 Strutjet-RBCC 结构。日本宇航探索局 Kakuda 研究中心在 1994 年就开始了超燃发动机的缩比试验，在 2003 年正式启动了组合循环发动机的研究[15]，2004 年进行了缩比发动机的试验研究，2005 年对发动机模型进行了改进，并于 2006 年展开了大规模试验研究[16]。基于来流 $Ma=2.5$ 的直连风洞下的 RBCC 亚燃模态的试验研究也被开展，分别考察了在燃烧室上游和下游组织燃烧对发动机性能的影响。最新资料表明，Kakuda 研究中心已开始了 RBCC 亚燃模态的自由引射试验[17]。

韩国科学技术院近年来也进行了 RBCC 的相关研究，目前研究主要集中在引射模态的试验和理论研究上，并建立了一种轴对称结构的引射模态性能研究试验模型。其中，主火箭为环形结构，安装在流道的外壁面，基于此模型的冷流试验研究和数值模拟也被开展。

7.5.3 国内的研究现状和进展

国内方面，中国航天科工集团北京动力机械研究所早在 20 世纪 70 年代对火箭冲压组合发动机进行了跟踪分析研究，并在 20 世纪 90 年代开展了 RBCC 组合循环发动机的相关研究，重点研究了引射模态的设计技术和性能，包括主火箭和扩张燃烧室通道几何参数与气动热力参数的匹配关系；研究了燃烧室中二次燃料喷射对发动机性能的影响；初步研究了改善发动机进气、排气系统与燃烧室协调工作的设计技术，给出了 RBCC 发动机在大推力加速段的典型工作特性；提出了多模态冲压发动机的一种新型工作模式和提高性能的技术途径。另外，在 RBCC

概念的基础上，还提出了固体火箭冲压基组合循环发动机（solid-fuel ram-rocket based combined cycle，SR-BCC）新概念方案的设想[18]和固液火箭冲压发动机（solid rocket based liquid injection combined cycle，SR-BLICC）方案。目前，中国航天科工集团北京动力机械研究所主要针对单模块超燃发动机开展了大量研究，已进行了马赫数分别为 4、5、6 的地面试验，均取得了正推力，解决了关键难题，并准备采用导弹助推来进行飞行试验。

中国航天科技集团公司西安航天动力研究所对 RBCC 发动机的主火箭系统进行了研究，对系统方案、推进剂体系进行了论证分析，研制了用于一体化集成的主火箭，开展了以氧气/烃燃料为推进剂的点火试验。

另外，国防科学技术大学、中国空气动力研究中心、中国航天科技集团公司北京空气动力研究所、中国科学技术大学、哈尔滨工业大学、南京航空航天大学和北京航空航天大学等科研院所和高校，也针对双模态、超燃发动机和高超音速进气道等开展了大量研究，突破了很多关键技术，取得了相当大的成果，为 RBCC 的多模态实现和部件集成奠定了坚实基础。

西北工业大学从 2001 年至今，针对 RBCC 组合推进系统进行了较多的理论、试验和数值仿真方面的研究[19~21]。主要工作集中于 RBCC 方案研究和概念分析研究、RBCC 一体化燃烧流场的数值模拟方法、RBCC 引射/亚燃发动机试验系统、引射/亚燃模态过渡工作过程研究等。

但是由于国内高超声速推进循环研究方面的工作开展较晚，使得 RBCC 相关研究工作也落后于美国和俄罗斯。只有加快以超燃冲压发动机为推进系统的高超声速推进方面的研究，才能促进和缩短在 RBCC 研究方面我国与国外的研究差距。

7.6　火箭冲压组合发动机关键技术

RBCC 组合推进系统的研制是一个循序渐进的过程，是一项复杂的系统工程。美国在此研究过程中也走了不少弯路，由于初期所制定的计划庞大，存在一定盲目性，再加上很多关键技术尚未解决、经费紧缩以及政治等诸多原因，研究一度降温并中断，但还是获得了大量的基础性成果和成熟技术，这些都为下一步研究计划的制订和工作开展提供了大量宝贵经验。从目前研究进展来看，要将 RBCC 推进系统用于实际飞行器的飞行中，还存在很多问题，还有许多重要环节影响其效能最大限度地发挥。

发展 RBCC 组合推进技术需要攻克的主要关键技术[22]如下：

(1) 机体一体化的集成优化设计。

(2) 引射的机理研究。

(3) 热防护和冷却技术。

(4) 各模态下燃料雾化混合、火焰稳定和高效燃烧组织技术。

(5) 各模态下燃油喷射策略、热力调节和性能优化技术。

(6) 进气道和后体设计和性能优化。

(7) 高热值、高热容、热稳定性好和高吸热型碳氢燃料的研制。

(8) 各模态以及模态之间过渡的地面验证和飞行演示。

7.7 小　　结

火箭冲压组合动力循环作为一种新型的组合循环推进技术，具有飞行速域宽、空域广、模态多、控制变量多的特点，如何保证 RBCC 在大范围变工况工作过程中各热力过程均保持比较好的性能，真正地发挥组合动力循环的优势，需要有机地做好各热力过程的协调匹配，做好整个组合动力循环的能量综合利用，充分利用各种先进的能量热管理技术。

参考文献

[1] 詹浩，孙得川，邓阳平. 基于 RBCC 的天地往返运载器动力方案研究. 固体火箭技术，2008，31(4)：354－357.

[2] 王国辉，王小军，杨勇，等. 火箭基组合循环(RBCC)推进系统研究现状. 固体火箭技术，2003，26(3)：1－6.

[3] 陈健，王振国. 火箭基组合循环(RBCC)推进系统研究进展. 飞航导弹，2007，3：36－53.

[4] Foster R W, Escher W J, Robinson J W. Air augmented rocket propulsion concepts. 1988：ADB121965.

[5] Moszee R. Liquid rocket propulsion-evolution and advancements：Rocket-based combined cycle. 1999：ADA411560.

[6] Foster R W, Escher W J D, Robinson J W. Studies of an extensively axisymmetric rocket based combined cycle (RBCC) engine powered single-stage-to-orbit (SSTO) vehicle//The 35th AIAA/ASME/SAE/ASEE Joint Propulsion Conference and Exhibit. Los Angeles, California, USA, 1989：AIAA-89-2294.

[7] Hueter U, Turner J. Rocket based combined cycle activities in the advanced space transportation program office//The 35th AIAA/ASME/SAE/ASEE Joint Propulsion Conference and Exhibit. Los Angeles, California, USA, 1999：AIAA-99-2352.

[8] Carl E J. Early studies of RBCC applications and lessons learned for today//The 35th Intersociety Energy Conversion Engineering Conference and Exhibit. Huntsville, Alabama, USA, 2000：AIAA-2000-3105.

[9] Kamhawi H, Krivanek T M, Thomas S R, et al. Direct-connect ejector ramjet combustor

experiment//The 41st Aerospace Sciences Meeting and Exhibit. Reno,Nevada,USA,2003: AIAA-2003-16.

[10] Masakatsu N,Daisuke K,Hiroaki Y,et al. Feasibility study on single stage to orbit space plane with RBCC engine//The 16th AIAA/DLR/DGLR International Space Planes and Hypersonic Systems and Technologies Conference. Bremen, Germany, 2009: AIAA-2009-7331.

[11] Falempin F,Goldfeld M. Design and experimental evaluation of a M2—M8 inlet//The 10th AIAA/NAL-NASDA-ISAS International Space Planes and Hypersonic Systems and Technologies Conference. Kyot,Japan,2001:AIAA-2001-1890.

[12] French R T. Activities on high-speed airbreathing propulsion//International Colloquium on Hypersonic Propulsion. Beijing,China,2003.

[13] Falempin F,Serre L. LEA flight test program—A first step to an operational application of high-speed airbreathing propulsion//The 12th AIAA International Space Planes and Hypersonic Systems and Technologies. Norfolk,Virginia,USA. 2003:AIAA-2003-7031.

[14] Oike M, Kamijo K, Tanaka D, et al. LACE for rocket-based combined-cycle//The 33th AIAA Aerospace Sciences Meeting and Exhibit. Reno,NV,USA,1999:AIAA-99-0091.

[15] Kanda T,Kudo K. Conceptual study of a combined-cycle engine for an aerospace plane. Journal of Propulsion and Power,2003,19(5):859—867.

[16] Takegoshi M, Tomioka S, Ueda S, et al. Performances of a rocket chamber for the combined-cycle engine at various conditions//The 14th AIAA/AHI Space Planes and Hypersonic Systems and Technologies Conference. Canberra,Australia,2006:AIAA-2006-7978.

[17] Tomioka S,Hiraiwa T,Ueda S,et al. Sea-level static tests of a rocket-ramjet combined cycle engine model//The 43rd AIAA/ASME/SAE/ASEE Joint Propulsion Conference and Exhibit. Cincinnati,OH,USA,2007:AIAA-2007-5389.

[18] 张家骅,胡顺楠,顾炎武,等. 整体式固体火箭冲压发动机研制. 推进技术,1998,19(2):9—13.

[19] 刘佩进. RBCC 引射火箭模态性能与影响因素研究[博士学位论文]. 西安:西北工业大学,2001.

[20] 王国辉. 火箭基组合循环 RBCC 发动机引射模态工作过程研究[博士学位论文]. 西安:西北工业大学,2001.

[21] 黄生洪. 火箭基组合动力循环(RBCC)引射模态燃烧流动研究[博士学位论文]. 西安:西北工业大学,2002.

[22] 刘洋,何国强,刘佩进,等. RBCC 组合循环推进系统研究现状和进展. 固体火箭技术,2009,32(3):288—293.

附表 常见烃类物质的基础物性数据表

名称	分子式	M	T_c	P_c	V_c	w	μ_p	c_p 方程系数				
								A	B	C	D	E
氢气	H_2	2.016	33.19	13.13	64.147	−0.216	0	27.62	9.56	2466	3.76	567.6
甲烷	CH_4	16.043	190.56	45.99	98.60	0.012	0	33.30	79.33	2087	41.60	992.0
乙烷	C_2H_6	30.070	305.32	48.72	145.50	0.099	0	40.32	134.22	1656	73.22	752.9
丙烷	C_3H_8	44.097	369.83	42.48	200.00	0.152	0	51.92	192.45	1627	116.80	723.6
正丁烷	C_4H_{10}	58.123	425.12	37.96	255.00	0.200	0	71.34	234.00	1630	150.33	730.4
正戊烷	C_5H_{12}	72.150	469.70	33.70	313.00	0.252	0	88.05	301.10	1650	189.20	747.6
正己烷	C_6H_{14}	86.177	507.60	30.25	371.00	0.301	0	104.40	352.30	1695	236.90	761.6
正庚烷	C_7H_{16}	100.204	540.20	27.40	428.00	0.349	0	120.15	400.10	1677	274.00	756.4
正辛烷	C_8H_{18}	114.231	568.70	24.90	486.00	0.400	0	135.54	443.10	1636	305.40	746.4
正壬烷	C_9H_{20}	128.258	594.60	22.90	551.00	0.443	0	151.75	491.50	1645	347.00	749.6
正癸烷	$C_{10}H_{22}$	142.285	617.00	21.10	617.00	0.492	0	167.20	535.30	1614	378.20	742.0
正十一烷	$C_{11}H_{24}$	156.312	639.00	19.50	685.00	0.530	0	195.29	609.98	1709	413.02	775.4
正十二烷	$C_{12}H_{26}$	170.338	658.00	18.20	755.00	0.576	0	212.95	663.30	1716	451.61	777.5
乙烯	C_2H_4	28.054	282.34	50.41	131.00	0.086	0	33.38	94.79	1596	55.10	740.8
丙烯	C_3H_6	42.081	364.85	46.00	185.00	0.138	0.366	43.85	150.60	1399	74.75	616.5
1-丁烯	C_4H_8	56.108	419.50	40.20	241.00	0.184	0.339	64.26	206.18	1677	133.24	757.1
1-戊烯	C_5H_{10}	70.134	464.80	35.60	293.40	0.237	0.510	82.52	259.43	1729	176.80	778.7
1-己烯	C_6H_{12}	84.161	504.00	32.10	348.00	0.285	0.450	104.34	307.49	1746	207.28	793.5
1-庚烯	C_7H_{14}	98.188	537.40	29.20	402.00	0.343	0.630	118.51	363.62	1736	250.48	785.7
1-辛烯	C_8H_{16}	112.215	566.90	26.63	464.00	0.392	0.420	135.99	416.05	1732	286.75	784.5
1-壬烯	C_9H_{18}	126.242	593.10	24.28	524.00	0.437	0.600	153.52	468.44	1729	323.04	783.7

注：1) M 为相对分子量；T_c 为临界温度；P_c 为临界压力；V_c 为临界体积；w 为偏心因子；μ_p 为偶极矩；A、B、C、D、E 为理想气体比定压热容方程系数。

2) 方程为

$$c_p = A + B\left(\frac{C}{T\sinh\frac{C}{T}}\right)^2 + D\left(\frac{E}{T\cosh\frac{E}{T}}\right)^2$$

彩　　图

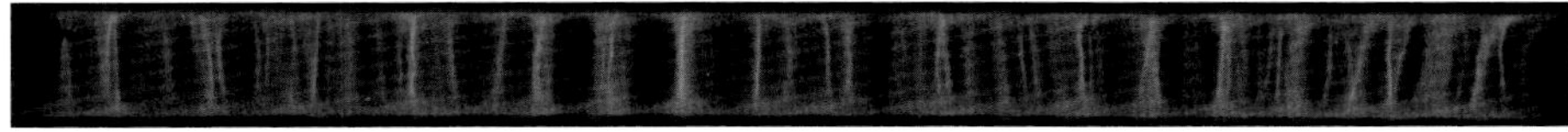

(a) 流速为 0m/s

(b) 流速为 5m/s

(c) 流速为 10m/s

(d) 流速为 15m/s

(e) 流速为 20m/s

(f) 流速为 25m/s

(g) 流速为 35m/s

图 5.17　不同试验条件下的典型放电效果图

(极板间隙 6mm，脉冲重复频率 1kHz,曝光时间为 1/1250s)

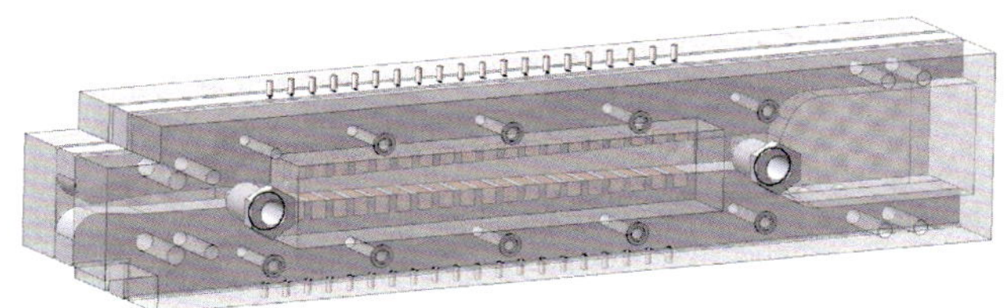

图 5.21　MHD 试验段的示意图

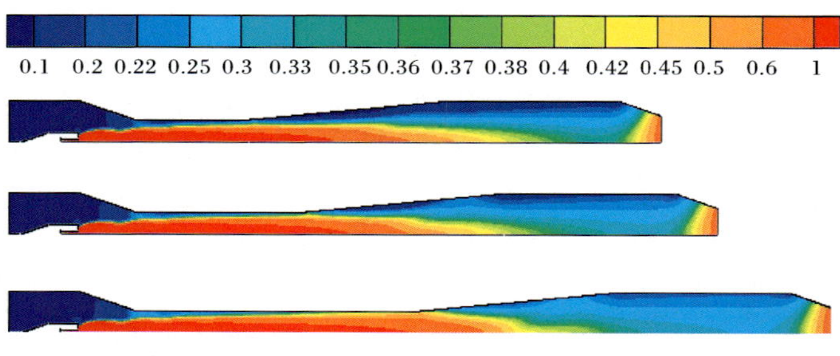

图 7.12　不同混合室长度下的马赫数分布云图

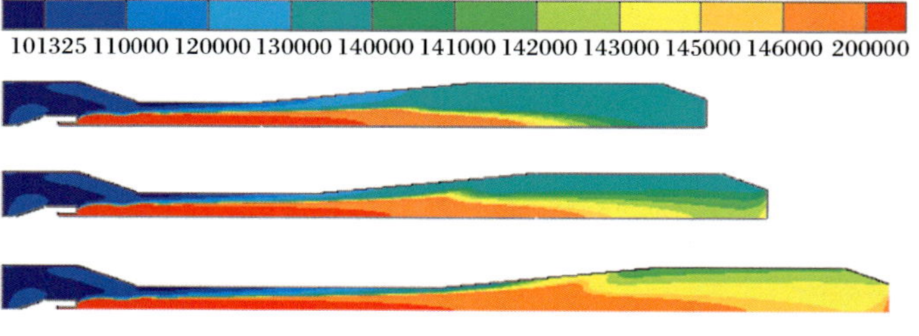

图 7.13　不同混合室长度下的总压分布云图

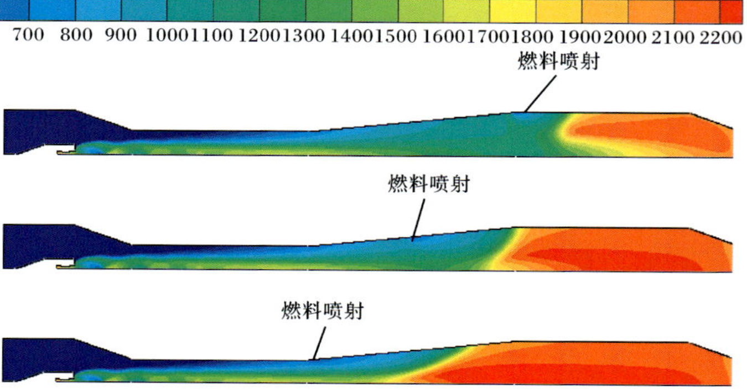

图 7.14　不同喷油位置下的温度分布云图